Reinforcement Learning Algorithms
with Python

基于Python的
强化学习

[美] 安德里亚·隆萨（Andrea Lonza） 著

刘继红 王瑞文 译

中国电力出版社
CHINA ELECTRIC POWER PRESS

内 容 提 要

本书首先介绍在强化学习环境中工作所需的工具、库和设置,涵盖了强化学习的构成模块,深入探讨基于值的方法,如 Q-learning 和 SARSA 算法的应用。读者将学习如何结合使用 Q-learning 和神经网络来解决复杂问题。此外,在学习 DDPG 和 TD3 确定性算法之前,读者将学习策略梯度方法,如 TRPO 和 PPO,以提高性能和稳定性。本书还介绍模仿学习的原理,以及 Dagger 如何教智能体飞行。读者将探索进化策略和黑盒优化技术。最后,读者将掌握探索方法,如 UCB 和 UCB1,并开发一个名为 ESBAS 的元算法。

如果你是人工智能研究者、深度学习用户,或者希望从头开始学习强化学习的人,那么这本书就很适合你。如果你想了解该领域的进展,也会发现这本书很有帮助。当然,Python 的基础知识是必需的。

图书在版编目(CIP)数据

基于 Python 的强化学习 /(美)安德里亚·隆萨(Andrea Lonza)著;刘继红,王瑞文译. —北京:中国电力出版社,2023.1

书名原文:Reinforcement Learning Algorithms with Python

ISBN 978-7-5198-7037-9

Ⅰ.①基… Ⅱ.①安… ②刘… ③王… Ⅲ.①软件工具–程序设计 Ⅳ.①TP311.561

中国版本图书馆 CIP 数据核字(2022)第 168796 号

北京市版权局著作权合同登记 图字:01-2020-2459

出版发行:中国电力出版社
地　　址:北京市东城区北京站西街 19 号(邮政编码 100005)
网　　址:http://www.cepp.sgcc.com.cn
责任编辑:刘　炽(liuchi1030@163.com)
责任校对:黄　蓓　郝军燕
装帧设计:王红柳
责任印制:杨晓东

印　　刷:望都天宇星书刊印刷有限公司
版　　次:2023 年 1 月第一版
印　　次:2023 年 1 月北京第一次印刷
开　　本:787 毫米×1092 毫米　16 开本
印　　张:17.75
字　　数:373 千字
印　　数:0001—2000 册
定　　价:88.00 元

感谢妈妈和爸爸，赐我生命之光，予我生活之助。费德，你个疯狂的家伙！你一直激励我不断开拓。谢谢兄弟。

前　言

　　强化学习（reinforcement learning，RL）是人工智能的一个流行且有前景的分支，它涉及建立更智能的模型和智能体，可以根据不断变化的需求自动确定理想的行为。本书将帮助读者掌握强化学习算法，并通过构建自学习智能体，理解算法的实现。

　　本书首先介绍在强化学习环境中工作所需的工具、库和设置，涵盖强化学习的构成模块，深入探讨基于值的方法，如 Q-learning 和 SARSA 算法的应用。读者将学习如何结合使用 Q-learning 和神经网络来解决复杂问题。此外，在学习 DDPG 和 TD3 确定性算法之前，读者将学习策略梯度方法，如 TRPO 和 PPO，以提高性能和稳定性。本书还介绍模仿学习的原理，以及 Dagger 如何教智能体飞行。读者将探索进化策略和黑盒优化技术。最后，读者将掌握探索方法，如 UCB 和 UCB1，并开发一个名为 ESBAS 的元算法。

　　在本书结束时，读者将使用关键的强化学习算法，克服现实应用中的挑战，并成为强化学习研究社区的一员。

本书的目标读者

　　如果你是人工智能研究者、深度学习用户，或者希望从头开始学习强化学习的人，那么这本书就很适合你。如果你想了解该领域的进展，也会发现这本书很有帮助。当然，Python的基础知识是必需的。

本书涵盖的内容

　　第 1 章，强化学习概貌。本章引导读者进入强化学习领域。它描述了强化学习擅长解决的问题以及强化学习算法已经得到应用的领域，也介绍了后续各章完成各项任务所需的工具、库和设置。

　　第 2 章，强化学习过程与 OpenAI Gym。本章介绍强化学习算法的主流程、用于开发算法的工具箱以及不同类型的环境。读者可以开发使用 OpenAI Gym 接口的随机智能体来玩利用随机动作的倒立摆（CartPole）游戏，也将了解如何使用 OpenAI Gym 接口运行其他环境。

　　第 3 章，基于动态规划的问题求解。本章介绍强化学习的核心思想、术语和方法。读者将了解强化学习的主功能块，掌握开发强化学习算法解决问题的一般思路；也将了解基于模型的算法与无模型算法的区别，以及强化学习算法的分类。动态规划将用于解决 FrozenLake游戏问题。

第 4 章，Q-learning 与 SARSA 的应用。本章探讨基于值的方法，特别是 Q-learning 和 SARSA 这两种不同于动态规划而且适合处理大型问题的算法。为了切实掌握这些算法，读者可以将它们用于 FrozenLake 游戏，并研究与动态规划方法的差异。

第 5 章，深度 Q 神经网络。本章介绍如何将神经网络，特别是卷积神经网络用于 Q-learning。读者将了解为什么 Q-learning 与神经网络的结合产生了难以置信的结果，以及这种结合如何打开了通向更多问题的大门；另外，读者也将利用 OpenAI Gym 接口将 DQN 用于解决雅达利游戏问题。

第 6 章，随机策略梯度优化。本章介绍一种新的无模型算法——策略梯度方法。读者将了解策略梯度方法与基于值的方法的区别以及两者各自的优缺点，也将实现 REINFORCE 和行动者-评判者（AC）算法来解决新的 LunarLander 游戏问题。

第 7 章，信赖域策略优化和近端策略优化。本章提出了使用新机制控制策略改进的策略梯度方法。这些机制用于改进策略梯度算法的稳定性和收敛性。特别是，读者将了解和实现两种采用这些技术的主要策略梯度方法——TRPO 和 PPO，并将这些方法应用于具有连续动作空间的环境 Roboschool。

第 8 章，确定性策略梯度方法。本章介绍一类新的、结合策略梯度和 Q-learning 的算法——确定性策略算法。读者将了解其基本概念并在一个新环境中应用两个深度确定性算法——DDPG 和 TD3。

第 9 章，基于模型的强化学习。本章介绍学习环境模型去规划未来动作或学习策略的强化学习算法。读者将了解这些算法的工作原理、优点以及广泛应用的原因。为了掌握这些算法，读者将在 Roboschool 环境应用这些基于模型的算法。

第 10 章，模仿学习与 DAgger 算法。本章解释模仿学习的工作原理以及如何适用于一个问题。读者将了解最有名的模仿学习算法——DAgger。为了掌握这一算法，读者将在 FlappyBird 环境中应用该算法以提高智能体学习过程的速度。

第 11 章，黑盒优化算法。本章讨论进化算法——一类不依赖反向传播的黑盒优化算法。这些算法之所以引人注目，是因为它们的训练速度快且易于在成百上千个 CPU 核上并行化。本章通过聚焦进化策略算法（一种进化算法），提供了进化算法的理论和实践知识。

第 12 章，开发 ESBAS 算法。本章介绍强化学习特有的探索－利用困境问题。本章利用多臂老虎机问题解释了探索－利用困境，并利用 UCB 和 UCB1 等方法解决了这个困境；接着介绍了算法选择问题，并开发了一种名为 ESBAS 的元算法。该算法利用 UCB1，为每种情况选择最适合的强化学习算法。

第 13 章，应对强化学习挑战的实践。本章归纳了强化学习领域的重大挑战问题，介绍了克服这些问题的一些实践与方法；还介绍了将强化学习应用到现实问题所面临的一些挑战、深度强化学习的未来发展以及将会产生的社会影响。

阅读本书的必要准备

必须具备 Python 知识。了解一些强化学习知识和强化学习有关的各种工具也将是有益的。

下载示例代码文件

你可以在 www.packt.com 登录自己的账户下载本书的示例代码文件。如果你是从别处购得本书，可以访问 www.packtpub.com/support 页面并注册账号，文件将直接通过电子邮件发送给你。

你可以按照以下步骤下载代码文件：

（1）登录或注册网站 www.packt.com。

（2）选择"**Support**"标签。

（3）点击 **Code Downloads** 按钮。

（4）在 **Search** 框中输入书名，然后按照屏显指令操作。

一旦文件下载完毕，请用以下最新版本工具进行文件解压或文件夹提取。

- WinRAR/7-Zip for Windows。
- Zipeg/iZip/UnRarX for Mac。
- 7-Zip/PeaZip for Linux。

本书所带代码包也存放在 GitHub 库中，网址是 https://github.com/PacktPublishing/Reinforcement-Learning-Algorithms-with-Python。如果代码有更新，那么 GitHub 库中的代码也会同步更新。

此外，配套其他大量著作和视频的代码包，可从 https：//github.com/PacktPublishing/获得。敬请查阅！

下载彩色插图

本书使用的彩色图表和截屏图片已经汇集成一个 PDF 格式文件，可提供给读者。读者可从 http://www.packtpub.com/sites/default/files/downloads/9781789131116_ColorImages.pdf 下载。

文本格式约定

本书采用以下若干文本格式约定。

CodeInText：表示代码文本、数据库表名、文件夹名、文件名、文件扩展名、路径名、虚拟 URL、用户输入以及推特用户名（Twitter handle）。例如，"本书使用 Python 3.7，不过 3.5 以上版本都可用。另外设定读者已经安装了 numpy 和 matplotlib"。

一段代码设置如下：

```
import gym

# create the environment
env = gym.make("CartPole-v1")
# reset the environment before starting
env.reset()

# loop 10 times
for i in range(10):
    # take a random action
    env.step(env.action_space.sample())
    # render the game
env.render()

# close the environment
env.close()
```

命令行的输入输出标记为粗体格式:

$ git clone https://github.com/pybox2d/pybox2d
$ cd pybox2d
$ pip install-e.

Bold:(粗体)表示新概念、关键词或者出现在屏幕上菜单/对话框里的词。例如,"在**强化学习**(reinforcement learning,RL)里,算法被称为智能体,从环境提供的数据中学习。"

 表示警告或重要说明。

 表示提示或技巧。

联系方式

欢迎读者积极反馈。

一般反馈:如果读者对本书的任何方面有问题,可以在邮件主题中注明书名,反馈至邮箱 customercare@packtpub.com。

勘误：虽然我们已尽力确保著作内容的准确性，但错误仍难以避免。如果读者发现书中错误，烦请告知。请访问 www.packtpub.com/support/errata，选定图书，点击"勘误提交表格"链接，填入具体信息。

盗版：如果读者在互联网上发现我们的图书被以任何形式非法复制，烦请告知网址或网站名。请通过 copyright@packt.com 联系我们，并提供盗版材料的链接。

如果愿意成为作者：如果读者有熟悉的主题而且愿意写书或参与出书，请访问 authors.packtpub.com。

撰写书评

请读者留言评论。如果你读过或使用过本书，何不在你购书处留下宝贵的意见？潜在的读者将会看到并根据你公正客观的评论意见，决定是否购书。我们也能了解你对我们产品的想法，而我们的作者能够获悉你对他们著作的反馈。不胜感激！

更多有关 Packt 的信息，请访问 packt.com。

目　　录

第二部分　无模型强化学习算法

第三部分 超越无模型算法

第一部分　算法与环境

本部分是强化学习导论，包括建立理论基础和创建后续章节所需的环境。

本部分包括以下章节：

- 第 1 章　强化学习概貌。
- 第 2 章　强化学习过程与 OpenAI Gym。
- 第 3 章　基于动态规划的问题求解。

第 1 章　强 化 学 习 概 貌

人类和动物都是通过试错过程来学习的。这一过程靠的是响应行为的奖励机制。其目的是，通过多次重复，激励引发积极反应的行动，抑制引发消极反应的行动。通过试错机制，人们学会与周围的人和世界互动，追求复杂、有意义的目标，而不是眼前的满足。

基于互动和体验的学习是极其重要的。想象一下，只看别人踢足球就想学会踢球。如果只凭这种学习体验就上场参加足球比赛的话，恐怕无论是谁，表现都会糟糕透顶。

这一结论在 20 世纪中叶得到了证明，尤其是理查德·赫尔德（Richard Held）和艾伦·海因（Alan Hein）于 1963 年对两只小猫的研究。这两只小猫都被放到旋转木马上，一只小猫能够自由地（主动地）跑动，而另一只小猫则受到约束而只能跟随主动的小猫（被动地）跑动。当两只小猫都被放到光亮的地方时，只有主动跑动的小猫才能产生功能性的深度知觉和运动技能，而被动的小猫则没有。这一点明显地表现在被动的小猫对来袭物体没有眨眼反射。这个相当简易的实验可以证明，不管视觉剥夺程度如何，与环境的物理互动对动物的学习是必要的。

受动物和人类学习方式的启发，**强化学习**（reinforcement learning，RL）是围绕与环境积极互动的试错思想而构建的。特别是，在强化学习中，智能体在与世界交互时进行增量学习，这样就有可能训练一台计算机以一种基本的、但与人类学习行为相似的方式进行学习。

本书内容完全围绕强化学习展开。本书的目的是帮助读者以实操的方式更好地理解这个领域。第 1 章将从强化学习的基本概念开始。掌握了这些概念之后，就可以着手开发强化学习的第一个算法。然后，随着本书的展开，就可创建更强大、更复杂的算法，解决更有趣、更引人注目的问题。可以看到，强化学习的范围非常广泛，有很多算法可以处理各种各样的问题。尽管如此，本书将尽最大努力提供一个简单但完整的想法描述，以及一个清晰而实用的算法实现。

本章首先将介绍强化学习的基本概念、不同方法之间的区别，以及策略、值函数、奖励和环境模型等关键概念。此外，本章还将介绍强化学习的历史和应用。

本章将讨论以下主题：

- 强化学习导论。
- 强化学习的要素。
- 强化学习的应用。

1.1   强化学习导论

强化学习是机器学习的一个子领域，它处理顺序决策以达到预期目标。一个强化学习问题由称为**智能体**（agent）的决策器以及智能体与之交互的称为**环境**（environment）的物理或虚拟世界所组成。智能体与环境的交互作用，称为产生某些结果的**行为**或**行动**（action）。然后，环境反馈给智能体一个新的**状态**（state）以及**奖励**或**回报**（reward）。这两个信号是智能体采取行动所得到的结果。具体地，奖励是一个表示行为好坏的值，状态则表示智能体和环境的当前情况。智能体与环境的作用循环如图 1.1 所示。

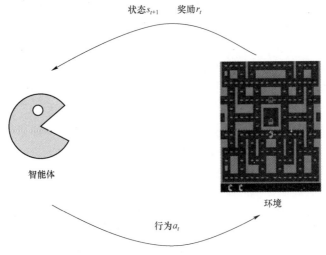

状态 s_{t+1} 奖励 r_t

智能体

环境

行为 a_t

图 1.1   智能体与环境的作用循环

在图 1.1 中，智能体用 PacMan 表示，PacMan 根据环境的当前状态选择要采取的行动。智能体的行为会影响环境，例如智能体所处位置和敌人所处位置，环境会回报以一种新的状态和奖励。这个作用循环一直重复，直到游戏结束。

智能体的最终目标是使其生命周期内累积的总收益（奖励）最大化。对其进行简化表示：如果用 a_t 表示 t 时刻的行为，r_t 表示 t 时刻的奖励，那么智能体将会采取一系列行为 $a_0, a_1, \cdots, a_t$，使奖励的总和 $\sum_{i=0}^{t} r_i$ 最大化。

为了使累积的奖励最大化，智能体必须学习各种情况下的最佳行为。要做到这一点，智能体必须着眼长远和全局，关注每一个行动，统筹优化。在具有许多离散或连续状态和行为的环境中，学习是困难的，因为智能体需要兼顾各种情况。更麻烦的是，强化学习可能给出稀疏且延迟的奖励，这将使得学习过程更加艰巨。

这里举一个强化学习的例子，以说明稀疏奖励的复杂性。这个例子是众所周知的两兄妹汉塞尔与格莱特（Hansel and Gretel）的故事。他们的父母领着他们进入密林，想遗弃他们。但汉塞尔察觉了他们的意图，在离家时带上了一片面包，计划留下面包屑的痕迹，以引导他和他妹妹回家。在强化学习框架中，智能体是汉塞尔和格莱特，环境是密林。每到达一粒面包屑，他们就获得+1 的奖励，到家即可获得+10 的奖励。在这种情况下，面包屑的痕迹越密集，这两兄妹就越容易找到回家的路。这是因为从一粒面包屑到另一粒面包屑，他们必须探索一个更小的区域。不幸的是，在现实生活中，稀疏奖励远比密集奖励更常见。

强化学习的一个重要特点是，它能够应对动态的、多变的以及不确定的环境。在现实世界中，这些特性对于采用强化学习至关重要。以下几点是如何在强化学习设置中重新定义现实世界问题的示例：

● 自动驾驶汽车是一个应用强化学习很流行但也十分困难的领域。这是因为在道路上行驶时需要考虑方方面面（如行人、其他汽车、自行车和红绿灯）以及高度不确定的环境。此时，自动驾驶汽车是可以作用于方向盘、加速器和制动器的智能体。环境就是它周围的世界。显然，智能体无法感知周围的整个世界，因为它只能通过传感器（如摄像头、雷达和 GPS）捕获有限的信息。自动驾驶汽车的目标是在最短的时间内到达目的地，同时遵守道路规则，不损坏任何东西。因此，如果发生负面事件，智能体将会获得负面奖励。当智能体到达目的地时，可以按照驾驶时间的比例获得正面奖励。

● 下棋的目的是将死对手的棋子。在强化学习框架中，玩家是智能体，环境是棋盘的当前状态。智能体可以按照棋子的走步规则移动棋子。每走一步，环境会返回一个正的或负的奖励，代表智能体的赢或输。在其他所有情况下，奖励为 0，而下一个状态是对手出棋后的棋盘状态。与自动驾驶汽车的示例不同，这里的环境状态等于智能体状态。换句话说，智能体能全面掌控环境。

1.1.1　比较强化学习和监督学习

强化学习和监督学习（supervised learning）相似，但从数据中学习的范式不同。监督学习和强化学习都可以解决许多问题，但在大多数情况下，它们适用于解决不同的任务。

监督学习是从一个包含有限示例数据的固定数据集中学习。每个示例由输入和提供即时学习反馈的期望输出（或标签）组成。

相比之下，强化学习更聚焦于在特定情况下采取连续行动。在这种情况下，奖励是唯一的监督信号。这种环境下，就像在监督环境中一样，没有正确的行动可采取。

强化学习可作为一个更通用和更完整的学习框架。强化学习独有的主要特征如下：

- 奖励可以是密集的，也可以是稀疏的，或者是延迟的。在很多情况下，只有在任务结束时才能获得奖励（例如，在国际象棋比赛中）。
- 问题是顺序的、和时间相关的。行动将影响后续行动，进而影响可能的奖励和状态。
- 智能体必须采取更具潜力的行动来实现目标（利用，exploitation），但也应该尝试不同的行动，以确保探索环境的其他部分（探索，exploration）。这个问题被称为探索 – 利用困境（或探索 – 利用权衡），它担负着在环境探索和利用之间取得平衡的艰巨任务。与监督学习不同，强化学习可以影响环境，因为只要它认为有用就可以自由地收集新数据。这一点也很重要。
- 环境是随机和不确定性的，智能体在学习和预测下一个行为时必须考虑到这一点。事实上，许多强化学习组件可以设计成输出一个确定的值或者一个数值区间以及取值的概率。

第三类学习是**无监督学习**（unsupervised learning），用于在不提供任何监督信息的情况下数据模式的识别。无监督学习的例子包括数据压缩、聚类和生成式模型等。无监督学习也可以用于强化学习的情况，以便探索和了解环境。无监督学习与强化学习的结合称为**无监督强化学习**（unsupervised reinforcement learning）。这种学习模式没有奖励，智能体可以产生内在动机，以适应能够探索环境的新形势。

 值得注意的是，与自动驾驶汽车相关的问题也被视为监督学习问题，但结果不是很理想。主要问题是，智能体在其生命周期中遇到的数据分布与在训练期间使用的数据分布不同。

1.1.2　强化学习的历史

强化学习最早的数学基础建立于 20 世纪 60—70 年代的最优控制领域。这个数学基础解决了动态系统时变行为度量最小化的问题。该方法涉及求解一组已知系统的动力学方程。在此期间，引入了**马尔可夫决策过程**（Markov decision process，MDP）的关键概念，从而为随机条件下的决策建模提供了一个通用框架。近年来，又引入了一种称为**动态规划**（dynamic programming，DP）的最优控制问题解决方法。动态规划是一种将复杂问题分解为一组简单子问题集，从而求解马尔可夫决策过程的方法。

注意，动态规划只提供了一种解决已知动态系统最优控制问题的较为容易的方法，并不涉及学习。它也面临**维数灾难**（curse of dimensionality）的问题，因为计算需求随着状态数呈指数增长。

尽管这些方法不涉及学习，但正如 Richard S.Sutton 和 Andrew G.Barto 所指出的，必须将最优控制求解方法（如动态规划）也看作强化学习方法。

20 世纪 80 年代，基于时间连续预测的学习概念，即所谓的**时间差分**（temporal difference learning，TD）学习方法最终被引入。时间差分学习引入了一系列新的有效算法，本书将对其进行解释。

时间差分学习解决的第一个问题足够简单，以至于可以用表格或数组表示。这种方法称为**表格法**（tabular method），通常被认为是一种最佳但不能扩展的解决方法。其实，很多强化学习任务涉及巨大的状态空间，因此不可能采用表格法。对于这些大型问题，利用逼近函数法可以用较少的计算资源找到一个较好的近似解。

在强化学习中采用函数逼近法，特别是人工神经网络和深度神经网络（deep neural network，DNN）并不是一件无足轻重的事。很多情况显示，它们能够取得惊人的成果。深度学习在强化学习中的应用被称为**深度强化学习**（deep reinforcement learning，deep RL）。2015年，一个名为 deep q network（DQN）的深度强化学习算法在利用原始图像玩雅达利（Atari）游戏时显示出超人的能力。此后，深度强化学习就一直广受欢迎。深度强化学习的另一个惊人的成就是 2017 年的 AlphaGo，它成为第一个击败曾获得 18 次世界冠军的人类职业围棋选手李世石（Lee Sedol）的程序。这些突破不仅表明机器在高维空间中的表现比人类的更好（利用与人类相同的关于图像的感知能力），而且表明机器的行为颇为有趣。这方面的一个例子是，深度强化学习系统在玩 Breakout 打砖游戏时发现了创造性的捷径。Breakout 打砖游戏是一款

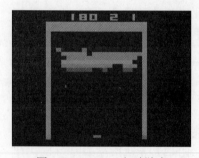

图 1.2 Breakout 打砖游戏

雅达利街机游戏，玩家必须销毁所有砖块，如图 1.2 所示。智能体发现，只要在砖块的左侧打开一个通道，并把球打向那个方向，就可以摧毁更多的砖块，从而只需一步就可以提高总得分。

还有很多其他有趣的例子，其中智能体展示出了人类未知的高超行为或策略。例如，AlphaGo 在与李世石对弈时走出的一步。从人类的角度来看，这一步似乎毫无意义，但最终让 AlphaGo 赢得了比赛（这一步被称为 AlphaGo 神之**第三十七手**）。

如今，在处理高维状态空间或行为空间时，使用深度神经网络作为函数逼近法几乎成为一种默认选择。深度强化学习已被应用于更具挑战性的问题，如数据中心能源优化、自动驾驶汽车、多期证券组合投资优化以及机器人等。

1.1.3 深度强化学习

现在可以自问，为什么深度学习和强化学习相结合能取得如此好的效果？答案是，深度学习可以解决高维状态空间的问题。在深度强化学习出现之前，状态空间必须分解成更简单的表示，称为**特征**（feature）。这些特征很难设计，有时只有专家才能做到。如今，使用深度神经网络，如**卷积神经网络**（convolutional neural network，CNN）或**循环神经网络**（recurrent neural network，RNN），强化学习就可以直接从原始像素或序列数据（如自然语言）中学习

不同层次的抽象概念。深度强化学习的流程配置如图 1.3 所示。

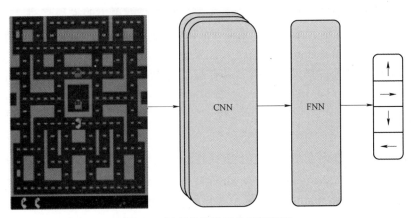

图 1.3　深度强化学习的流程配置

此外，深度强化学习问题现在可以用端到端的方式得到完全解决。在深度学习时代来临之前，强化学习算法涉及两条截然不同的路线：一条处理系统的知觉，另一条负责决策。现在，使用深度强化学习算法把这些过程连接起来，并进行端到端训练，从原始像素直通行为。例如，正如图 1.3 所示，可以使用卷积神经网络处理视觉组件，并使用**全连接神经网络**（fully connected neural network，FNN）将卷积神经网络的输出转化为行为，从而完成对 PacMan 的端到端训练。

如今，深度强化学习如日中天。主要原因是，深度强化学习被认为是一种能够构建高度智能机器的技术。证据是，致力于解决智能问题的两家著名的人工智能公司，即 DeepMind 和 OpenAI，都正在重点研究强化学习。

尽管深度强化学习取得了巨大进步，前路仍然漫漫。还有许多挑战需要应对，其中一些挑战如下：

- 与人类相比，深度强化学习的学习速度太慢。
- 强化学习中的迁移学习仍然是一个未解决的问题。
- 奖励函数很难设计和定义。
- 强化学习的智能体在高度复杂和动态的环境（如物理世界）中很难进行学习。

尽管如此，这一领域的研究仍在快速增长，各企业也开始在其产品中采用强化学习。

1.2　强化学习的要素

众所周知，智能体通过行动（行为）与环境进行交互。这将导致环境发生变化，并向智能体反馈一个与行为质量成正比的奖励以及智能体的新状态。通过反复试错，智能体逐渐地学会在各种情况下应采取的最佳行动，久而久之，它将获得更大的累积奖励。在强化学习框架中，特定状态下的行为选择是由一个**策略**（policy）来完成的，而从该状态能够获得的累积奖励称为**值函数**（value function）。简言之，如果一个智能体想要表现出最佳的行为，那么在任何情况下，策略都必须选择能将其带到具有最高值的下一个状态的行动。下面将更深入地介绍这些基本概念。

1.2.1　策略

策略定义了智能体如何在给定状态下选择行动。策略选择的行动能够最大化从该状态开始的累积奖励，而不是更大的直接奖励。策略负责寻找智能体的长期目标。例如，如果一辆车在到达目的地前还要跑 30km，但是剩余油量只允许再跑 10km，而距离下一个加油站还有 1km 和 60km，那么策略会选择在第一个加油站（1km 外）加油，以防汽油耗尽。这个决定在短期内不是最佳的，因为加油要耽误一些时间，但它最终肯定能实现目标。

图 1.4 所示为一个简单的例子。在这个例子中，一个在 4×4 网格内移动的行动者（actor）必须到达星（star，✦）格，还要避开回旋（spiral，◎）格。策略建议的动作由指明移动方向的箭头表示。图 1.4 的左边显示的是一个随机的初始策略，而图 1.4 的右边则显示了最终的最优策略。当遇到两个动作都最优时，智能体可以任意选择要采取的动作。

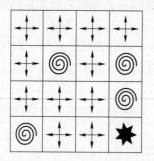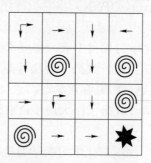

图 1.4　网格里的移动策略

随机策略和确定性策略之间有一个重要的区别。确定性策略提供要采取的单个确定动作。相反，随机策略为每个动作提供了一个行动概率。行动概率的概念很有用，因为它考虑了环境的动态性，有助于探索环境。

强化学习算法的一种分类方法是，在学习过程中策略是如何改进的。更简单的情况是，作用于环境的策略类似于在学习过程中逐渐改进的策略。另一种说法是，策略从它生成的相同数据中学习。这些算法被称为在线策略（on-policy）算法。相比之下，离线策略（off-policy）算法涉及两种策略：一种作用于环境，另一种学习但不实际使用。前者称为**行为策略**（behavior policy），后者称为**目标策略**（target policy）。行为策略的目标是与环境交互并收集环境的相关信息，以改进被动的目标策略。在接下来的章节中可以看到，离线策略算法比在线策略算法更不稳定、更难设计，但它们的采样效率更高，这意味着它们需要的学习经验更少。

为了更好地理解这两个概念，可以考虑一个必须学习新技能的人。如果这个人的行为与在线策略算法一样的话，那么每当他尝试一系列的行为时，都会根据累积的奖励改变自己的信念和行为。相比之下，如果这个人的行为与离线策略算法相同，那么他（目标策略）也可以通过观看自己以往展示技能的视频录像（行为策略）来学习相同的技能，也就是说，他可以使用旧的经验来帮助提升自己。

策略梯度法（policy-gradient method）是一类强化学习算法，其能直接从策略相关的性能梯度中学习参数化策略（作为深度神经网络）。这些算法有很多优点，包括能够处理连续的动作和探索不同粒度的环境。"第 6 章　随机策略梯度优化""第 7 章　信赖域策略优化和近端策略优化"以及"第 8 章　确定性策略梯度方法"将对此进行详细介绍。

1.2.2　值函数

值函数（value function）表示一个状态的长期质量。如果智能体从给定的状态开始，那么值函数就是未来预期的累积奖励。奖励衡量的是眼前的性能，那么值函数衡量的则是长远的性能。因此，高奖励并不意味着高值函数，低奖励也不意味着低值函数。

此外，值函数可以是状态函数，也可以是状态–动作对的函数。前者称为**状态值函数**（state-value function），后者称为**动作值函数**（action-value function）。

图 1.5 展示了最终状态值（左侧）和相应的最优策略（右侧）。

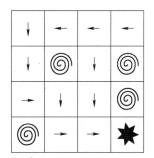

图 1.5　最终状态值和相应的最优策略

使用相同的格子世界示例来说明策略的概念，可以显示状态值函数。首先，可以假设每种情况下的奖励为 0，除非智能体到达星的位置时，获得+1 的奖励。另外，假设一股大风以 0.33 的概率将智能体吹向另一个方向。这种情况下，状态值将类似于图 1.5 左侧所示的值。最优策略将选择使智能体进入下一个最高状态值的动作，如图 1.5 右侧所示。

动作值法（或值函数方法）是强化学习算法的另一大家族。这些方法学习一个动作值函数，并利用它选择要采取的行动。从"第 3 章　基于动态规划的问题求解"开始，读者将了解到有关这些算法的更多信息。值得注意的是，有些策略梯度法为了结合这两种方法的优点，也会利用一个值函数来学习合适的策略。这些方法被称为**行动者 – 评判者**（actor-critic）法。图 1.6 展示了主要的三类强化学习算法。

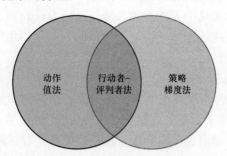

图 1.6　三类强化学习算法

1.2.3　回报（奖励）

在每个时间步，也就是智能体每移动一步，环境都会反馈一个数字，表明该动作对智能体而言有何好处。这称为**回报**或**奖励**（reward）。正如前边所提到的，智能体的最终目标是最大化与环境交互期间所获得的累积奖励。

有些文献将奖励视为环境的一部分，但这在现实中并不完全正确。奖励也可以来自智能体，但决不能来自智能体的决策部分。因此，为了简化定式，一般认为奖励总是来自环境。

奖励是强化学习过程循环中的唯一监督信号，所以为了获得一个行为良好的智能体，必须正确地设计奖励。如果奖励设计有缺陷，智能体可能就会察觉并采取不正确的行为。例如，赛船冠军赛（Coast Runners）是一款赛船游戏，其目标是领先于其他选手率先完成比赛。在航行过程中，船只击中目标会得到奖励。一些 OpenAI 迷用强化学习训练了一个智能体来玩这个游戏。他们发现，这艘经过训练的小船并没有尽可能快地跑到终点线，而是在兜着圈子捕捉新发现的目标，不断地撞击、起火。就这样，小船找到了一种将总奖励最大化的方法，却未按预期行事。这种行为就是短期和长期奖励失衡所造成的。

环境不同，奖励出现的频率就不同。频繁的奖励被称为**密集奖励**（dense reward）。不过，如果奖励在游戏中只出现几次，或者只出现在游戏结束时，则被称为**稀疏奖励**（sparse reward）。在后一种情况下，智能体可能很难获得奖励并找到最优行为。

模仿学习（imitation learning）和**逆向强化学习**（inverse RL）是处理环境缺乏奖励问题的两种强大的技术。模仿学习使用专家演示将状态映射到动作。相反，逆向强化学习则从专家的最优行为中推导出奖励函数。模仿学习和逆向强化学习将在"第 10 章 模仿学习与 DAgger 算法"中介绍。

1.2.4 模型

模型是智能体的可选组件，这意味着它不是为环境找到策略所必需的。模型会详细描述环境的行为，并在给定一个状态和动作时，预测下一个状态和奖励。如果模型已知，规划算法可用于与模型的交互并推荐未来的动作。例如，在具有离散动作的环境中，可以使用前瞻搜索如使用蒙特卡罗（Monte Carlo）树搜索来模拟潜在的路径。

环境模型可以预先给出，也可以通过与环境的交互学到。如果环境很复杂，环境模型可以用深度神经网络来近似给出。使用已知环境模型或学习一个环境模型的强化学习算法称为基于模型的方法（model-based method）。这些解决方案与无模型方法正好相反，将在"第 9 章 基于模型的强化学习"中详细介绍。

1.3 强化学习的应用

强化学习已被广泛应用于机器人、金融、医疗和智能交通系统等领域。一般来说，它们可以分为三类主要领域：自动机器（如自动驾驶汽车、智能电网和机器人），优化过程（如计划维修、供应链和工艺规划），以及控制（如故障检测和质量控制）。

起初，强化学习只适用于简单问题，而深度强化学习则为不同的问题开辟了道路，从而使其能够处理更复杂的任务。如今，深度强化学习已经展现出一些非常有前景的成果。遗憾的是，大多数的突破仍然局限于研究应用或游戏，在很多情况下，缩小纯研究导向的应用和工业问题之间的差距并不容易。尽管如此，越来越多的公司正在将强化学习应用于相关行业和产品。

现在来看已经采用强化学习或将从强化学习中受益的主要领域。

1.3.1 游戏

游戏是强化学习的完美试验台，因为它们是为了挑战人类的能力而创建的，为了完成游戏，需要人类大脑的共同技能（如记忆、推理和协调）。因此，一台计算机如果能达到与人类相同的水平或比人类更好的水平，就必须具备相同的能力。此外，游戏很容易复制，也很容易在计算机上模拟。事实证明，视频游戏是很难解决的，因为它们具有局部的可观察性（即，只有一小部分游戏是可见的）和巨大的搜索空间（即，计算机不可能模拟所有可能的配置）。

2015 年，AlphaGo 在古老的围棋游戏中击败了李世石，游戏取得了突破。尽管有人预测它不会赢，但是胜利还是出现了。当时人们认为，在未来 10 年里，没有一台计算机能够打败围棋高手。AlphaGo 使用强化学习和监督学习，从职业选手的对弈中学习。几年后，新版的 AlphaGo Zero 以 100∶0 大胜 AlphaGo。AlphaGo Zero 只通过短短三天的自弈就学会了下围棋。

 自弈（self-play）是一种高效的训练算法的方法，因为它只跟自己对弈。通过自弈，也能练就有用的亚技能（sub-skill）或行为，否则无从发现。

为了捕捉现实世界的混乱性和连续性，一个名为 OpenAI Five 的五个神经网络组成的团队被训练玩 DOTA 2，这是一个由两个团队（每个团队有五名玩家）进行对抗的实时策略游戏。玩这个游戏的学习曲线非常陡峭，原因在于时间跨度太长（一个游戏持续 45min，平均上千个动作），局部可观察性（每个玩家只能看到自己周围的一小块区域），以及高维连续动作和观察空间。2018 年，OpenAI Five 在国际赛场上与顶尖的 DOTA 2 选手交手，虽然输掉了比赛，但其在协作和战略技巧上都显示出了先天的能力。最终，在 2019 年 4 月 13 日，OpenAI Five 在游戏中正式击败了世界冠军，成为第一个在电子竞技游戏中击败职业球队的 AI 系统。

1.3.2　机器人与工业 4.0

工业机器人中的强化学习是一个非常活跃的研究领域，因为它是现实世界中很自然接受的范式。工业智能机器人的潜力和效益是巨大而广泛的。强化学习使工业 4.0（被称为第四次工业革命）拥有执行高度复杂与合理动作的智能设备、系统和机器人。可以将预测维护、实时诊断和制造活动管理的系统集成起来，实现更好的控制和生产率。

1.3.3　机器学习

多亏强化学习的灵活性，它不仅可以用于处理完整的独立任务，而且可以作为监督学习算法的一种微调方法。在很多自然语言处理（natural language Processing，NLP）和计算机视觉任务中，要优化的指标是不可微的，因此用神经网络解决有监督条件下的优化问题，需要一个辅助的可微损失函数。但是，两个损失函数之间的差异将影响最终性能。解决这一问题的一种方法是，首先使用带辅助损失函数的监督学习对系统进行训练，然后使用强化学习微调旨在优化最终指标值的网络。例如，这一过程在诸如机器翻译和问答之类的分支领域是有益的，因为在这些分支领域中，评价指标复杂且不可微。

此外，强化学习可以解决诸如对话系统和文本生成等自然语言处理问题。计算机视觉、定位、运动分析、视觉控制和视觉跟踪都可以用深度强化学习进行训练。

深度学习的目的是应对需要人工进行神经网络架构设计这一手工特征工程的繁重任务。这是一项烦琐乏味的工作，涉及许多部分，必须以最好的方式加以组合。那么，为什么不能将其自动化呢？其实是可以的。**神经结构设计**（neural architecture design，NAD）是一种利用强化学习设计深度神经网络架构的方法。虽然这种方法的计算成本非常高，但是这种技术能够创建深度神经网络架构，进而在图像分类中取得最先进的结果。

1.3.4　经济学与金融

业务管理是强化学习的另一个自然应用。强化学习已经成功地应用于互联网广告，其目标是最大限度地提高产品推荐、客户管理和营销的广告点击率。此外，期权定价和多期优化等金融业务也受益于强化学习。

1.3.5　医疗健康

强化学习也用于医疗诊断和治疗。它可以为医生和护士的人工智能助手建立基线。特别是，强化学习可以为患者提供个体化的渐进治疗，这一过程被称为动态治疗机制。强化学习在医疗健康领域的应用例子还有个性化的血糖控制以及针对败血症和 HIV 的个性化治疗。

1.3.6　智能交通系统

智能交通系统可以借助强化学习来开发和改进所有类型的交通系统。它的应用范围从控制交通拥堵（如交通信号控制）、交通监控和安全（如碰撞预测）的智能网络到自动驾驶汽车。

1.3.7　能源优化与智能电网

能源优化和智能电网是智能发电、配电和用电的核心。能源决策系统和控制系统可以采用强化学习技术实现对环境变化的动态响应。强化学习还可用于响应动态能源定价的电力需求调整或节能。

1.4　本章小结

强化学习是一种目标导向的决策方法。它与其他方法不同，因为它直接与环境进行交互作用，并具有延迟奖励机制。强化学习和深度学习的结合对高维状态空间问题和感知输入问题非常有用。策略和值函数概念是关键，因为它们指明了要采取的行动和环境状态的质量。在强化学习中，环境模型并不是必需的，但它可以提供额外的信息，因而有助于提高策略的质量。

本章已经介绍了所有的关键概念，以下章节的重点将放在实际的强化学习算法上。不过，下一章首先将介绍利用 OpenAI 和 TensorFlow 开发强化学习算法的基础。

1.5　思考题

1. 什么是强化学习？
2. 智能体的最终目标是什么？
3. 监督学习和强化学习的主要区别是什么？
4. 深度学习和强化学习相结合的好处是什么？
5. "强化"一词从何而来？
6. 策略和值函数之间有什么区别？
7. 环境模型可以通过与环境的交互学到吗？

1.6　延伸阅读

- 有关错误奖励函数的示例，可参阅以下链接：https://blog.openai.com/faulty-reward-functions/。
- 有关深度强化学习的更多信息，可参阅以下链接：http://karphy.github.io/2016/05/31/rl/。

第 2 章　强化学习过程与 OpenAI Gym

在每个机器学习项目中，算法从训练数据集中学习规则和指令，以便更好地完成任务。在**强化学习**领域，算法被称为智能体，它从环境提供的数据中学习。在这里，环境是一个连续的信息源，它根据智能体的动作返回数据。而且，由于环境返回的数据可能是无限的，所以在训练时受监督设置之间存在很多概念和实践上的差异。但是，本章的重点是要强调这样一个事实：不同的环境不仅提供不同的任务供完成，而且可以有不同类型的输入、输出和奖励信号，同时还需要根据具体情况对算法进行调整。例如，机器人可以从视觉输入（如 RGB 摄像机）或内部独立的传感器感知其当前状态。

本章将设置强化学习算法编码所需的环境，并构建第一个算法。尽管只是一个简单的玩倒立摆的算法，但它提供了一个掌握基本的强化学习过程然后转向更高级强化学习算法的、有用的基线。另外，因为在后面的章节中，还需要编写很多深度神经网络的代码，所以这里先简要概述一下 TensorFlow，并介绍一种可视化工具 TensorBoard。

本书中使用的几乎所有环境都基于 OpenAI 的开源界面 **Gym**。因此，也需要了解并使用它的一些内置环境。然后，在进入后续章节深入研究强化学习算法之前，本章将列出并解释一些开源环境的优势和差异。这样，读者将对强化学习可以解决的问题有一个广泛而实用的概观。

本章将讨论以下主题：
- 设置环境。
- OpenAI Gym 和强化学习过程。
- 利用 TensorFlow 开发强化学习模型。
- TensorBoard 介绍。
- 强化学习环境。

2.1　环境设置

开发深度强化学习算法所需的三个主要工具是：
- **编程语言**：Python 是机器学习算法开发的首选，因为它简单并且有很多围绕它构建的第三方库。
- **深度学习框架**：本书使用 TensorFlow，原因在于，正如将在 TensorFlow 一节所看到的，它是可扩展的、灵活的，而且表现力强。除此之外，还可以使用很多其他的框架，包括 PyTorch 和 Caffe。

● **环境**：本书将使用很多不同的环境来演示如何处理不同类型的问题，并突出强化学习算法的优势。

本书使用 Python 3.7，但 Python 3.5 以上的所有版本应该都可以使用。另外，这里假设已经安装了 numpy 和 matplotlib。

如果还没有安装 TensorFlow，可以通过它们的网站或在终端窗口键入以下命令进行安装：

```
$ pip install tensorflow
```

或者，如果计算机有 GPU，则可以键入以下命令：

```
$ pip install tensorflow-gpu
```

在 GitHub 库中可以找到所有与本章相关的安装说明和练习，链接为 https://github.com/PacktPublishing/Reinforcement-Learning-Algorithms-with-Python。

现在来看如何安装这些环境。

2.1.1 安装 OpenAI Gym

OpenAI Gym 提供了一个通用的界面以及各种各样的环境。

安装 OpenAI Gym，可以使用以下命令。

在 OSX 上，可以使用以下命令：

```
$ brew install cmake boost boost-python sdl2 swig wget
```

在 Ubuntu 16.04 上，可以使用以下命令：

```
$ apt-get install -y python-pyglet python3-opengl zlib1g-dev libjpeg-dev
patchelf cmake swig libboost-all-dev libsdl2-dev libosmesa6-dev xvfb ffmpeg
```

在 Ubuntu 18.04 上，可以使用以下命令：

```
$ sudo apt install -y python3-dev zlib1g-dev libjpeg-dev cmake swig python-pyglet
python3-opengl libboost-all-dev libsdl2-dev libosmesa6-dev patchelf ffmpeg
xvfb
```

在为各自的操作系统运行上述命令后，使用以下命令：

```
$ git clone https://github.com/openai/gym.git
$ cd gym
$ pip install -e '.[all]'
```

有些 Gym 环境也需要安装 pybox2d：

```
$ git clone https://github.com/pybox2d/pybox2d
$ cd pybox2d
$ pip install -e.
```

2.1.2 安装 Roboschool

最后感兴趣的环境是 Roboschool，这是一个机器人模拟器。Roboschool 的安装很容易，但如果遇到任何错误，请查看其 GitHub 库：

```
$ pip install roboschool
```

2.2 OpenAI Gym 和强化学习过程

因为强化学习要求一个智能体和一个环境相互作用，所以第一个可能浮现在脑海中的例子就是地球——我们生活的物理世界。遗憾的是，至此在实际上只有少数例子使用地球。在当前的算法中，问题源于智能体为了学习良好的行为而必须与环境执行的大量交互。这可能需要成百上千甚至上百万个行动，需要花费大量时间才能实现。一种解决方案是，使用模拟环境来启动学习过程，最后再在现实世界中对其进行微调。这种方法比仅仅从周围世界学习要好得多，但仍然需要缓慢地与真实世界进行交互。但是，在很多情况下，任务可以完全被模拟。为了研究和实现强化学习算法，游戏、电子游戏和机器人模拟器都是完美的试验台，因为要解决问题，它们需要规划、策略和长期记忆等能力。此外，游戏有一个明确的奖励系统，可以在人工环境（计算机）里实现全模拟，且允许快速互动，加速学习过程。基于这些原因，本书将主要使用电子游戏和机器人模拟器来演示强化学习算法的功能。

OpenAI Gym 是一个用于开发和研究强化学习算法的开源工具包，它的创建是为了给环境提供一个通用和共享的接口，同时提供大量不同的可用环境集合。这些可用环境集合包括雅达利 2600 游戏、连续控制任务、经典控制理论问题、基于目标的模拟机器人任务和简单文本游戏。由于通用性强，很多由第三方创建的环境都使用 Gym 接口。

2.2.1　开发强化学习过程

　　基本的强化学习过程显示在下面的代码块中。这基本上使强化学习模型在每一步渲染游戏的同时完成 10 个动作:

```
import gym

# create the environment
env = gym.make("CartPole-v1")
# reset the environment before starting
env.reset()

# loop 10 times
for i in range(10):
    # take a random action
    env.step(env.action_space.sample())
    # render the game
    env.render()

# close the environment
env.close()
```

输出结果如图 2.1 所示。

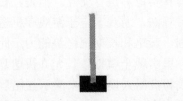

图 2.1　倒立摆的渲染示意图

　　现在来更仔细地分析一下代码。首先,创建一个名为 CartPole-v1 的新环境,这是一个用于控制理论问题的经典游戏。但是,在使用它之前,环境是通过调用 reset() 完成初始化的。初始化之后，循环迭代 10 次。每次迭代，env.action_space.sample() 对一个随机动作进行采样，并使用 env.step() 在环境中运行该动作，同时使用 render() 方法显示结果，即游戏的当前状态，如图 2.1 所示。最后，通过调用 env.close() 关闭环境。

> 如果代码输出了弃用警示（deprecation warning），请不要担心。它们只是通知某些函数已被更改。代码依然可以正常运行。

这个循环过程对使用 Gym 界面的每个环境都是一样的。但是现在，智能体只能执行随机动作而没有任何反馈，而反馈才是任何强化学习问题的关键。

> 在强化学习中，术语状态（state）和观察（observation）几乎可以互换使用，但它们并不相同。当与环境有关的所有信息都被编码其中时，称为状态。而当环境只有一部分实际状态对智能体可见时，称为观察，如机器人的知觉。为了简化问题，OpenAI Gym 总是使用观察这一术语。

图 2.2 展示了 OpenAI Gym 的强化学习循环过程。

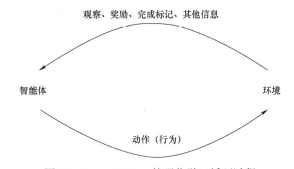

图 2.2　OpenAI Gym 的强化学习循环过程

实际上，step() 方法返回四个提供与环境交互的信息的变量。图 2.2 展示了智能体和环境之间的循环，以及交换的变量，即 **Observation**（观察）、**Reward**（奖励）、**Done**（完成标记）和 **Info**（其他信息）。**Observation** 是一个表示环境的新观察（或状态）对象。**Reward** 是一个表示在上一次行动中获得的奖励数量的浮点数。**Done** 是一个布尔值，用于情节性任务，即有交互次数限制的任务。当 done 为 True 时，意味着已经结束了一个情节，应该重置环境。例如，当任务已完成或智能体已死亡时，done 为 True。另外，**Info** 是一个字典，提供有关环境的额外信息，但不常用。

倒立摆是一款游戏，其目标是平衡水平推车上的一个钟摆。当摆锤处于直立位置时，每一个时间步都将提供+1 的奖励。无法平衡下来或者在超过 200 个时间步里成功平衡（收集最多 200 个累积奖励）时，这段情节结束。

现在可以创建一个更完整的算法，使用以下代码进行 10 次游戏并输出每次游戏的累计奖励：

```python
import gym

# create and initialize the environment
env = gym.make("CartPole-v1")
env.reset()

# play 10 games
for i in range(10):
    # initialize the variables
    done = False
    game_rew = 0

    while not done:
        # choose a random action
        action = env.action_space.sample()
        # take a step in the environment
        new_obs, rew, done, info = env.step(action)
        game_rew += rew
        # when is done, print the cumulative reward of the game and reset the
environment
        if done:
            print('Episode %d finished, reward:%d' % (i, game_rew))
            env.reset()
```

输出如下：

Episode: 0, Reward:13
Episode: 1, Reward:16
Episode: 2, Reward:23
Episode: 3, Reward:17

```
Episode: 4, Reward:30
Episode: 5, Reward:18
Episode: 6, Reward:14
Episode: 7, Reward:28
Episode: 8, Reward:22
Episode: 9, Reward:16
```

表 2.1 展示了一次游戏的最后四个动作中 step() 方法的输出。

表 2.1　　　　　　　　　　　　　　step() 方法的输出

Observation	Reward	Done	Info
[−0.05356921，−0.38150626，0.12529277，0.9449761]	1.0	False	{}
[−0.06119933，−0.57807287，0.14419229，1.27425449]	1.0	False	{}
[−0.07276079，−0.38505429，0.16967738，1.02997704]	1.0	False	{}
[−0.08046188，−0.58197758，0.19027692，1.37076617]	1.0	False	{}
[−0.09210143，−0.3896757，0.21769224，1.14312384]	1.0	True	{}

注意，环境的观察被编码为一个 1×4 的数组。奖励如预期一样总是 1。只有在游戏结束时，最后一行的 done 才是 True。另外，本例的 **Info** 为空。

在接下来的章节中，将创建能够根据当前摆杆状态，采取更智能行动玩倒立摆的智能体。

2.2.2　了解空间概念

在 OpenAI Gym 中，动作和观察大多是 Discrete 类或 Box 类的实例。这两个类代表不同的空间。Box 表示一个 n 维数组，而 Discrete 则是一个允许固定范围的非负数的空间。从表 2.1 可见，倒立摆的观察值由四个浮点数编码，这意味着它是 Box 类的一个实例。打印 env.observation_space 变量，可以检查观察空间的类型和尺寸。

```
import gym

env = gym.make('CartPole-v1')
print(env.observation_space)
```

不出所料，输出如下：

```
>>Box(4,)
```

本书用带 ">>" 的打印文本来标记 print() 的输出。

同样，可以检查动作空间的尺寸：

```
print(env.action_space)
```

产生以下输出：

>>Discrete(2)

具体地，Discrete（2）意味着动作的值可以是 0 或 1。实际上，如果使用上一个例子所用的采样函数的话，那么会得到 0 或 1（在倒立摆的例子中，这意味着左或右）。

```
print(env.action_space.sample())
```
>>0
```
print(env.action_space.sample())
```
>>1

low 和 high 实例的属性是返回 Box 空间允许的最小值和最大值。

```
print(env.observation_space.low)
```
>>[-4.8000002e+00 -3.4028235e+38 -4.1887903e-01 -3.4028235e+38]
```
print(env.observation_space.high)
```
>>[4.8000002e+00 3.4028235e+38 4.1887903e-01 3.4028235e+38]

2.3 利用 TesorFlow 开发强化学习模型

TensorFlow 是一个执行高性能数值计算的机器学习框架。TensorFlow 之所以流行，归功于它的高质量、大量参考文档、能够在开发环境中为大规模模型提供服务的能力，以及与 GPU 和 TPU 的友好接口。

为了方便机器学习模型的开发和部署，TensorFlow 提供了很多高级应用程序接口（API），包括 Keras、Eager Execution 和 Estimators。这些 API 在很多情况下都非常有用，但为了开发强化学习算法，本书只使用稍低级的 API。

现在，即刻使用 **TensorFlow** 编写代码。以下代码行求用 tf.constant() 创建的常量 a 和 b 的和。

```
import tensorflow as tf

# create two constants: a and b
a = tf.constant(4)
b = tf.constant(3)

# perform a computation
c = a + b

# create a session
session = tf.Session()
# run the session. It computes the sum
res = session.run(c)
print(res)
```

TensorFlow 的一个特点是，它将所有计算表示为一个必须首先定义然后执行的计算图（computational graph）。只有在执行之后，才能得到结果。在下面的示例中，在完成 c=a+b 运算后，c 不保留最终值。实际上，如果在创建会话之前打印 c，将获得以下结果：

>>Tensor("add:0",shape=(),dtype=int32)

这是变量 c 的类，而不是加法的结果。

此外，必须在使用 tf.session() 实例化的会话中完成执行。然后，为了执行计算，运算必须作为输入传递给刚刚创建的会话的 run 函数。因此，为了实际执行计算图并求取 a 和 b 之和，需要创建一个会话并将 c 作为输入传递给 session.run：

```
session = tf.Session()
res = session.run(c)
print(res)
```

>>7

 如果使用的是 Jupyter Notebook，应确保通过运行 tf.reset_default_graph()重置计算图。

2.3.1 张量

TensorFlow 中的变量表示为任意维数的数组的张量（tensor）。张量有三种主要类型：tf.Variable、tf.constant 和 tf.placeholder。除了 tf.Variable，其他张量都是不可变的。

要确认张量的形状，可使用以下代码：

```
# constant
a = tf.constant(1)
print(a.shape)
>> ()


# array of five elements
b = tf.constant([1,2,3,4,5])
print(b.shape)
>> (5,)
```

张量的元素易于访问，其机制类似于 Python 所采用的机制：

```
a = tf.constant([1,2,3,4,5])
first_three_elem = a[:3]
fourth_elem = a[3]

sess = tf.Session()
print(sess.run(first_three_elem))


>> array([1,2,3])

print(sess.run(fourth_elem))
>> 4
```

1. 常量

正如已经看到的，常量是一种不可变的张量，可以使用 tf.constant 轻松创建：

```
a = tf.constant([1.0,1.1,2.1,3.1],dtype=tf.float32,name='a_const')
print(a)
```

>>Tensor("a_const:0",shape=(4,),dtype=float32)

2. 占位符

占位符是在运行时输入的张量。通常，占位符用作模型的输入。运行时传递给计算图的每个输入都由 `feed_dict` 提供。`feed_dict` 是一个可选变元，允许调用者覆盖计算图中的张量值。在以下代码段中，占位符 a 被 [[0.1，0.2，0.3]] 覆盖：

```python
import tensorflow as tf

a = tf.placeholder(shape=(1,3), dtype=tf.float32)
b = tf.constant([[10,10,10]], dtype=tf.float32)

c = a + b

sess = tf.Session()
res = sess.run(c, feed_dict={a:[[0.1,0.2,0.3]]})
print(res)
```

>> [[10.1 10.2 10.3]]

如果在创建计算图时输入的第一维度的大小未知，TensorFlow 就会予以关注。只需简单地将其设置为 None 即可：

```python
import tensorflow as tf
import numpy as np

# NB: the first dimension is 'None', meaning that it can be of any length
a = tf.placeholder(shape=(None,3), dtype=tf.float32)
b = tf.placeholder(shape=(None,3), dtype=tf.float32)

c = a + b
print(a)
```

>> Tensor("Placeholder:0", shape=(?, 3), dtype=float32)

```
sess = tf.Session()
print(sess.run(c, feed_dict={a:[[0.1,0.2,0.3]], b:[[10,10,10]]}))
```

>> [[10.1 10.2 10.3]]

```
v_a = np.array([[1,2,3],[4,5,6]])
v_b = np.array([[6,5,4],[3,2,1]])
print(sess.run(c, feed_dict={a:v_a, b:v_b}))
```

>> [[7. 7. 7.]
**   [7. 7. 7.]]**

在最初不知道训练示例的数量时，此功能非常有用。

3. 变量

变量是可变张量，可以使用优化器进行训练。例如，它们可以是构成神经网络权重和偏差的自由变量。

现在创建两个变量：一个统一初始化，另一个用常量值初始化。

```
import tensorflow as tf
import numpy as np


# variable initialized randomly
var = tf.get_variable("first_variable", shape=[1,3], dtype=tf.float32)


# variable initialized with constant values
init_val = np.array([4,5])
var2 = tf.get_variable("second_variable", shape=[1,2], dtype=tf.int32,
initializer=tf.constant_initializer(init_val))


# create the session
sess = tf.Session()
# initialize all the variables
sess.run(tf.global_variables_initializer())
```

```
print(sess.run(var))
```

>> [[0.93119466 -1.0498083 -0.2198658]]

```
print(sess.run(var2))
```

>> [[4 5]]

调用 `global_variables_initializer()` 之前，不会初始化变量。

以这种方式创建的所有变量都设置为 `trainable`，这意味着计算图可以修改它们，如在优化操作之后。变量可以设置为不可训练，如下所示：

```
var2 = tf.get_variable("variable",shape=[1,2],trainable=False,
dtype=tf.int32)
```

访问所有变量的简单方法如下：

```
print(tf.global_variables())
```

>> [<tf.Variable 'first_variable:0' shape=(1,3) dtype=float32_ref>,
<tf.Variable 'second_variable:0' shape=(1,2) dtype=int32_ref>]

2.3.2　创建计算图

计算图利用运算之间的依赖关系表示低层次计算。在 TensorFlow 中，首先定义一个计算图，然后创建一个会话来执行计算图中的运算。

在 TensorFlow 中构建、计算和优化计算图的方式，可以保证高度并行、分布式执行和可移植性，这些都是构建机器学习模型时非常重要的性质。

为了了解 TensorFlow 内部生成的计算图的结构，以下程序生成了如图 2.3 所示的计算图。

```
import tensorflow as tf
import numpy as np

const1 = tf.constant(3.0, name='constant1')

var = tf.get_variable("variable1", shape=[1,2], dtype=tf.float32)
```

```
var2 = tf.get_variable("variable2", shape=[1,2], trainable=False,
dtype=tf.float32)

op1 = const1 * var
op2 = op1 + var2
op3 = tf.reduce_mean(op2)

sess = tf.Session()
sess.run(tf.global_variables_initializer())
sess.run(op3)
```

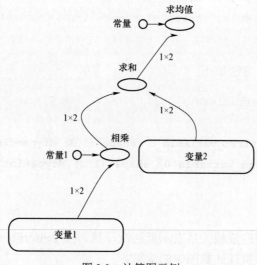

图 2.3　计算图示例

2.3.3　线性回归示例

为了更好地理解所有相关概念，这里创建了一个简单的线性回归模型。首先，需要调入所有的库，并为 NumPy 和 TensorFlow 设定一个随机种子（为了得到相同的结果）。

```
import tensorflow as tf
import numpy as np
from datetime import datetime
```

```
np.random.seed(10)
tf.set_random_seed(10)
```

接着，可以创建一个包含 100 个示例的混合数据集，如图 2.4 所示。

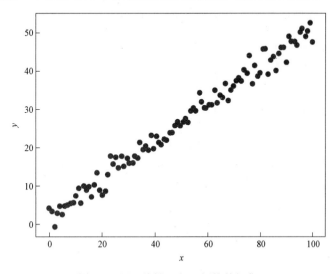

图2.4　用于线性回归示例的数据集

因为这是一个线性回归示例，$y=W*X+b$，其中 W 和 b 是任意值。在本例中，设置 W=0.5 和 b=1.4。此外，添加了一些正态分布的随机噪声：

```
W,b = 0.5,1.4
# create a dataset of 100 examples
X = np.linspace(0,100,num=100)
# add random noise to the y labels
y = np.random.normal(loc=W * X + b,scale=2.0,size=len(X))
```

下一步涉及为输入和输出创建占位符，以及设定线性模型的权重和偏差变量。训练期间，将优化这两个变量，使其尽可能接近数据集的权重和偏差。

```
# create the placeholders
x_ph = tf.placeholder(shape=[None,],dtype=tf.float32)
y_ph = tf.placeholder(shape=[None,],dtype=tf.float32)
```

```
# create the variables
v_weight = tf.get_variable("weight",shape=[1],dtype=tf.float32)
v_bias = tf.get_variable("bias",shape=[1],dtype=tf.float32)
```

然后，构建定义线性运算和均方误差（mean square error，MSE）损失的计算图。

```
# linear computation
out = v_weight * x_ph + v_bias


# compute the mean square error
loss = tf.reduce_mean((out - y_ph)**2)
```

现在可以实例化优化器并调用 minimize() 以便最小化 MSE 损失。minimize() 首先计算变量（v_weight 和 v_bias）的梯度，然后应用梯度更新变量。

```
opt = tf.train.AdamOptimizer(0.4).minimize(loss)
```

接着创建一个会话并初始化所有变量：

```
session = tf.Session()
session.run(tf.global_variables_initializer())
```

多次运行优化器完成训练，同时将数据集提供给计算图。为了跟踪模型的状态，MSE 损失和模型变量（权重和偏差）每 40 个轮次打印一次：

```
# loop to train the parameters
for ep in range(210):
    # run the optimizer and get the loss
    train_loss, _ = session.run([loss, opt], feed_dict={x_ph:X, y_ph:y})

    # print epoch number and loss
    if ep % 40 == 0:
        print('Epoch: %3d, MSE: %.4f, W: %.3f, b: %.3f' % (ep, train_loss,
session.run(v_weight), session.run(v_bias)))
```

最后，可以打印变量的最终值：

```
print('Final weight:%.3f,bias:%.3f'%(session.run(v_weight),
```

```
session.run(v_bias)))
```

输出如下：

```
>>  Epoch:0,MSE:4617.4390,weight:1.295,bias:-0.407
    Epoch:40,MSE:5.3334,weight:0.496,bias:-0.727
    Epoch:80,MSE:4.5894,weight:0.529,bias:-0.012
    Epoch:120,MSE:4.1029,weight:0.512,bias:0.608
    Epoch:160,MSE:3.8552,weight:0.506,bias:1.092
    Epoch:200,MSE:3.7597,weight:0.501,bias:1.418
    Final weight:0.500,bias:1.473
```

在训练阶段，可以看到 MSE 损失向着非零值（约 3.71）减少。这是因为给数据集添加了随机噪声，从而阻止了 MSE 达到完美的 0 值。

此外，正如预期的那样，关于模型的权重和偏差，0.500 和 1.473 正是构建数据集所依据的值。图 2.5 中可见的粗线是经过训练的线性模型的预测，而点就是训练示例。

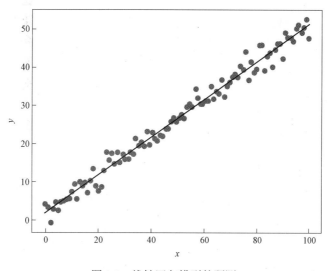

图 2.5　线性回归模型的预测

 本章所有的彩图，请参阅彩图包：http://www.packtpub.com/sites/default/files/downloads/9781789131116_ ColorImages.pdf。

2.4 TensorBoard 介绍

在模型训练期间跟踪变量的变化是一项乏味的工作。例如，在线性回归示例中，通过每 40 个轮次打印一次结果的方式跟踪 MSE 损失和模型参数。随着算法复杂度的增加，需要监控的变量和指标的数量也会增加。幸好，可以用 TensorBoard 解决此问题。

TensorBoard 是一套可视化工具，可用于绘制指标值、可视化 TensorFlow 计算图和附加信息。典型的 TensorBoard 屏幕界面类似于图 2.6 所示的截屏。

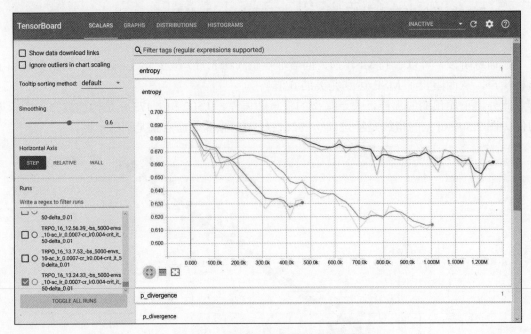

图 2.6   TensorBoard 标量仪表盘界面

TensorBoard 与 TensorFlow 代码的集成非常简单，因为只需要对代码进行一些调整即可。特别是，为了可视化 MSE 随时间的损失，并使用 TensorBoard 监控线性回归模型的权重和偏差，首先需要将损失张量和模型参数分别提交给 `tf.summar.scalar()` 和 `tf.summary.histogram()`。应在调用优化器后添加以下代码段：

```
tf.summary.scalar('MSEloss',loss)
tf.summary.histogram('model_weight',v_weight)
tf.summary.histogram('model_bias',v_bias)
```

接着，为了简化流程并形成一份信息汇总，可以合并它们：

```
all_summary = tf.summary.merge_all()
```

此时，必须实例化一个 `FileWriter` 实例，该实例将所有信息记录在一个文件里：

```
now = datetime.now()
clock_time = "{}_{}.{}.{}".format(now.day,now.hour,now.minute,
now.second)
file_writer = tf.summary.FileWriter('log_dir/'+clock_time,
tf.get_default_graph())
```

前两行代码用当前日期和时间创建唯一的文件名。在第三行中，文件的路径和 TensorFlow 计算图被传递给 `FileWriter()`。第二个参数是可选的，表示要可视化的计算图。

在训练循环中，通过用以下内容替换前面一行的 `train_loss`、`_=session.run(…)` 来完成最终更改。

```
train_loss,_,train_summary = session.run([loss,opt,all_summary],
feed_dict = {x_ph:X,y_ph:y})
file_writer.add_summary(train_summary,ep)
```

首先，当前会话执行 `all_summary`，然后将结果添加到 `file_writer` 以保存在文件中。此过程将运行之前合并的三个信息摘要，并将其记录在日志文件中。然后，TensorBoard 读取该文件并可视化标量、两个直方图和计算图。

记住在末尾关闭 **file_writer**，如下所示：

```
file_writer.close()
```

最后，通过转到工作目录并在终端键入以下命令，打开 TensorBoard：

```
$ tensorboard --logdir=log_dir
```

该命令创建一个侦听端口 6006 的 Web 服务器。要启动 TensorBoard，必须转到 TensorBoard 显示的链接。

现在，可以通过单击页面顶部的选项卡来浏览 TensorBoard，以访问图表、直方图和计算图。如图 2.7 和图 2.8 所示，可以看到这些页面上显示的结果。这些图和图表是交互式的，所以可以花一些时间了解一下，以更好地理解这些功能。也可查看 TensorBoard 的官方文档

（https://www.tensorflow.org/guide/summaries_and_tensorboard），以了解 TensorBoard 的更多功能。

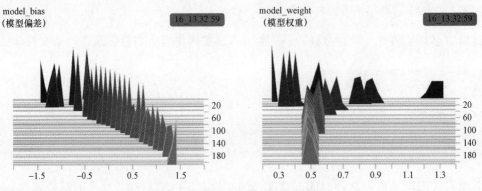

图 2.7　线性回归模型的参数直方图

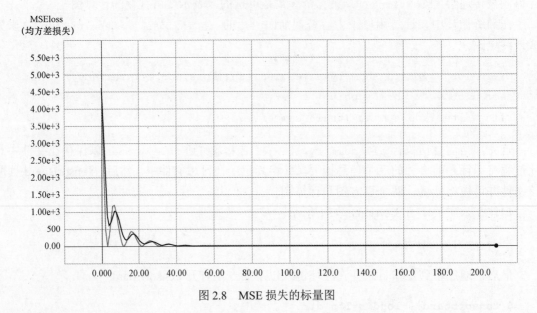

图 2.8　MSE 损失的标量图

2.5　强化学习环境

　　环境，如同监督学习中的标记数据集，是强化学习的重要组成部分，因为它们规定了必须学习的信息和算法的选择。本节将介绍不同环境之间的主要差异，并列出一些最重要的开源环境。

2.5.1 为什么需要不同的环境

对于实际应用，环境的选择取决于要学习的任务；而对于研究应用，环境的选择通常取决于环境的固有特征。后者的最终目标不是对智能体进行特定任务的训练，而是展示一些与任务相关的功能。

例如，如果目标是创建一个多智能体强化学习算法，那么无论最终任务是什么，该环境都应该至少有两个智能体能够相互通信。相反，要创造一个终身学习者（使用在之前较容易的任务中获得的知识不断创建和学习较难任务的智能体），环境应该具备的基本素质是适应新情况和现实领域的能力。

撇开任务不谈，环境还可能因其他特征而有所不同，如复杂性、观察空间、动作空间和奖励函数。

- **复杂性**：环境可以在很宽的范围内扩展，如从平衡杆到用机械手操纵物理对象。一方面，可以选择更复杂的环境来显示算法处理模拟世界复杂性的大型状态空间的能力。另一方面，更简单的环境只能用于显示某些特定的特性。
- **观察空间**：正如已经看到的，观察空间的范围可以从环境的完整状态扩展到感知系统（如行图像）感受到的部分观察。
- **动作空间**：具有较大连续动作空间的环境会挑战智能体处理实值向量的能力，而离散动作更容易学习，因为它们只有有限数量的可用动作。
- **奖励函数**：具有艰难探索和延迟奖励的环境，如蒙特祖玛的复仇（Montezuma's Revenge）游戏，极具挑战性。令人惊讶的是，只有少数算法能够达到人类的水平。因此，这些环境被用作解决探索问题的算法的测试平台。

2.5.2 开源环境

如何设计一个满足需求的环境？幸好，有很多开源环境可用于解决特定的或更广泛的问题。例如，如图 2.9 所示的 CoinRun 平台，就是为了度量算法的泛化能力而构建的机器学习量化指标训练平台。

现在列出一些可用的主要开源环境。它们由不同的团队和公司创建，但几乎都使用 OpenAI Gym 界面。

图 2.9 CoinRun 平台

● **Gym Atari**（https://gym.openai.com/envs/#atari）：包括 Atari 2600 游戏，它以屏幕图像作为输入。它们有助于在具有相同观察空间的各种游戏上度量强化学习算法的性能。

● **Gym Classic control**（https://gym.openai.com/envs/#classic_control）：可用于算法的简单评估和调试和经典游戏。

● **Gym MuJoCo**（https://gym.openai.com/envs/#mujoco）：包括建立在 MuJoCo 之上的连续控制任务（如 Ant 和 HalfCheetah）。MuJoCo 是一个物理引擎，需要付费许可证（学生可以获得免费许可证）。

● **MalmoEnv**（https://github.com/Microsoft/malmo）：一个建立在 Minecraft 之上的环境。

● **Pommerman**（https://github.com/MultiAgentLearning/playground）：一个训练多智能体算法的好环境。Pommerman 是著名的 Bomberman 的变种。

● **Roboschool**（https://github.com/openai/roboschool）：与 OpenAI Gym 集成的机器人仿真环境。它包括一个 MuJoCo 的环境副本（如图 2.10 所示）、两个用于提高智能体健壮性的交互环境，以及一个多人环境。

图 2.10   RoboSchool 平台

● **Duckietown**（https://github.com/duckietown/gym-duckietown）：具有不同地图和障碍物的自动驾驶汽车模拟器。

● **PLE**（https://github.com/ntasfi/PyGame-Learning-Environment）：PLE 包括许多不同的街机游戏，如 Monster Kong、FlappyBird 以及 Snake。

● **Unity ML-Agents**（https://github.com/Unity-Technologies/ml-agents）：建立在现实物理

学的 Unity 之上的环境。机器学习智能体有很大程度的自由度，以及使用 Unity 创建自己的环境的可能性。

- **CoinRun**（https://github.com/openai/coinrun）：解决强化学习过拟合问题的环境。它为训练和测试生成不同的环境。
- **DeepMind Lab**（https://github.com/deepmind/lab）：为导航和拼图任务提供一套 3D 环境。
- **DeepMind PySC2**（https://github.com/deepmind/pysc2）：学习复杂游戏星际争霸 2 的环境。

2.6　本章小结

希望本章能帮助读者了解构建强化学习算法所需的所有工具和组件。可以自己设置开发强化学习算法所需的 Python 环境，并使用 OpenAI Gym 环境编写第一个算法。由于大多数最先进的强化学习算法都涉及深度学习，因此本章介绍了 TensorFlow，本书将用到这个深度学习框架。TensorFlow 的使用加快了深度强化学习算法的发展，因为它能处理深度神经网络的复杂部分，如反向传播。此外，TensorFlow 还提供了 TensorBoard。这是一种可视化工具，用于监视和帮助算法调试过程。

因为在后面的章节中要用到很多环境，所以清楚地了解它们的差异和独特性非常重要。至此，读者应该能够为自己的项目选择最佳环境，但请记住，尽管本章提供了一个全面的列表，但可能还有许多其他环境更适合具体问题的解决。

也就是说，在接下来的章节中，读者将最终学会如何开发强化学习算法。具体而言，下一章将介绍一些算法，这些算法可以用于环境完全已知的简单问题。之后，本书将构建更复杂的系统来处理更复杂的情况。

2.7　思考题

1. Gym 中的 step()函数的输出是什么？
2. 如何使用 OpenAI Gym 界面对动作进行采样？
3. Box 类和 Discrete 类之间的主要区别是什么？
4. 为什么在强化学习中使用深度学习框架？
5. 什么是张量？
6. 在 TensorBoard 中可以可视化什么？
7. 要创建自动驾驶汽车，你会使用本章中提到的哪些环境？

2.8 延伸阅读

● 有关 TensorFlow 的官方指南，请参阅以下链接：https://www.tensorflow.org/guide/
low_level_intro。

● 有关 TensorBoard 的官方指南，请参阅以下链接：https://www.tensorflow.org/guide/
summaries_and_tensorboard。

第 3 章　基于动态规划的问题求解

本章的目的是多方面的。本章将介绍很多对理解强化学习问题至关重要的主题以及用于解决这些问题的第一个算法。尽管在前面的章节中从一个广泛的和非技术的角度讨论了强化学习，这里将真正地对强化学习理解进行定式化，以开发解决一个简单游戏的第一个算法。

强化学习问题可以表述为一个马尔可夫决策过程，这是一个提供强化学习关键要素（如值函数和预期奖励）的形式化的框架。然后可以使用这些数学组件创建强化学习算法。这些组件的组合方式以及设计它们时所做的假设决定了算法的不同。

因此，正如将在本章看到的那样，强化学习算法可以分为三大类，它们可能有所重叠。这是因为有些算法可以从多个类别中统一特征。一旦这些关键概念得到解释，将提出第一类算法，称为动态规划。当给定环境的完整信息时，它可以解决问题。

本章涉及以下主题：
- 马尔可夫决策过程。
- 强化学习算法的类别。
- 动态规划。

3.1　马尔可夫决策过程

马尔可夫决策过程表示的是顺序决策问题，其中行动（动作）会影响下一个状态和结果。马尔可夫决策过程具有足够的通用性和灵活性，可以提供交互学习目标问题的形式化描述，这与强化学习解决的问题相同。因此，可以用马尔可夫决策过程表达和推理强化学习问题。

马尔可夫决策过程表示为一个四元组 (S, A, P, R)：
- S 是状态空间，包含一组有限的状态。
- A 是动作空间，包含一组有限的动作。
- P 是转移函数，它定义了从 s 通过一个动作 a 到达一个状态 s' 的概率。当 $P(s', s, a) = p(s'|s, a)$ 时，转移函数等于给定 s 和 a 的 s' 的条件概率。
- R 是奖励函数，它确定了从状态 s 采取动作 a 而转换到状态 s' 所获得的值。

图 3.1 给出了一个马尔可夫决策过程示意图，该过程拥有 5 个状态和 1 个动作。箭头表示两个状态之间的转移，转移概率标在箭头尾部，奖励则标在箭头主体上。一个性质是，状态的转移概率加起来必须为 1。在这个例子中，最终状态用一个正方形（状态 S_5）来表示。为了简

单起见，这里用一个动作来表示马尔可夫决策过程。

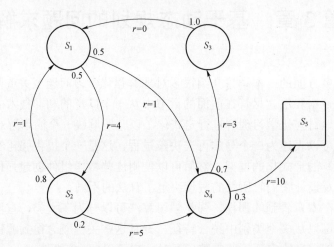

图 3.1　拥有 5 个状态和 1 个动作的马尔可夫决策过程示例

马尔可夫决策过程由一系列离散的时间步骤所控制，其构成了一条状态和动作的轨迹 $(S_0, A_0, S_1, A_1, \cdots)$，其中状态遵循马尔可夫决策过程的动态性，即状态转移函数 $p(s'|s,a)$。通过这种方式，转移函数充分刻画了环境的动态特性。

根据定义，转移函数和奖励函数仅由当前状态决定，而不是由之前经过的状态序列决定。这个特性被称为**马尔可夫性质**（Markov property），这意味着过程是无记忆的，未来的状态只取决于当前的状态，而不取决于状态历史。因此，一个状态包含所有的信息。具有这种性质的系统称为**完全可观察**（fully observable）系统。

在很多实际的强化学习案例中，马尔可夫性质并不成立。为了实用，可以通过假设它是一个马尔可夫决策过程并使用有限数量的先前状态（有限的历史）——S_t, S_{t-1}, S_{t-2}, $\ldots$, S_{t-k} 来解决这个问题。在这种情况下，系统是**局部可观察**的（partially observable），这些状态被称为**观察**。这种策略将用于雅达利游戏，其中行像素作为智能体的输入。这是因为单帧图像是静态的，不携带关于物体速度或方向的信息。这些值可以使用之前的三四个帧检索到（它仍然是一个近似值）。

马尔可夫决策过程的最终目标是，找到使累积奖励 $\sum_{t=0}^{\infty} R_\pi(s_t, s_{t+1})$ 最大化的策略 π，其中 R_π 是根据策略 π 的每一步所获得的奖励。当策略在马尔可夫决策过程的每个状态中采取尽可能好的行动时，就找到了马尔可夫决策过程的一个解。这个策略被称为最优策略（optimal policy）。

3.1.1　策略

策略在给定情况下选择应采取的动作，策略可以分为确定性策略或随机策略。

一个确定性策略记为 $a_t = \mu(s_t)$，而随机策略则表示为 $a_t \sim \pi(\cdot|s_t)$，其中波浪号（～）表示服从概率分布。当最好需要考虑动作分布时，使用随机策略。例如，需要给系统加入一个动作噪声时。

一般情况下，随机策略可以是分类分布或者高斯分布。前者类似于分类问题，可作为跨类别的 softmax 函数进行计算。而对于后者，动作采样自一个由平均值和标准偏差（或方差）描述的高斯分布。这些参数也可以是状态函数。

当采用参数化策略时，用字母 θ 来定义它们。例如，确定性策略可以写成 $\mu_\theta(s_t)$。

 策略、决策者和智能体是表达相同概念的三个术语，因此本书交替地使用这些术语。

3.1.2　回报

在马尔可夫决策过程中执行策略，状态和动作序列（S_0，A_0，S_1，A_1，…）被称为**轨迹**（trajectory）或者**推进**（rollout），记作 τ。在每条轨迹中，将根据动作的结果收集一系列奖励。这些奖励的函数被称为**回报**（return）函数，其最简单的定义为：

$$G(\tau) = r_0 + r_1 + r_2 + \cdots = \sum_{t=0}^{\infty} r_t \qquad (3.1)$$

此时，可以分别分析具有无限和有限范围的轨迹的奖励。这种区分是必要的，因为在没有终结的环境中进行交互的情况下，公式（3.1）将始终有一个无限的值。这种情况很危险，因为它没有提供任何信息。这样的任务被称为持续任务，对其需要重新定义奖励。最好的解决办法是给短期回报加大权重，而少关注长远未来的回报。用一个介于 0 和 1 之间的称为**折扣因子**（discount factor，用 λ 符号表示）的值便可实现。因此，回报 **G** 可以重新定义为：

$$G(\tau) = r_0 + \lambda r_1 + \lambda^2 r_2 + \cdots = \sum_{t=0}^{\infty} \lambda^t r_t \qquad (3.2)$$

公式（3.2）可以被看作一种比起那些在遥远的未来可能遇到的动作，更倾向于时间上更接近的动作的措施。例如，你中了彩票，你可以决定什么时候去领奖。你可能更愿意在几天内而非几年后去领。λ 是定义为领奖而愿意等待多久的那个值。如果 $\lambda=1$，这意味着不介意什么时候领取奖品；如果 $\lambda=0$，这意味着想马上领取。

在具有有限范围轨迹（即带有自然终结的轨迹）的情况下，任务被称为**情节性任务**（它源自术语 episode，这是轨迹的替代词）。在情节性任务中，公式（3.1）可用，但尽管如此，还是建议使用折扣因子对其进行修改：

$$G(\tau) = r_0 + \lambda r_1 + \lambda^2 r_2 + \cdots = \sum_{t=0}^{k} \lambda^t r_t \tag{3.3}$$

在有限但长期范围的情况下，考虑到长期未来的回报只被部分顾及，折扣因子有助于增加算法的稳定性。在实际应用中，折扣因子的值在 0.9～0.999。

对公式（3.3）的一个简单但非常有用的分解是，用时间步 $t+1$ 的回报来定义回报：

$$G_t(\tau) = r_t + \lambda G_{t+1}(\tau) \tag{3.4}$$

当简化符号时，它变成：

$$G_t = r_t + \lambda G_{t+1} \tag{3.5}$$

接着，利用回报的表示法，可以定义强化学习的目标，以找到一个将预期回报 π 最大化为 $\mathrm{argmax} E_\pi[G(\tau)]$ 的最优策略 π，其中 $E_\pi[\bullet]$ 为随机变量的期望值。

3.1.3　值函数

回报 $G(\tau)$ 提供了对轨迹值的深入洞见，但它还是没有给出经历过的某个状态的质量指标。这个质量指标很重要，因为它可以被策略用来选择下一个最佳动作。策略只能选择能够产生下一个质量最高的状态的动作。**值函数**的作用正是如此：它根据一个遵循策略的状态的预期回报来估计**质量**。在形式上，值函数定义如下：

$$V_\pi(s) = E_\pi\left[G \mid s_0 = s \right] = E_\pi\left[\sum_{t=0}^{k} \lambda^t r_t \mid s_0 = s \right]$$

动作值函数（action-value function）与值函数类似，是一个状态的预期返回，但它也以第一个动作为条件。其定义如下：

$$Q_\pi(s,a) = E_\pi\left[G \mid s_0 = s, a_0 = a \right] = E_\pi\left[\sum_{t=0}^{k} \lambda^t r_t \mid s_0 = s, a_0 = a \right]$$

值函数和动作值函数也分别被称为 ***V* 函数**和 ***Q* 函数**，它们之间是严格相关的，因为值函数也可以用动作值函数来定义：

$$V_\pi(s) = E_\pi\left[Q_\pi(s,a) \right]$$

已知最优值 Q^*，最优值函数为：

$$V^*(s) = \max_a Q^*(s,a)$$

这是因为最优动作为 $a^*(s) = \mathrm{argmax}_a Q^*(s,a)$。

3.1.4　贝尔曼方程

可以通过运行遵循策略 π 的轨迹，然后求取所得的值的平均值，对 V 和 Q 进行估测。这种方法是有效的，并可在许多情况下使用，但考虑到回报需要知道整个轨迹的奖励，因此成本是非常高的。

好在贝尔曼方程递归地定义了动作值函数和值函数，从而能够从后续状态估测值。贝尔曼方程利用当前状态获得的奖励以及后继状态的值来实现这一点。公式（3.5）就是回报的递归公式，可以将它应用到状态值：

$$
\begin{aligned}
V_{\pi}(s) &= E_{\pi}\left[G_{t}\,\middle|\,s_{0}=s\right] = E_{\pi}\left[r_{t} + \gamma G_{t+1}\,\middle|\,s_{0}=s\right] \\
&= E_{\pi}\left[r_{t} + \gamma V_{\pi}(s_{t+1})\,\middle|\,s_{t}=s, a_{t} \sim \pi(s_{t})\right]
\end{aligned}
\tag{3.6}
$$

同样，可以将贝尔曼方程应用到动作值函数：

$$
\begin{aligned}
Q_{\pi}(s,a) &= E_{\pi}\left[G_{t}\,\middle|\,s_{t}=s, a_{t}=a\right] = E_{\pi}\left[r_{t} + \gamma G_{t+1}\,\middle|\,s_{t}=s, a_{t}=a\right] \\
&= E_{\pi}\left[r_{t} + \gamma Q_{\pi}(s_{t+1}, a_{t+1})\,\middle|\,s_{t}=s, a_{t}=a\right]
\end{aligned}
\tag{3.7}
$$

根据公式（3.6）和公式（3.7），V_{π} 和 Q_{π} 仅用连续状态的值进行更新，而不需要像之前定义要求的那样将轨迹展开到最后。

3.2　强化学习算法的类别

在深入研究求解最优贝尔曼方程的第一个强化学习算法之前，这里首先对强化学习算法进行一个广泛而详细的概述。之所以这样做，是因为它们很容易被混为一谈。算法设计涉及很多方面，在决定哪种算法最适合实际需求之前，必须考虑各种特性。这个概述的范围展示了强化学习的巨大画卷，因此在全面介绍这些算法的理论和实践的后续章节，就会有一个总体目标，而且清楚地知道各种算法在强化学习算法地图上的位置。

第一个区别是基于模型算法和无模型算法之间的区别。顾名思义，前者需要环境模型，而后者则不需要环境模型。环境模型是非常有价值的，因为它带有宝贵的、可用于寻找所需策略的信息。但是，在大多数情况下，这种模型几乎是不可能获得的。例如，对井字游戏（tic-tac-toe）建模很容易，但对海浪建模却很困难。为此，无模型算法可以在没有任何环境假设的情况下学习信息。强化学习算法的类别如图 3.2 所示。

图 3.2 展示了基于模型算法和无模型算法之间的区别，以及两种众所周知的无模型方法，即策略梯度算法和基于值的算法。此外，正如后面章节将看到的，这些组合是可能的。

无模型强化学习算法可以进一步分解为策略梯度算法和基于值的算法。混合算法是结合这两种算法的重要特征的算法。

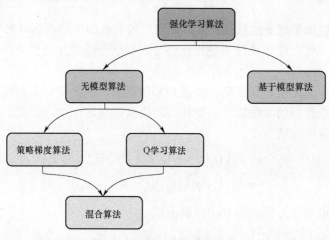

图 3.2　强化学习算法的分类

3.2.1　无模型算法

在没有模型的情况下，无模型（model-free，MF）算法在给定的策略内运行轨迹，以获得经验并改进智能体。无模型算法由三个主要步骤组成，这些步骤重复执行，直到创建完成一个好的策略。

（1）通过在环境中运行策略，生成新样本。轨迹一直运行直到达到最终状态或规定步数。

（2）回报函数的估计。

（3）使用收集的样本以及步骤（2）的估计结果改进策略。

这三个组件是这类算法的核心，但是根据每个步骤的执行方式，又会形成不同的算法。基于值的算法和策略梯度算法就是两个这样的例子。它们看起来非常不同，但它们基于相似的原理，并且都采用三步方法。

1. 基于值的算法

基于值的算法，也称**值函数算法**（value function algorithms），其采用与前一节中看到的相同范式。也就是说，它们用贝尔曼方程学习 Q 函数，而 Q 函数又被用来学习策略。最常见的情况是，它们使用深度神经网络作为函数逼近器和其他技巧来处理大的方差和不稳定性。在一定程度上，基于值的算法更接近于监督回归算法。

通常，这些算法是离线策略算法，这意味着它们不需要优化用于生成数据的相同策略。这也意味着这些方法可以从以前的经验中学习，因为它们可以将采样数据存储在重用缓冲区中。使用之前样本的能力可使值函数比其他无模型算法更具有采样效率。

2. 策略梯度算法

（1）策略梯度算法简介。

另一类无模型算法是策略梯度算法（或策略优化算法）。它们对强化学习问题有更直接和更明显的解释，因为它们通过在改进的方向上更新参数直接学习参数化策略。基于强化学习原理，好的行为得以鼓励（通过提升策略的梯度），而不好的动作被抑制。

与值函数算法相反，策略优化算法需要在线策略数据，这导致这些算法的采样效率低下。策略优化方法可能相当不稳定，因为在存在高曲率曲面的情况下，最陡的上升很容易导致在给定方向上移动太远，而落入一个不良区域。为了解决这个问题，已经提出了很多算法，如只在信任区域内优化策略，或者优化代理的裁剪目标函数来限制策略更改。

策略梯度算法的一个主要优点是，它们可以轻松处理具有连续动作空间的环境。对于值函数算法而言，这是一件非常困难的事情，因为值函数算法只是学习离散状态和动作对的 Q 值。

（2）行动者–评判者算法。

行动者–评判者算法是基于在线策略梯度算法的算法，它还学习一个被称为评判者的值函数（通常是 Q 函数），以便为策略即行动者提供反馈。想象一下，作为一个行动者，你想要走一条新路线去超市。遗憾的是，在到达目的地之前，你的老板打电话要求你回去工作。因为你没有到达超市，你不知道新路是否真的比旧路快。但如果你到达一个熟悉的地点，你就可以估计从那里到超市所需的时间，并计算出新的路径是否更合适。这个估计就是评判者所为。这样，即使你没有达到最终目标，你也可以改进行动者。

将评判者和行动者结合起来被证明是非常有效的，通常为策略梯度算法所采用。这种技术还可以与策略优化的其他思想相结合，如信任区域算法。

3. 混合算法

值函数算法和策略梯度算法的优点可以合成，进而创建可以使得采样效率和鲁棒性更高的混合算法。

混合算法结合了 Q 函数和策略梯度算法，以实现相互共生、相互改进。这些方法可以估计确定性行为的预期 Q 函数，以直接改进策略。

注意，因为行动者–评判者算法学习和使用一个值函数，所以它们被归类为策略梯度算法，而不是混合算法。这是因为它们主要的潜在目标是策略梯度方法。值函数只是提供附加信息的升级。

3.2.2　基于模型的强化学习

拥有环境模型意味着可以为每个状态–动作元组预测状态转移和奖励（无须与真实环境

进行任何交互）。正如之前已经提到的，模型只在有限的情况下是已知的，但是当它已知时，可以以很多不同的方式加以利用。模型最明显的应用是使用它来规划未来的动作。规划（planning）是一个概念，用来表达在已经知道下一步动作的后果时，对未来动作的组织。例如，如果清楚地知道敌人会采取什么动作，就可以在执行第一个动作之前提前考虑并规划好所有的动作。不利的一点是，规划可能非常费时费力，并不是一个轻松的过程。

模型也可以通过与环境的交互，接纳动作的结果（包括状态和奖励）而学到。这种解决方案并不总是最好的，因为在现实世界中训练一个模型的成本可能非常高。此外，如果模型只了解环境的一个粗略近似，可能会导致灾难性的结果。

一个模型，无论是已知的还是学到的，都可以用来规划和改进策略，而且可以集成到强化学习算法的不同阶段。基于模型的强化学习的众所周知的应用包括纯规划、改进策略的嵌入式规划，以及由近似模型生成样本。

一组利用模型估测值函数的算法被称为**动态规划**，本章稍后将对此进行研究。

3.2.3　算法多样性

为什么有这么多种强化学习算法？这是因为在任何情况下都没有一种方法比其他所有方法更好。每个算法都是为不同的需求而设计的，并顾及了不同的方面。其最显著的差异是稳定性、采样效率和挂钟时间（训练时间）。随着本书的进展，这些问题将变得更加清晰，但根据经验，策略梯度算法比值函数算法更稳定、更可靠。另外，值函数算法有更高的采样效率，因为它们是离线策略，可以使用以前的经验。基于模型的算法比 Q-learning 算法的采样效率更高，但它们的计算成本要高得多，而且速度较慢。

除了刚才提到的，在设计和部署算法时还需要考虑其他权衡事项（如易用性和健壮性），都不是简单的过程。

3.3　动态规划

动态规划是一种通用的算法范式，它将一个问题分解成更小的重叠子问题块，然后通过组合子问题的解求得原始问题的解。

动态规划可以用于强化学习，且是最简单的方法之一。它具有一个完美的环境模型，适用于计算最优策略。

动态规划是强化学习算法发展史上的一块重要的垫脚石，为下一代算法奠定了基础，但它的计算代价非常昂贵。动态规划适合解决具有数量有限的状态和动作的马尔可夫决策过程问题，因为它必须更新每个状态的值（或动作值），同时考虑所有其他可能的状态。此外，动态规划算法将值函数存储在数组或表中。这种存储信息的方法是有效和快速的，因为不会丢失任何信息，但它确实需要存储大型表。因为动态规划算法利用表来存储值函数，所以它被称为表格学习（tabular learning）。这与近似学习相反，近似学习使用近似值函数将值存储在一个固定大小的函数中，如人工神经网络。

动态规划使用**自扩展法**（bootstrapping），即通过使用以下状态的期望值来提高状态的估计值。正如已经看到的，在贝尔曼方程中就使用了自扩展法。事实上，动态规划应用贝尔曼方程即公式（3.6）和公式（3.7）来估测 V^* 和/或 Q^*。这可以通过以下方法实现：

$$V^*(s) = \max_a E[r_t + \gamma V^*(s_{t+1}) | s_t = s, a_t = a]$$

或者使用 Q 函数：

$$Q^*(s, a) = E[r_t + \gamma \max_{a_{t+1}} Q^*(s_{t+1}, a_{t+1}) | s_t = \text{s}, a_t = a]$$

接着，一旦找到最优值和动作值函数，只需采取使期望最大化的行动，就可以找到最优策略。

3.3.1　策略评价与策略改进

要找到最优策略，首先需要找到最优值函数。这样做的迭代过程称为**策略评估**（policy evaluation）。该过程创建一个序列 $\{V_0, \cdots, V_k\}$，利用模型的状态值转换、下一个状态的期望以及当时回报，迭代地改进策略 π 的值函数。因此，它利用贝尔曼方程创建了一个改进值函数的序列：

$$V_{k+1}(s) = E_\pi\left[r_t + \gamma V_k(s_{t+1}) | s_t = s\right] = \sum_a \pi(s, a) \sum_{s', r} p(s'|s, a)[r + \gamma V_k(s')] \qquad (3.8)$$

当 $k \rightarrow \infty$ 时，此序列将收敛到最优值。图 3.3 展示了使用连续状态值的 $V_{k+1}(s_t)$ 的更新。

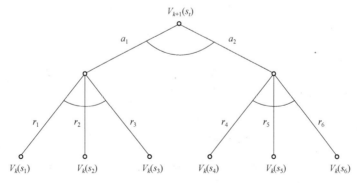

图 3.3　利用公式（3.8）更新 $V_{k+1}(s_t)$

只有当每个状态和动作的状态转移函数 p 和奖励函数 r 已知时，也就是只有当环境的模型完全已知时，值函数［见公式（3.8）］才能被更新。

注意，对于随机策略，需要公式（3.8）对第一个动作求和，因为该策略输出每个动作的概率。从现在开始，为了简单起见，只考虑确定性策略。

一旦值函数得到改进，就可以用它寻找更好的策略。这个过程被称为**策略改进**（policy improvement），也是要找到一个新策略 $\boldsymbol{\pi}'$，如式（3.9）所示。

$$\pi' = \operatorname*{argmax}_a Q_\pi(s,a) = \operatorname*{argmax}_a \sum_{s',r} p(s'|s,a)[r + \gamma V_\pi(s')] \qquad (3.9)$$

这就是从原始策略 $\boldsymbol{\pi}$ 的值函数 V_π 中创建一个新策略 $\boldsymbol{\pi}'$。正如可以被证明的那样，新策略 $\boldsymbol{\pi}'$ 总是比原始策略 $\boldsymbol{\pi}$ 要好，而且该策略是最优的当且仅当 V 是最优的。策略评价与策略改进相结合，会产生两种计算最优策略的算法：一种称为**策略迭代**（policy iteration），另一种称为**值迭代**（value iteration）。这两种算法都采用策略评价对值函数进行单调改进，采用策略改进对新策略进行估测。它们的唯一区别是，策略迭代循环执行这两个阶段，而值迭代将它们组合在一个更新中。

3.3.2　策略迭代

1. 策略迭代介绍

策略迭代在策略评价［在当前策略 $\boldsymbol{\pi}$ 下，使用公式（3.8）更新 V_π］和策略改进［公式（3.9），用改善的值函数 V_π 计算 $\boldsymbol{\pi}'$］之间循环。最终，经过 $\boldsymbol{n}$ 次循环后，算法产生最优策略 $\boldsymbol{\pi}^*$。

伪代码如下：

初始化 $V_\pi(s)$ 和 $\pi(s)$，对每个状态 $\boldsymbol{s}$

while π　不稳定：

　　＞策略评价

　　While V_π　不稳定：

　　　　for 每个状态 s：

$$V_\pi(s) = \sum_{s',r} p(s'|s,\pi(a))\,[r + \gamma V_\pi(s')]$$

　　＞策略改进

　　for 每个状态 s：

$$\pi = \operatorname*{argmax}_a \sum_{s',r} p(s'|s,a)\,[r + \gamma V_\pi(s')]$$

初始化阶段之后，外循环通过策略评价和策略改进进行迭代，直到找到一个稳定的策略。每一次迭代，策略评价都会评估前一次策略改进发现的策略，而策略改进则使用估计的值函数。

2. 用于 FrozenLake 的策略迭代

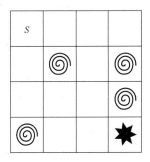

为了巩固对策略迭代的理解，可将其应用于一款名为
FrozenLake 的游戏。这里，环境包含一个 4×4 的网格。其采用
四个与方向对应的动作（0 向左，1 向下，2 向右，3 向上），智
能体必须移动到网格的另一边，而不掉进洞里。而且，运动是
不确定的，智能体可能向其他方向运动。所以，在这种情况下，
不向预期的方向移动也可能是有益的。当最终达到目标时，奖
励为+1。FrozenLake 游戏的地图如图 3.4 所示。S 是起始位置，
星是结束位置，螺旋是孔。

图 3.4　FrozenLake 游戏的地图

所需工具齐备，下面来看如何解决它。

 本章所解释的所有代码都可以在本书的 GitHub 库中找到，可使用以下链接：
https://github.com/PacktPublishing/Reinforcement-Learning-Algorithmswith-Python。

首先，必须创建环境，初始化值函数和策略：

```
env = gym.make('FrozenLake-v0')
env = env.unwrapped
nA = env.action_space.n
nS = env.observation_space.n
V = np.zeros(nS)
policy = np.zeros(nS)
```

然后，必须创建主循环，即一个策略评价步骤和一个策略改进步骤。每当策略稳定时，
这个循环就结束。为此，使用以下代码：

```
policy_stable = False
it = 0
while not policy_stable:
    policy_evaluation(V,policy)
    policy_stable = policy_improvement(V,policy)
    it += 1
```

最后，可以打印出完成的迭代次数、值函数、策略，以及运行测试游戏所得的分数：

```
print('Converged after %i policy iterations'%(it))
```

```
run_episodes(env,V,policy)
print(V.reshape((4,4)))
print(policy.reshape((4,4)))
```

现在，在定义 policy_evaluation 之前，可以创建一个函数来评价也用于 policy_
improvement 的预期动作值：

```
def eval_state_action(V,s,a,gamma=0.99):
    return np.sum([p *(rew + gamma*V[next_s])for p,next_s,rew,_ in env. P[s][a]])
```

这里，env.P 是一个字典，包含关于环境动态的所有信息。

gamma 是折扣因子，取简单和中等难度问题的标准值 0.99。折扣因子取值越大，智能体预测状态值就越难，因为它应该展望更远的未来。

接下来，可以定义 policy_evaluation 函数。policy_evaluation 必须在当前策略下为每个状态计算值 [通过公式（3.8）]，直到达到稳定的值。因为策略是确定性的，这里只评价一个动作：

```
def policy_evaluation(V, policy, eps=0.0001):
    while True:
        delta=0
        for s in range(nS):
            old_v = V[s]
            V[s] = eval_state_action(V,s,policy[s])
            delta = max(delta,np.abs(old_v-V[s]))
    if delta<eps:
        break
```

当 delta 低于阈值 eps 时，可以认为值函数是稳定的。当满足这些条件时，while 循环语句将停止。

policy_improvement 接受值函数和策略，并在所有状态迭代它们，以便根据新的值函数更新策略。

```
def policy_improvement(V,policy):
    policy_stable = True
    for s in range(nS):
        old_a = policy[s]
```

```
        policy[s] = np.argmax([eval_state_action(V,s,a)for a in range(nA)])
        if old_a! = policy[s]:
            policy_stable = False
    return policy_stable
```

policy_improvement(V,policy)返回 **False**，直到策略改变。这是因为这意味着策略还不稳定。

最后的代码片段运行一些游戏来测试新策略，并打印获胜的游戏数量。

```
def run_episodes(env,V,policy,num_games=100):
    tot_rew = 0
    state = env.reset()
    for _ in range(num_games):
        done = False
        while not done:
            next_state,reward,done,_ = env.step(policy[state])
            state = next_state
            tot_rew += reward
            if done:
                state = env.reset()
    print('Won%i of %i games!'%(tot_rew,num_games))
```

万事俱备。

算法在大约 7 次迭代处收敛，并赢得了近 85% 的游戏。

图 3.5 展示了 FrozenLake 游戏的结果。代码产生的最优策略显示在图 3.5 的左边。看得出，它的方向很奇怪，但这只是因为它遵循环境的动态。图 3.5 的右边显示了最优状态的值。

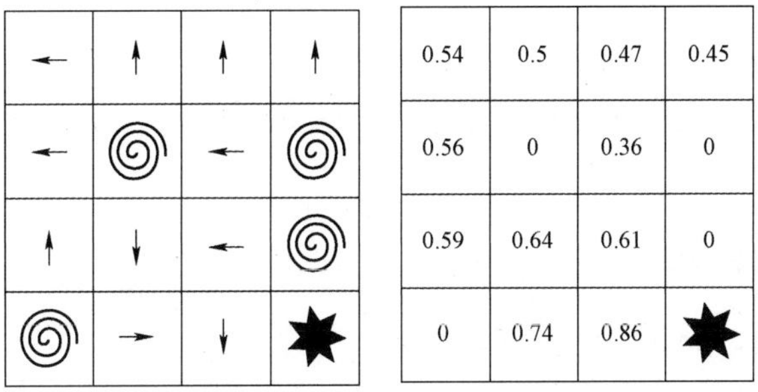

图 3.5　FrozenLake 游戏的结果

3.3.3　值迭代

1. 值迭代介绍

值迭代是在马可科夫决策过程中寻找最优值的另一种动态规划算法，但不同于在一个循环中执行策略评价和策略改进的策略迭代，值迭代将这两种方法结合在一个更新过程中。特别是，它通过即刻选择最佳动作来更新状态值：

$$V_{k+1}(s) = \max_a \sum_{s',r} p(s'|s,a)[r + \gamma V_k(s')] \tag{3.10}$$

值迭代的代码甚至比策略迭代的代码更简单，伪代码如下：

初始化 $V(s)$，对每个状态 s

while V 不稳定：

　　>值迭代

　　for 每个状态 s：

$$V(s) = \max_a \sum_{s',r} p(s'|s,a)[r + \gamma V(s')]$$

>计算最优策略：

$$\pi = \text{argmax}_a \sum_{s',r} p(s'|s,a)[r + \gamma V(s)]$$

唯一的区别在于新值估计更新和缺乏适当的策略迭代模块。得到的最优策略如下：

$$\pi^* = \text{argmax}_a \sum_{s',r} p(s'|s,a)[r + \gamma V^*(s)] \tag{3.11}$$

2. 用于 FrozenLake 的值迭代

现在可以将值迭代应用于 FrozenLake 游戏，对比两种动态规划算法，看看它们是否收敛于相同的策略和值函数。

与之前一样定义 eval_state_action，估测状态动作对的动作状态值：

```
def eval_state_action(V,s,a,gamma=0.99):
    return np.sum([p *(rew + gamma*V[next_s])for p,next_s,rew,_ in
env.P[s][a]])
```

然后，创建值迭代算法的主体部分：

```
def value_iteration(eps=0.0001):
    V = np.zeros(nS)
```

```
    it = 0
    while True:
        delta = 0
        # update the value for each state
        for s in range(nS):
            old_v = V[s]
            V[s] = np.max([eval_state_action(V, s, a) for a in range(nA)])
# equation 3.10
            delta = max(delta, np.abs(old_v - V[s]))
        # if stable, break the cycle
        if delta < eps:
            break
        else:
            print('Iter:', it, 'delta:', np.round(delta,5))
        it += 1
    return V
```

其循环直到达到一个稳定的值函数（由阈值 eps 决定）。对于每次迭代，它使用公式（3.10）更新每个状态的值。

与对于策略迭代一样，run_episodes 会执行一些游戏来测试策略。唯一的区别是，在本例中，策略是在 run_episodes 执行的同时确定的（对于策略迭代，预先为每个状态定义了动作）：

```
def run_episodes(env, V, num_games=100):
    tot_rew = 0
    state = env.reset()

    for _ in range(num_games):
        done = False

        while not done:
            # choose the best action using the value function
            action = np.argmax([eval_state_action(V, state, a) for a in range
(nA)]) #(11)
```

```
            next_state, reward, done, _ =env.step(action)
            state =next_state
            tot_rew += reward
            if done:
                state =env.reset()
    print('Won %i of %i games!'%(tot_rew, num_games))
```

最后，可以创建环境，打开它，运行值迭代，并执行一些测试游戏：

```
env = gym.make('FrozenLake-v0')
env = env.unwrapped


nA = env.action_space.n
nS = env.observation_space.n


V = value_iteration(eps=0.0001)
run_episodes(env, V, 100)
print(V.reshape((4,4)))
```

输出如下所示：

```
Iter: 0 delta: 0.33333
Iter: 1 delta: 0.1463
Iter: 2 delta: 0.10854
...
Iter: 128 delta: 0.00011
Iter: 129 delta: 0.00011
Iter: 130 delta: 0.0001
Won 86 of 100 games!
[[0.54083394 0.49722378 0.46884941 0.45487071]
 [0.55739213 0.         0.35755091 0.        ]
 [0.5909355  0.64245898 0.61466487 0.        ]
 [0.         0.74129273 0.86262154 0.        ]]
```

值迭代算法经过 130 次迭代后收敛。得到的值函数和策略与策略迭代算法得到的相同。

3.4　本章小结

强化学习问题可以形式化为马尔可夫决策过程，为学习基于目标的问题提供一个抽象框架。一个马尔可夫决策过程由一组状态、行动、奖励和转移概率定义，解决一个马尔可夫决策过程意味着找到一个最大化每个状态预期奖励的策略。马尔可夫性质是马尔可夫决策过程固有的，并确保未来的状态只依赖于当前的状态，而不是它的历史。

利用马尔可夫决策过程的定义，本章定义了策略、回报函数、预期回报、动作值函数和值函数等概念。后两者可以用后续状态的值来定义，且这些方程被称为贝尔曼方程。这些方程是有用的，因为它们提供了一种以迭代方式计算值函数的方法。然后就可以利用最优值函数来寻找最优策略。

强化学习算法可以分为基于模型的算法和无模型算法。前者需要一个环境模型来规划下一步的行动，而后者是独立于模型的，它可以通过与环境的直接交互学习。无模型算法又可分为策略梯度算法和值函数算法。策略梯度算法通过梯度上升直接从策略中学习，通常是策略相关的。值函数算法通常是离线策略算法，它通过学习动作值函数或值函数来创建策略。可以将这两种方法结合起来，创建结合了这两种方法优点的方法。

动态规划是本书深入研究的第一组基于模型的算法。当环境的完整模型已知，并且它由有限数量的状态和动作组成时，就可以使用这个算法。动态规划算法利用自举法估计状态值，通过策略评价和策略改进这两个过程学习最优策略。策略评价计算任意策略的状态值函数，而策略改进则利用策略评价过程得到的值函数对策略进行改进。

将策略改进和策略评价相结合，可以创建策略迭代算法和值迭代算法。两者的主要区别是，策略迭代算法迭代地运行策略评价和策略改进，而值迭代算法将这两个过程结合在一个更新中。

尽管强化学习受到维数灾难（复杂度随着状态数的增加而呈指数增长）的影响，但策略评价和策略迭代背后的思想在几乎所有的强化学习算法中都是非常关键的，因为它们使用的是一般化的版本。

强化学习的另一个缺点是，它需要环境的精确模型，这限制了它在很多其他问题上的适用性。

下一章将介绍如何使用 V 函数和 Q 函数来学习策略，并通过直接从环境中采样来解决模型未知的问题。

3.5　思考题

1. 什么是马尔可夫决策过程？

2. 什么是随机策略？

3. 如何根据下一时间步的回报定义一个回报函数？

4. 为什么贝尔曼方程如此重要？

5. 强化学习算法的限制因素是什么？

6. 什么是策略评价？

7. 策略迭代和值迭代有何不同？

3.6 延伸阅读

Sutton 和 Barto，《强化学习》（*Reinforcement Learning*），第 3 章和第 4 章。

第二部分　无模型强化学习算法

本部分介绍无模型强化学习算法，以及基于值的方法和策略梯度方法，也会开发很多最先进的算法。

本部分包括以下章节：

- 第 4 章　Q-learning 与 SARSA 的应用。
- 第 5 章　深度 Q 神经网络。
- 第 6 章　随机策略梯度优化。
- 第 7 章　信赖域策略优化和近端策略优化。
- 第 8 章　确定性策略梯度方法。

第 4 章　Q-learning 与 SARSA 的应用

动态规划算法是解决**强化学习**问题的有效方法，但它们需要两个严格的假设：一是环境模型必须已知；二是状态空间必须足够小，以使其不会遇到维数灾难的问题。

本章将开发一类摆脱第一个假设的算法。此外，它是一类不受动态规划算法的维数灾难问题影响的算法。与动态规划算法相比，这些算法直接从环境和经验中学习，基于多个回报估测值函数，并且不使用模型计算状态值的期望。在这种新的条件设定下，本章将讨论经验作为一种学习值函数的方式。本章将介绍仅仅通过与环境的交互来学习策略时所产生的问题，以及可以用来解决这些问题的方法。在简要介绍了这种新方法之后，本章将介绍**时间差分学习**，这是一种从经验中学习最优策略的强大方法。时间差分学习借鉴动态规划算法思想，但只使用从与环境的交互中获得的信息。有两种时间差分学习算法，即 SARSA 和 Q-learning。尽管它们非常相似，并且都保证在表格问题上能够收敛，但它们有着值得了解的有趣差别。Q-learning 是一种关键算法，很多与其他技术相结合的最先进的强化学习算法都用这种方法，这在后面的章节中将会看到。

为了更好地掌握时间差分学习，并理解如何从理论走向实践，本章将在一个新的游戏中实现 Q-learning 和 SARSA。然后，本章将详细说明这两种算法在性能和使用方面的区别。

本章将讨论以下主题：

- 无模型学习。
- 时间差分学习。
- SARSA。
- 应用 SARSA 解决 Taxi-v2 问题。
- Q-learning。
- 应用 Q-learning 解决 Taxi-v2 问题。

4.1　无模型学习

根据定义，策略的值函数是该策略从给定状态开始获得的预期回报（即折扣回报之和）：

$$V_\pi(s) = E_\pi\big[G\,|\,s_0 = s\big]$$

根据"第 3 章　基于动态规划的问题求解"的推理，动态规划算法通过计算状态值的所有下一个状态的期望来更新状态值：

$$V_{k+1}(s) = E_{\pi}\left[r_t + \gamma V_k(s_{t+1}) \mid s_t = s\right] = \sum_a \pi(s,a) \sum_{s',r} p(s' \mid s,a)\left[r + \gamma V_k(s')\right]$$

遗憾的是，计算值函数意味着需要知道状态转移概率。事实上，动态规划算法利用环境模型来获得这些概率。但主要的问题是，当环境模型不可得的时候应该怎么办。最好的答案是，通过与环境的交互获得所有的信息。如果做得好，算法就可以工作，因为通过对环境进行大量采样，应该能够逼近期望并估测好的值函数。

4.1.1　已有经验

现在，需要明白的第一件事是，如何从环境中采样，以及如何与环境交互以获得关于环境动态的有用信息。

要做到这一点，最简单的方法就是执行当前的策略，直到结束一个情节。最后得到的轨迹如图 4.1 所示。一旦情节结束，就可以通过反向传播求取奖励总和来计算每个状态的回报值——$r_t, \cdots, r_{t+n}$。对每个状态重复此过程多次（即运行多个轨迹），将得到多个回报值。然后对每个状态的回报值求取平均值，以计算预期回报。以这种方式计算的预期回报是一个近似值函数。到达一个终止状态的策略执行过程被称为一个轨迹或一个情节。轨迹运行得越多，观察到的回报就越多。根据大数定律，这些估计的平均值将收敛于期望值。

与动态规划一样，通过与环境直接交互学习策略的算法依赖于策略评价和策略改进。策略评价是估测策略的值函数的行为，而策略改进利用之前得到的估测结果改进策略。

图 4.1　始于状态 s_t 的一条轨迹

4.1.2　策略评价

从上可知，运用实际经验来估测值函数是一个简单的过程。它就是在环境中运行策略，直到达到最终状态，然后计算回报值并取采样回报值的平均值，如公式（4.1）所示。

$$V(s_t) = \frac{1}{N} \sum_{i=0}^{N} (G_t^i) \tag{4.1}$$

因此，一个状态的预期回报可以通过求取该状态的抽样情节，由经验来近似获得。利用公式（4.1）估测回报函数的方法称为**蒙特卡罗方法**（Monte Carlo method）。直到所有的状态 –

动作对都被访问并且采样了足够的轨迹，蒙特卡罗方法才能够确保收敛到最优策略。

4.1.3　探索问题

如何确保选择每个状态的每个行动？为什么如此重要？本节首先回答第二个问题，然后说明如何能够（至少理论上）探索到达所有可能状态的环境。

1. 为何探索

轨迹采样可以遵循随机策略，也可以遵循确定性策略。在遵循确定性策略的情况下，每次采样轨迹，访问的状态总是相同的，值函数的更新只考虑这一有限的状态集。这将极大地限制对环境的了解。这就像跟一位永远不会改变对某一主题看法的教师学习一样，学生会被其观点所困，而不去了解其他观点。

因此，如果想取得好的结果，对环境的探索至关重要，它能确保再也找不到更好的策略。

另外，如果一项策略被设计成不断探索环境，而不考虑已经学到了什么的话，那么得到一项好策略是非常困难的，甚至是不可能的。探索和利用（根据当前可用的最佳策略采取行动）之间的这种平衡被称为探索–利用困境（exploration-exploitation dilemma），将在"第 12 章　开发 ESBAS 算法"中做更详细的讨论。

2. 如何探索

处理这种情况的一种非常有效的方法称为 ϵ 贪婪探索。这是关于带有概率 ϵ 的随机行动，同时带有概率 $1-\epsilon$ 的贪婪行动（即选择最佳行动）。例如，如果 ϵ =0.8，平均每 10 个动作，智能体将随机行动 8 次。

当智能体对自己的知识有信心时，为了避免在后期阶段过多探索，ϵ 会随着时间的推移而变小。这种策略称为 ϵ 衰减（epsilon-decay）。随着这种变化，初始的随机策略将逐渐收敛到一个确定的、可能的最优策略。

还有很多更准确地探索技术，如玻尔兹曼探索（Boltzmann exploration），但它们也相当复杂。对于本章而言，ϵ 贪婪方法是一项完美的选择。

4.2　时间差分学习

蒙特卡罗方法是一种通过从环境中采样直接学习的强大方法，但它们有一个很大的缺点，即它们依赖于完整的轨迹。它们必须等到情节结束，然后才能更新状态值。因此，关键是要知道当轨迹没有尽头或者轨迹很长时会发生什么。答案是，这将产生可怕的后果。这个问题的类似解决方法在动态规划算法中已经存在，其在每一步中都更新状态值，而不是等到最后。它不使用轨迹期间累积的全部回报，而是使用即时回报和下一个状态值的估计。图 4.2 给出了这种更新的一个可视化示例，并展示了一个学习步骤所涉及的部分。这种技术被称为**自举**，它不仅对很长或可能无限的情节有用,而且对任何长度的情节都有用。第一个原因是,它有助于减少预期回报的方差。方差减小是因为状态值只依赖于即时的下一个奖励,而不是轨迹的所有奖励。第二个原因是,学习过程发生在每一个步骤,从而使这些算法可以进行在线学习。因为这个原因,它被称为一步学习(one-step learning)。相比之下,蒙特卡罗方法是离线的,因为它们只有在情节结束后才使用信息。使用自举技术进行在线学习的方法被称为时间差分学习方法。

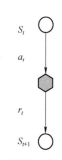

图 4.2　利用自扩展技术的一步学习更新方法

时间差分学习可以看作是蒙特卡罗方法和动态规划方法的结合,因为它们借鉴了前者的采样思想和后者的自举思想。时间差分学习在所有强化学习算法中都得到了广泛应用,并构成了很多强化学习算法的核心。本章后面将介绍的算法(即 SARSA 和 Q-learning)都是一步式、表格式、无模型(意味着不使用环境模型)的时间差分方法。

4.2.1　时间差分更新

由"第 3 章　基于动态规划的问题求解"可知:

$$V_\pi(s) = E_\pi [G_t \,|\, s_t = s] \tag{4.2}$$

根据经验,蒙特卡罗更新通过对多个全轨迹的回报进行平均来估计这个值。将方程进一步展开,得到:

$$\begin{aligned} E_\pi [G_t \,|\, s_t = s] &= E_\pi [r_t + \gamma G_{t+1} \,|\, s_t = s] \\ &= E_\pi [r_t + \gamma V_\pi(s_{t+1}) \,|\, s_t = s] \end{aligned} \tag{4.3}$$

上述方程是用动态规划算法逼近的。不同之处在于时间差分算法是估计期望值而不是计算期望值。估计的方法与蒙特卡罗方法相同,即求平均值:

$$E_\pi [r_t + \gamma V_\pi(s_{t+1}) \,|\, s_t = s] \approx \frac{1}{N} \sum_{i=0}^{N} \pi [r_t^i + \gamma V_\pi(s_{t+1}^i) \,|\, s_t = s]$$

在实际操作中,时间差分更新不是计算平均值,而是将状态值向最优值略微调整一点:

$$V(s_t) \leftarrow V(s_t) + \alpha [r + \gamma V(s_{t+1}) - V(s_t)] \tag{4.4}$$

α 是一个常量,用于确定每次更新时状态值应更改多少。如果 $\alpha = 0$,则状态值根本不会改变。相反,如果 $\alpha = 1$,状态值将等于 $r + \gamma V(s_{t+1})$(称为时间差分目标),并且它将完全忘记之前的值。实际上,并不希望出现这些极端情况,通常 α 在 0.5~0.001。

4.2.2　策略改进

只要每种状态的每个动作被选择的概率都大于零,时间差分学习就会收敛到最优条件。为了满足这一需求，正如在前一节看到的那样，时间差分方法必须探索环境。其实，这种探索可以用 ε 贪婪策略进行。它能确保贪婪动作和随机动作都被选择，以确保对环境的利用和探索。

4.2.3 比较蒙特卡罗和时间差分方法

蒙特卡罗和时间差分方法的一个重要特性是，只要它们处理表格式问题（即状态值存储在表格或数组中）并具有探索策略，它们就会收敛到一个最优解。尽管如此，它们更新值函数的方式有所不同。总体上，时间差分学习比蒙特卡罗学习具有更低的方差，但具有更高的偏差。除此之外，时间差分方法实际上往往更快，并且比蒙特卡罗方法更受欢迎。

4.3 SARSA

4.3.1 SARSA 介绍

至此，本书将时间差分学习当作一种估测给定策略的值函数的一般方法。实际上，时间差分并不能这样用，因为它缺乏真正改善策略的主要功能。SARSA 和 Q-learning 是两种一步式表格时间差分算法，它们都可以估测值函数和优化策略，并且实际上可以用于各种强化学习问题。本节将使用 SARSA 学习给定马尔可夫决策过程的最优策略，然后将介绍 Q-learning。

时间差分学习的一个问题是，它估测一个状态的值。试想一下，给定一个状态，如何选择下一个状态值最高的动作？前面说过，应该采取将智能体移动到具有最高值状态的动作。但是，如果没有提供可能的下一个状态列表的环境模型，就无法知道哪个动作能将智能体移动到那个最高值状态。SARSA 并不学习值函数，而是学习并应用状态动作函数 Q。如果执行动作 a，则 $Q(s,a)$ 就是状态 s 的值。

4.3.2 算法

基本上，对时间差分更新所做的所有观察对 SARSA 也是有效的。一旦将这些观察应用到 Q 函数的定义中，就可得到 SARSA 更新：

$$Q(s_t, a_t) \leftarrow Q(s_t, a_t) + \alpha[r_t + \gamma Q(s_{t+1}, a_{t+1}) - Q(s_t, a_t)] \tag{4.5}$$

a 是一个决定动作值会被更新多少的系数。γ 是折扣因子，一个介于 0 和 1 之间的系数，用于降低来自未来决策的值的重要程度（短期动作优先于长期动作）。SARSA 更新的可视化解释如图 4.3 所示。

SARSA 一词来自更新所依赖的状态（state）s_t、动作（action）a_t、奖励（reward）r_t、下一个状态（state）s_{t+1} 以及下一个动作（action）a_{t+1}。将所有要素放在一起，就构成了

s, a, r, s, a ，如图 4.3 所示。

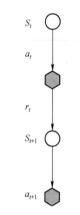

图 4.3　SARSA 更新的可视化解释

SARSA 是一种在线策略算法。在线策略是指通过与环境交互来收集经验的策略（称为行为策略）与被更新的策略相同。该方法的在线策略性质是由于使用当前策略选择下一个动作 a_{t+1}，估计 $Q(s_{t+1}, a_{t+1})$，以及假设下一个动作将遵循相同的策略（即智能体根据动作 a_{t+1} 采取行动）。

在线策略算法通常比离线策略（off-policy）算法简单，但它们的功能较弱，通常需要更多的数据来学习。尽管如此，对于时间差分学习，如果 SARSA 无限次访问每个状态动作，并且随着时间的推移，该策略成为确定性策略，则 SARSA 保证能够收敛到最优策略。实际的算法使用一个衰减趋向零或接近零值的 ϵ 贪婪策略。下列代码块是 SARSA 的伪代码。在此伪代码中，使用了 ϵ 贪婪策略，但其他鼓励探索的策略也可以用。

初始化 $Q(s, a)$ ，对每个状态动作对

$\alpha \in (0, 1]$ ， $\gamma \in (0, 1]$

for N 情节：

　　$s_t = env\_start()$

　　$a_t = \epsilon greedy(Q, s_t)$

　　While s_t 不是最终状态：

　　　　$r_t, s_{t+1} = env(a_t)$ #env() 在环境中进行一个动作

　　　　$a_{t+1} = \epsilon greedy(Q, s_{t+1})$

　　　　$Q(s_t, a_t) \leftarrow Q(s_t, a_t) + \alpha \left[r_t + \gamma Q(s_{t+1}, a_{t+1}) - Q(s_t, a_t) \right]$

　　　　$s_t = s_{t+1}$

　　　　$a_t = a_{t+1}$

$\epsilon greedy()$ 是一个实现 ϵ 贪婪策略的函数。注意，SARSA 执行在上一步被选择和使用的相同动作更新状态动作值。

4.4　应用 SARSA 解决 Taxi-v2 问题

在对时间差分学习，特别是 SARSA 有了更多的理论观点之后，就能应用 SARSA 解决感兴趣的问题。如前所述，SARSA 可以应用于具有未知模型的、动态的环境，但由于它是一种

具有有限可扩展性的表格算法，所以只能应用于较小而离散的动作和状态空间的环境。因此，这里选择将 SARSA 应用于一个名为 Taxi-v2 的 gym 环境，该环境满足所有要求，是此类算法较好的测试平台。

Taxi-v2 是一款游戏，可用于研究分层强化学习（一种强化学习算法，其创建策略层次，每个策略的目标都是解决一个子任务），其目的是接一位乘客并将其带到一个精确的位置。当出租车成功将乘客带到指定位置后，可获得+20 的奖励；但如果接错乘客或将乘客带到错误的地点，则将受到 −10 的惩罚。此外，每个时间步都会丢失一个点。Taxi-v2 游戏的渲染示意图如图 4.4 所示。其中对应四个方向、载客和落客有六个合法动作。图 4.4 中的符号"："表示一个空位置；符号"|"表示出租车无法通过的墙；R、G、Y、B 是四个位置。出租车（图中的黄色矩形）必须在浅蓝色标识的位置接一个人，然后在紫色标识的位置下车。

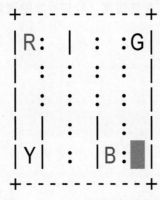

图 4.4   Taxi-v2 环境的起始状态

实现相当简单，采用上一节中给出的伪代码即可。虽然这里解释并显示了所有代码，但它在本书的 GitHub 库中也可以找到。

首先实现 SARSA 算法的主函数 SARSA(...)，它担负大部分的工作。之后，实现两个辅助函数，它们执行简单但重要的任务。

SARSA 需要一个环境和若干其他超参数作为变元：

- 学习率 lr，以前称为 α，用以控制每次更新时的学习量。
- num_episodes，不言自明，它是 SARSA 在终止之前将执行的情节数。
- eps，它是 ϵ 贪婪策略的初始随机值。
- gamma，它是折扣因子，用于降低未来行动的重要性。
- eps_decay，它是 eps 在各情节之间的线性减量。

前几行代码如下：

```
def SARSA(env,lr=0.01,num_episodes=10000,eps=0.3,gamma=0.95,
eps_decay=0.00005):
    nA = env.action_space.n
    nS = env.observation_space.n
    test_rewards=[]
    Q = np.zeros((nS,nA))
    games_reward=[]
```

这里的一些变量已做了初始化。nA 和 nS 分别是环境的动作数和观察数，Q 是包含每个状态动作对 Q 值的矩阵，test_rewards 和 games_rewards 是稍后用来保存游戏得分信息的列表。

接下来就可以实现学习 Q 值的主循环：

```
for ep in range(num_episodes):
    state = env.reset()
    done = False
    tot_rew = 0

    if eps>0.01:
        eps -= eps_decay

    action = eps_greedy(Q,state,eps)
```

代码块中的第 2 行在每个新情节中重置环境，并存储环境的当前状态。第 3 行初始化一个布尔变量，当环境处于终止状态时，将该变量设置为 True。接下来的两行更新 eps 变量，直到其值大于 0.01。从长远来看，设定这一阈值是为了保持环境探索的最低速度。最后一行根据当前状态和 Q 矩阵选择 ϵ 贪婪动作。本节稍后将定义此函数。

在完成每个情节开始时所需的初始化，并选择第一个动作后，就可以执行循环直到这一情节（游戏）结束。以下代码从环境中采样，并根据公式（4.5）更新 Q 函数：

```
while not done:
    next_state, rew, done, _ = env.step(action) # Take one step in the environment

    next_action = eps_greedy(Q, next_state, eps)
    Q[state][action] = Q[state][action] + lr*(rew +
gamma*Q[next_state][next_action] - Q[state][action]) # (4.5)
```

```
        state = next_state
        action = next_action
    tot_rew += rew
    if done:
        games_reward.append(tot_rew)
```

done 保存一个布尔值，该值指示智能体是否仍在与环境交互，如第 2 行所示。因此，只要 done 为 False（代码的第一行），循环一个完整的情节就等同于迭代。然后，像往常一样，env.step 返回下一个状态、奖励、完成标志和信息字符串。在下一行中，eps_greedy 根据 next_state 和 Q 值选择下一个动作。SARSA 算法的核心包含在后续行中，该行按照公式（4.5）执行更新。除了学习率和 γ 系数外，它还使用上一步获得的奖励和 Q 数组中保存的值。

最后几行将状态和动作设置为上一个状态和动作，将奖励加到游戏的总奖励中。如果环境处于最终状态，奖励的总和赋给 games_reward，内循环结束。

在 SARSA 函数的最后几行中，每 300 个轮次，运行 1000 个测试游戏，并打印轮次、eps 值和测试奖励平均值等信息。此外，返回 Q 数组：

```
    if (ep % 300) == 0:
        test_rew = run_episodes(env, Q, 1000)
        print("Episode:{:5d} Eps:{:2.4f} Rew:{:2.4f}".format(ep, eps,
test_rew))
        test_rewards.append(test_rew)
return Q
```

现在可以实现 eps_greedy 函数，该函数以概率 eps 从允许的动作中选择一个随机动作。为此，它只需采样一个介于 0 和 1 之间的统一数字。如果该数字小于 eps，则选择一个随机动作。否则，它将选择贪婪动作。

```
def eps_greedy(Q,s,eps=0.1):
    if np.random.uniform(0,1)<eps:
        # Choose a random action
        return np.random.randint(Q.shape[1])
    else:
    # Choose the greedy action
    return greedy(Q,s)
```

贪婪策略通过返回对应于状态 s 的最大 Q 值的索引来实现。

```
def greedy(Q,s):
    return np.argmax(Q[s])
```

最后一个要实现的函数是 run_episodes，该函数运行若干情节来测试策略。用于动作选择的策略是贪婪策略。这是因为不想在测试时进行探索。总体上，该函数与第 3 章中实现的针对动态规划算法的函数几乎相同。

```
def run_episodes(env, Q, num_episodes=100, to_print=False):
    tot_rew = []
    state = env.reset()
    for _ in range(num_episodes):
        done = False
        game_rew = 0
        while not done:
            next_state, rew, done, _ = env.step(greedy(Q, state))
            state = next_state
            game_rew += rew
            if done:
                state = env.reset()
                tot_rew.append(game_rew)
    if to_print:
        print('Mean score: %.3f of %i games!'%(np.mean(tot_rew), num_episodes))
    else:
        return np.mean(tot_rew)
```

好了，该做的差不多已经做完了。最后一部分仅涉及创建和重置环境以及调用 SARSA 函数，传递环境与所有超参数。

```
if __name__ == '__main__':
    env = gym.make('Taxi-v2')
    env.reset()
    Q = SARSA(env, lr=.1, num_episodes=5000, eps=0.4, gamma=0.95,eps_decay= 0.001)
```

可见，eps 从 0.4 开始。这意味着第一个动作将是随机的，概率为 0.4，而且由于衰减它将逐渐减小，直到达到最小值 0.01（即在代码中设置的阈值）。

测试游戏累积奖励的性能示意图如图 4.5 所示。此外，图 4.6 展示了使用最终策略运行的完整情节。其必须从左往右、从上往下看。可以看到出租车在两个方向上都沿着最佳路径行驶。

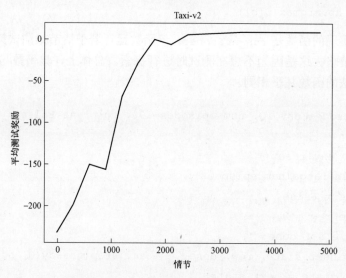

图 4.5　用 SARSA 算法完成 Taxi-v2 的结果

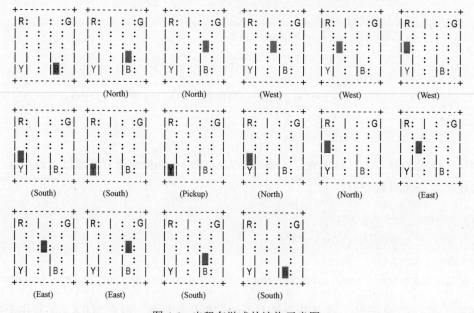

图 4.6　出租车游戏的渲染示意图

本章提到的所有颜色，请参阅彩色图像集：http://www.packtpub.com/sites/default/files/downloads/9781789131116_ColorImages.pdf。

为了更好地了解算法和所有超参数，建议读者使用它们，更改它们，并观察结果。读者也可以尝试使用指数 ϵ 衰减率而不是线性衰减率。就像学习强化学习算法一样，读者可以通过试错来学习 SARSA 算法。

4.5　Q-learning

Q-learning 是另一种时间差分算法，它具有一些非常有用的以及与 SARSA 不同的特性。Q-learning 从时间差分学习算法中继承了一步学习（即每一步的学习能力）的所有特点，以及在没有适当环境模型的情况下从经验中学习的特征。

与 SARSA 相比，Q-learning 最显著的特点是，它是一种离线策略算法。作为提醒，离线策略意味着更新可以独立完成而与收集经验的任何策略无关。这意味着离线策略算法可以使用旧的经验来改进策略。为了区分与环境交互的策略和实际改进的策略，前者称为行为策略，而后者称为目标策略。

这里将解释处理表格情况的算法的更原始基本版本，但它可以很容易地适应处理函数逼近器，如人工神经网络。事实上，下一章将实现该算法的更复杂版本，它能够使用深度神经网络，并且还能使用以前的经验来开发离线策略算法的全部能力。

但首先来看 Q-learning 是如何工作，如何形式化更新规则，并创建一个伪代码版本统一所有组件的。

4.5.1　理论

Q-learning 的思想是利用当前的最优动作值来逼近 Q 函数。Q-learning 更新与 SARSA 中完成的更新非常相似，只是它采用了最大状态动作值：

$$Q(s_t, a_t) \leftarrow Q(s_t, a_t) + \alpha[r_t + \gamma \max_a Q(s_{t+1}, a) - Q(s_t, a_t)] \tag{4.6}$$

式中：α 为通常的学习率；γ 为折扣因子。

SARSA 更新是在行为策略（如 ϵ 贪婪策略）上完成的，而 Q 更新是在最大动作值产生的贪婪目标策略上完成的。如果对这个概念还不清楚，可以参照图 4.7。在 SARSA 中，图 4.3 中的动作 a_t 和 a_{t+1} 来自同一策略；而在 Q-learning 中，动作 a_{t+1} 是根据下一个最大状态动作值选择的。由于 Q-learning 中的更新不太依赖行为策略（仅用于从环境中采样），因此它成为一种离线策略算法。

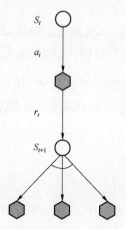

图 4.7 Q-learning 更新的可视化解释

4.5.2 算法

由于 Q-learning 是一种时间差分方法，它需要一种行为策略，可以随着时间的推移收敛到确定性策略。一个好的策略是使用线性衰减或 ϵ 指数衰减的贪婪策略（就像对 SARSA 所做的那样）。

总而言之，Q-learning 算法使用以下内容：

● 不断改进的目标贪婪策略。

● 与环境交互和探索环境的行为 ϵ 贪婪策略。

完成这些结论性观察之后，最终就可以提出 Q-learning 算法的伪代码：

初始化 $Q(s, a)$，对每个状态动作对

$\alpha \in (0, 1]$，$\gamma \in (0, 1]$

for N 情节：

    $s_t = env\_start()$

    While s_t 不是最终状态：

        $a_t = \epsilon greedy(Q, s_t)$

        $r_t, s_{t+1} = env(a_t)$ #env() 在环境中进行一个动作

        $Q(s_t, a_t) \leftarrow Q(s_t, a_t) + \alpha[r_t + \gamma \max_a Q(s_{t+1}, a) - Q(s_t, a_t)]$

        $s_t = s_{t+1}$

实际上，α 通常在 0.5~0.001，γ 在 0.9~0.999。

4.6　应用 Q-learning 解决 Taxi-v2 问题

一般来说，Q-learning 可以用来解决与 SARSA 可以解决的相同类型的问题，并且因为它们都来自同一个类型（时间差分学习），所以它们通常具有相似的性能。但是，在某些特定问题上，一种方法可能优于另一种方法。因此，了解 Q-learning 是如何实现的也非常有用。

出于这个原因，这里应用 Q-learning 来解决 Taxi-v2 问题，与 SARSA 使用的环境相同。但请注意，只需进行一些调整，它就可以用于具有正确特性的所有其他环境。从同一环境中获得 Q-learning 和 SARSA 的结果，就有机会比较它们的性能。

为了尽可能保持一致，这里保持 SARSA 实现的一些功能不变。具体包括：

● eps_greedy(Q,s,eps)是一种 ϵ 贪婪策略，取 Q 矩阵、状态 s 和 eps 值。它返回一个动作。

● greedy(Q,s)是一种贪婪策略，取一个 Q 矩阵和一个状态 s。它返回与状态 s 中的最大 Q 值关联的动作。

● run_episodes(env,Q,num_episodes,to_print)是一个函数，它运行 num_episodes 个游戏来测试与 Q 矩阵相关的贪婪策略。如果 to_print 为 True，则打印结果；否则，它将返回奖励的平均值。

要查看这些函数的实现，可以参考"应用 SARSA 解决 Taxiv2 问题"一节或者本书的 GitHub 库，链接是：https://github.com/PacktPublishing/Reinforcement-Learning-Algorithms-with-Python。

执行 Q-learning 算法的主函数取环境 env、学习率 lr［公式（4.6）使用的变量 α）］、训练算法的次数 num_episodes、ϵ 贪婪策略使用的初始 ϵ 值 **eps**、衰减率 eps_decay 以及折扣因子 gamma 作为变元。

```
def Q_learning(env, lr=0.01, num_episodes=10000, eps=0.3, gamma=0.95,
eps_decay=0.00005):
    nA = env.action_space.n
    nS = env.observation_space.n

    # Q(s,a) -> each row is a different state and each columns represent a
different action
    Q = np.zeros((nS, nA))

    games_reward = []
```

```
test_rewards = []
```

函数的前几行用来初始化动作空间和观察空间的维度变量，初始化包含每个状态动作对的 Q 值的数组 Q，并创建用于跟踪算法进度的空列表。

接着，可以实现迭代 num_episodes 次的循环：

```
for ep in range(num_episodes):
    state = env.reset()
    done = False
    tot_rew = 0
    if eps > 0.01:
        eps -= eps_decay
```

每次迭代（即每个情节）都是从重置环境、初始化 done 和 tot_rew 变量以及线性减少 eps 开始的。

然后，必须迭代一个情节的所有时间步（对应于一个情节），因为这就是 Q-learning 更新发生的地方。

```
while not done:
    action = eps_greedy(Q, state, eps)
    next_state, rew, done, _ = env.step(action) # Take one step in the
environment

            # get the max Q value for the next state
            Q[state][action] = Q[state][action] + lr*(rew +
gamma*np.max(Q[next_state]) - Q[state][action]) # (4.6)
            state = next_state
            tot_rew += rew

            if done:
                games_reward.append(tot_rew)
```

这是算法的主体部分。其流程相当标准：

（1）按照 ϵ 贪婪策略（行为策略）选择动作。

（2）动作在环境中执行，环境返回下一个状态、奖励和完成标志。

（3）动作状态值根据公式（4.6）更新。

（4）next_state 被分配给 state 变量。

（5）最后一步的奖励加在该情节的累积奖励上。

（6）如果是最后一步，奖励将存储在 games_reward 中，循环终止。

最后，每 300 次外部循环迭代，可以运行 1000 个游戏来测试智能体。打印一些有用的信息，并返回 Q 数组：

```
if (ep % 300) == 0:
    test_rew = run_episodes(env, Q, 1000)
    print("Episode:{:5d} Eps:{:2.4f} Rew:{:2.4f}".format(ep, eps, test_rew))
    test_rewards.append(test_rew)
return Q
```

作为最后一步，在 main 函数中，可以创建环境并运行算法：

```
if __name__ == '__main__':
    env = gym.make('Taxi-v2')
    Q = Q_learning(env, lr=.1, num_episodes=5000, eps=0.4, gamma=0.95,
eps_decay=0.001)
```

如图 4.8 所示，该算法在大约 3000 个情节后获得稳定的结果。图 4.8 可通过绘制 test_rewards 来创建。

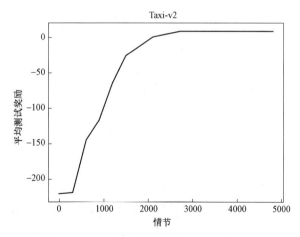

图 4.8　Q-learning 算法完成 Taxi-v2 的结果

同样地，这里建议读者调整超参数，再实际运行，以更好地了解算法。

总体上，该算法找到了与 SARSA 算法所找到的相似的策略。读者若想自己找到它的话，可以渲染一些情节或打印 Q 数组产生的贪婪动作。

4.7　比较 SARSA 和 Q-learning

现在可以快速比较这两种算法。如图 4.9 所示，随着情节的发展，绘制 Q-learning 和 SARSA 在 Taxi-v2 环境中的表现。可以看到，两者都以相当的速度收敛到相同的值（和相同的策略）。在进行这些比较时，必须考虑到环境和算法是随机的，它们可能产生不同的结果。从图 4.9 也可以看到，Q-learning 的形状更规则。这是因为它更稳健，对变化更不敏感。

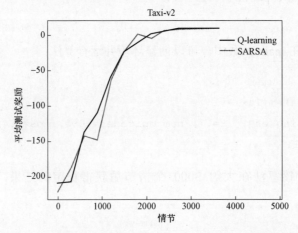

图 4.9　SARSA 和 Q-learning 在 Taxi-v2 上取得的结果的对比

那么，使用 Q-learning 更好吗？总体上来说，答案是肯定的，而且在大多数情况下，Q-learning 优于其他算法；但在某些环境中，SARSA 的工作效果更好。两者之间的选择取决于环境和任务。

4.8　本章小结

本章介绍了一类新的强化学习算法，这些算法从与环境的交互经验中学习。这些方法不同于动态规划算法，因为它们能够在不依赖环境模型的情况下学习值函数和策略。

首先，本章介绍的蒙特卡罗方法是一种从环境中采样的简单方法，但因为它们需要在开始学习之前获得完整的轨迹，所以它们不适用很多实际问题。为了克服这些缺点，可以将自举法与蒙特卡罗方法相结合，从而产生所谓的时间差分学习方法。得益于自举技术，这些算法可以在线学习（一步学习），减少方差，同时仍然收敛到最优策略。然后，本章介绍了两种一步式、表格式、无模型的时间差分方法，即 SARSA 和 Q-learning。SARSA 是在线策略方法，因为它通过基于当前策略（行为策略）选择动作来更新状态值。相反，Q-learning 是离线策略方法，因为它收集采用不同策略（行为策略）的经验，估测贪婪策略的状态值。SARSA 和 Q-learning 之间的这种差异使得后者比前者略为健壮和高效。

　　每种时间差分方法都需要探索环境，以便更好地了解环境并找到最优策略。对环境的探索取决于行为策略，行为策略有时不得不采取非贪婪的行动，如通过遵循 ϵ 贪婪策略。

　　本章实现了 SARSA 和 Q-learning，并用于表格游戏 Taxi-2。事实证明，两者都收敛于最优策略，且结果相似。

　　Q-learning 算法是强化学习算法的关键，因为它具有好的性能。此外，通过精心设计，它可以适应非常复杂和高维的游戏。由于使用了深度神经网络等函数逼近，所有这些都是可能的。下一章将对此进行详细说明，并介绍一个可以直接从像素学习玩雅达利游戏的深度 Q 网络。

4.9　思考题

1. 强化学习所用的蒙特卡罗方法的主要特性是什么？
2. 为什么蒙特卡罗方法是离线方法？
3. 时间差分学习的两个主要想法是什么？
4. 蒙特卡罗和时间差分之间有什么区别？
5. 为什么探索在时间差分学习中很重要？
6. 为什么 Q-learning 是离线策略方法？

第 5 章 深度 Q 神经网络

至此，本书已经涉及并开发的强化学习算法，或者针对每个状态，学习一个值函数 V；或者针对每个行为–状态对，学习动作值函数 Q。这些方法分别将每个值存储在表（或数组）中并进行更新。这些方法不具有扩展性，因为对于大量的状态和动作，表的维度会呈指数级增长，并且很容易超过可用的内存容量。

本章将介绍如何在强化学习算法中使用函数逼近来克服这个问题。特别是，本章将重点关注应用于 Q-learning 的深度神经网络。本章第一节将解释如何使用函数逼近扩展 Q-learning 来存储 Q 值，讨论可能面临的一些主要困难。本章第二节将提出一个新的算法，称为深度 Q 神经网络（deep Q-network，DQN）。该算法采用新的思想，为一些在带神经网络的 Q-learning 标准版本里遇到的挑战提供了一个精巧的解决方案。读者将会看到这种算法是如何在各种只通过像素点学习的游戏中获得令人惊讶的结果的。此外，本章将实现这个算法并将其应用到 Pong 中，并阐述它的一些优点和不足。

自 DQN 被提出以来，其他研究人员提出了许多变种，为算法提供了更好的稳定性和效率。本章会简单介绍并实现其中的一些算法，以便更好地理解 DQN 基本版本的弱点，也会提供一些进一步改进该算法的思路和想法。

本章将讨论以下主题：
- 深度神经网络和 Q-learning。
- DQN。
- DQN 用于解决 Pong 问题。
- DQN 变种。

5.1 深度神经网络与 Q-learning

正如在"第 4 章 Q-learning 和 SARSA 的应用"中看到的，Q-learning 算法具有许多特性，从而使其能够应用于很多现实环境。这个算法的一个关键部分是利用贝尔曼方程来学习 Q 函数。Q-learning 算法使用的贝尔曼方程可以根据后续的状态–动作值更新 Q 值。这使得该算法能够在每一步都进行学习，而无须等待轨迹完成。另外，每个状态或动作–状态对都将自己的值存储在一个查找表中，该表用来保存和检索相应的值。通过这种设计，Q-learning 只要重复采样所有的状态–动作对，就会收敛到最优值。此外，该方法使用了两个策略：一个是从环境收集经验的非贪婪行为策略（如 ϵ 贪婪）；另一个是遵循最大 Q 值的目标贪婪策略。

以表格形式保持值可能会被限制，有时甚至是有害的。这是因为大多数问题都有大量的状态和行为。例如，图像（包括小图像）的状态比宇宙中的原子还要多。可想而知，在这种情况下，根本不能使用表格。除了存储这样一个表需要无限大的内存以外，只有少数状态会被多次访问，这使得学习 Q 函数或 V 函数极其困难。因此，可能需要泛化状态。在这种情况下，泛化意味着不仅对状态 $V(s)$ 的精确值感兴趣，而且对类似和近邻状态的值感兴趣。如果一个状态从未被访问过，那么可以用它附近的一个状态的值来逼近它。一般来说，泛化的概念在所有机器学习中都非常重要，包括强化学习。

当智能体不掌握环境的完整视角时，泛化的概念就是基本要求。在这种情况下，环境的完整状态将被智能体隐藏，该智能体必须仅基于受限的环境表示做出决策。这就是所谓的**观察**。例如，考虑一个在现实世界中处理基本交互的类人智能体。显然，它并不了解关于宇宙和所有原子的完整状态。它只有一个有限的视角，即观察，这是由它的传感器（如摄像机）感知到的。因此，类人智能体应该泛化周围发生的事情，并相应地采取行动。

5.1.1　函数逼近

至此，本章已经讨论了表格算法的主要约束，并表达了强化学习算法需要泛化功能，那么必须采用一些手段来摆脱这些表格约束，解决泛化问题。现在可以忽略表格，用函数逼近器表示值函数。函数逼近意味着可以仅使用固定的内存量在约束域中表示值函数。资源分配只依赖于用来近似问题的函数。函数逼近器的选择总是与任务有关。函数逼近的例子包括线性函数、决策树、最近邻算法、人工神经网络等。不出所料，人工神经网络比其他所有网络都要好——它在各种强化学习算法中被广泛应用绝非偶然。特别是深度人工神经网络，或者为了简洁起见，称作**深度神经网络**其效果更好。它们的流行是由于它们的效率和自身学习特征的能力，因为随着网络隐藏层的增加，它们创建了一个层次化网络表示。此外，深度神经网络，特别是卷积神经网络，在处理图像方面表现得非常好，最近的突破也证明了这一点，特别是在监督任务方面。但是，尽管几乎所有关于深度神经网络的研究都是关于监督学习的，但它们与强化学习框架集成，也产生了非常有趣的结果。但是，很快就会看到，这并不容易。

5.1.2　利用神经网络的 Q-learning

在 Q-learning 中，深度神经网络通过学习一组权重来逼近 Q 值函数。因此，将 Q 值函数用 θ（网络权重）参数化，记为：

$$Q_\theta(s,a)$$

为了调整 Q-learning 以适应深度神经网络（这种组合取名为深度 Q-learning），必须提出一个损失函数（或目标）来最小化。

回忆一下，表格式的 Q-learning 更新如下：

$$Q(s,a) \leftarrow Q(s,a) + \alpha[r + \gamma \max_{a'} Q(s',a') - Q(s,a)]$$

式中：s' 为下一步的状态。此更新是在行为策略收集的每个样本上在线完成的。

> 与前几章相比，为了简化表述，这里将 s，a 称为当前步骤中的状态和动作，而将 s'、a' 称为下一步骤中的状态和动作。

利用神经网络的目的是优化权重 θ，使 Q_θ 类似于最优 Q 值函数。但是由于没有最优的 Q 函数，只能通过最小化一个步骤的贝尔曼误差 $r + \gamma \max_{a'} Q(s',a') - Q(s,a)$，一点一点地趋近它。这一步类似于在表格 Q-learning 中所做的。但是，在深度 Q-learning 中，不更新单值 $Q(s,a)$。相反，取 Q 函数关于参数 θ 的梯度：

$$\theta \leftarrow \theta - \alpha[r + \gamma \max_{a'} Q(s',a') - Q_\theta(s,a)] \nabla_\theta Q_\theta(s,a) \tag{5.1}$$

式中：$\nabla_\theta Q_\theta(s,a)$ 为 Q 关于 θ 的偏导数；α 为学习速率，是梯度方向的步长。

实际上，刚刚看到的从表格式 Q-learning 到深度 Q-learning 的平稳过渡并不能产生一个很好的近似。第一个修正涉及采用 MSE 作为损失函数（而不是贝尔曼误差）；第二个修正是从在线 Q 迭代迁移到批量 Q 迭代。这意味着神经网络的参数一次使用多个转换来更新（如在监督设置中使用大于 1 的小批量）。这些更改产生以下损失函数：

$$L(\theta) = E_{(s,a,r,s')}[(y_i - Q_\theta(s_i,a_i))^2] \tag{5.2}$$

这里，y 不是真正的动作值函数，因为没有用它。它是 Q 目标值：

$$y_i = r_i + \gamma \max_{a_i'} Q_\theta(s_i',a_i') \tag{5.3}$$

然后，通过 MSE 损失函数 $L(\theta)$ 的梯度下降更新网络参数 θ：

$$\theta = \theta - \alpha \nabla_\theta L(\theta)$$

需要注意的是，y_i 被当作一个常数，损失函数的梯度不会进一步传播。

>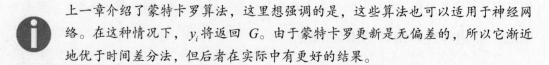
> 上一章介绍了蒙特卡罗算法，这里想强调的是，这些算法也可以适用于神经网络。在这种情况下，y_i 将返回 G。由于蒙特卡罗更新是无偏差的，所以它渐近地优于时间差分法，但后者在实际中有更好的结果。

5.1.3 深度 Q-learning 的不稳定性

利用前面介绍的损失函数和优化技术，就应该能够开发一个深度 Q-learning 算法。但是，现实要微妙得多。事实上，如果试图实现它，它可能也不会奏效。为什么呢？一旦引入神经网络，就不能保证改进。尽管表格式 Q-learning 具有收敛能力，但它的神经网络版本并没有收敛能力。

Sutton 和 Barto 在《强化学习导论》（*Reinforcement Learning：An Introduction*）一书中介绍了一个所谓致命三因素（the deadly triad）的问题。当以下三个因素结合在一起时会出现这个问题：

- 函数逼近。
- 自举（其他估测所使用的更新）。
- 离线策略学习（Q-learning 是一种离线策略算法，因为它的更新独立于正在使用的策略）。

但这些正是深度 Q-learning 算法的三个主要组成部分。正如作者所指出的，没有自举就会影响计算成本或数据效率。此外，离线策略学习对于创造更聪明、更强大的智能体非常重要。而且很明显，如果没有深度神经网络，深度 Q-learning 也将失去一个极其重要的组成部分。因此，设计既保留这三个部分又能减轻致命三因素问题的算法是非常重要的。

此外，从式（5.2）和式（5.3）来看，这个问题似乎与有监督回归类似，但事实并非如此。在监督学习中，当执行随机梯度下降（SGD）时，总是从数据集中随机抽取小批量样本，以确保它们是**独立同分布的**（independent and identically distributed，IID）。在强化学习中，是策略收集了经验。而且由于状态是顺序的，彼此之间有很强的相关性，假设独立和同分布将不存在，在执行随机梯度下降时会造成严重的不稳定性。

另一个不稳定的原因是 Q-learning 过程的非平稳性。从式（5.2）和式（5.3）可以看出，被更新过的神经网络也是计算目标值 y 的神经网络。这是危险的，因为目标值也会在训练期间被更新。这就好比射击一个移动的圆形靶标而不考虑它的移动。这些行为只是因为神经网络有泛化能力。事实上，它们在表格示例中并不是问题。

深度 Q-learning 在理论上还没有得到很好的解释，但是读者很快就会看到，有一种算法运用了一些技巧来增加数据的独立同分布性质，以缓解移动目标问题。这些技巧使算法更加稳定和灵活。

5.2 DQN

DQN 是由 DeepMind 的 Mnih 等在论文 *Human-level control through deep reinforcement learning* 中首次提出的，它是第一个将 Q-learning 与深度神经网络相结合的可扩展强化学习算法。为了克服稳定性问题，DQN 采用了两项新技术，这两种技术对算法的稳定问题至关重要。

DQN 已经被证明是第一个能够在各种具有挑战性的任务中学习的人工智能体。而且，它还学会了如何只使用高维行像素作为输入并使用端到端的强化学习方法来控制很多任务。

5.2.1　解决方案

DQN 带来的关键创新包括一个克服数据相关性问题的**回放缓冲区**（replay buffer）以及一个克服非平稳性问题的独立的目标网络。

1. 回放存储器

为了在随机梯度下降迭代中使用更多的独立同分布数据，DQN 引入了一个回放存储器（replay memory，也称经验回放器）来收集经验并将其存储在一个大缓冲区（即回放缓冲区）中。理想情况下，该缓冲区包含智能体生命周期内发生的所有转换。在执行随机梯度下降时，将从回放存储器中收集一个随机的小批量样本，并用于优化过程。由于回放缓冲区保存有不同的经验，从它采集的小批量样本将足够多样化，以提供独立的样本。使用回放存储器的另一个非常重要的特性是，它支持数据的可重用性，因为转换将被多次采样。这大大提高了算法的数据效率。

2. 目标网络

运动目标问题是由于在训练过程中不断更新网络进而改变目标值所造成的。尽管如此，神经网络必须自我更新，以提供最佳的可能状态 – 动作值。DQN 的解决方案是使用两个神经网络：一个称为在线网络（online network），它是不断更新的；另一个称为目标网络（target network），它只在每 N 次迭代中更新（N 通常在 $1000 \sim 10\,000$）。在线网络用于与环境交互，而目标网络用于预测目标值。这样，对于 N 次迭代，目标网络产生的目标值保持不变，从而防止了不稳定性的传播，降低了发散的风险。一个潜在的缺点是，目标网络是在线网络的旧版本。但在实际应用中，该算法的优点远大于缺点，且算法的稳定性也得以显著提高。

5.2.2　DQN 算法

引入了回放缓冲区和单独的目标网络的深度 Q 学习算法，已经能够通过图像、奖励和终端信号来控制雅达利游戏（如 Space Invaders、Pong 和 Breakout）。DQN 是通过集成卷积神经网络和全连接神经网络实现完全端到端的学习。

DQN 已经用相同的算法、网络架构和超参数分别训练了 49 个雅达利游戏。它的表现优于之前所有的算法，并在很多游戏中达到了与专业玩家相当或更好的水平。雅达利游戏并不容易解决，很多游戏都需要复杂的规划策略。事实上，有一些游戏（如著名的蒙特祖玛的复仇）要求的水平连 DQN 都无法达到。

雅达利游戏的一个特殊之处在于，因为它们只向智能体提供图像，所以它们在一定程度上是可观察到的。它们并没有显示环境的完整状态。事实上，单单一张图像还不足以完全理解当前的情况。例如，能否推断出图 5.1 中球的方向？

不能，智能体也不能。为了克服这种情况，在每个时间点上，都要考虑之前的一系列观察结果。通常会使用最后的 2～5 帧，在大多数情况下，它们会给出实际整体状态的一个非常准确的近似。

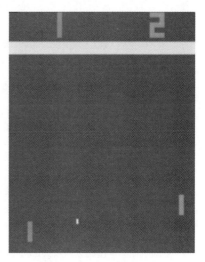

1. 损失函数

训练深度 Q 神经网络要最小化前面已经提出的损失函数［公式（5.2）］，但是要进一步使用一个独立的 Q 目标网络 $\hat{Q}$，其权重为 θ'，集成后损失函数变成：

$$L(\theta) = E_{(s,a,r,s')}[(r + \gamma\max_{a'}\hat{Q}_{\theta'}(s',a') - Q_\theta(s,a))^2]\quad(5.4)$$

式中：θ 为在线网络的参数。

可微损失函数［公式（5.4）］的优化采用最受欢迎的迭代方法，即小批量梯度下降。也就是说，将学习更新应用于从经验缓冲区统一抽取的小批量采样。损失函数的导数为：

图 5.1　Pong 渲染示意图

$$\nabla_\theta L(\theta) = E_{(s,a,r,s')}[(r + \gamma\max_{a'}\hat{Q}_{\theta'}(s',a') - Q_\theta(s,a))\nabla_\theta Q_\theta(s,a)]\quad(5.5)$$

与深度 Q-learning 案例存在的问题不同，在 DQN 中，学习过程更加稳定。此外，由于数据具有独立同分布特点，而目标（在某种程度上）是固定的，所以它非常类似于回归问题。但是，目标仍然依赖于网络权重。

 如果在每一步只在一个样本上优化损失函数［公式（5.4）］，那么将获得带有函数近似的 Q-learning 算法。

2. 伪代码

解释了 DQN 的所有组成部分之后，就可以把所有部分集成起来，给出该算法的伪代码版本，以澄清任何不确定性问题（如果没有，请不要担心，下一节将实现它，一切都会更清楚）。

DQN 算法主要包括三个部分：

● 数据收集和存储。通过遵循行为策略（如 ϵ 贪婪策略）收集数据。

● 神经网络优化（对从缓冲区抽取的小批量样本进行随机梯度下降）。

● 目标更新。

DQN 的伪代码如下：

初始化随机权重 θ 的 Q 函数

初始化随机权重 $\theta' = \theta$ 的 $\hat{Q}$ 函数

初始化空回放存储器 D

for $episode=1...M$ **do**

    初始化环境 $s \leftarrow env.reset()$

    for $t=1...T$ **do**

        >从环境 env 收集观测数据:

        $a \leftarrow \epsilon greedy(\phi(s))$

        $s', r, d \leftarrow env(a)$

        >将转换存储在回放缓冲区中:

        $\varphi \leftarrow \phi(s), \varphi' \leftarrow \phi(s')$

        $D \leftarrow D \bigcup (\varphi, a, r, \varphi', d)$

        >使用公式 (5.4) 更新模型:

        从 D 中随机采样一个小批量 $(\varphi_j, a_j, r_j, \varphi_j', d_j)$

$$Y_j = \begin{cases} r_j & if\, d_{j+1} = \text{True} \\ r_j + \gamma \max_{a'} \hat{Q}_{\theta'}(\phi_{j+1}, a') & \text{otherwise} \end{cases}$$

        在 $(y_i - Q_{\theta}(\varphi_j, a_j))^2$ 上对 θ 执行一步梯度下降

        >更新目标网络:

        每 C 步, 执行 $\theta' \leftarrow \theta$ (即, $\hat{Q} \leftarrow Q$)

        $s \leftarrow s'$

    end for

end for

这里, d 是由环境返回的标志, 它表示环境是否处于其最终状态。如果 $d=\text{True}$, 即情节已结束, 则必须重置环境。ϕ 是一个预处理步骤, 它通过改变图像来降低其维数 (它将图像转换为灰度并将其调整为较小的图像), 并将最后 n 帧添加到当前帧。通常, n 是一个介于 2 和 4 之间的值。下一节将更详细地解释预处理部分, 在此将实现 DQN。

在 DQN 中, 回放存储器 D 是一个动态缓冲区, 它存储着有限数量的帧。在本文中, 缓冲区包含最后 100 万个转换, 当它超过这个维度时, 它会丢弃旧的记录。

所有其他部分都已经描述过了。如果想知道 $d_{j+1}=\text{True}$ 时, 为什么目标值 y_j 取 r_j, 那是因为之后不会有任何其他与环境的交互, 因此 r_j 是它的实际无偏 Q 值。

5.2.3 模型架构

至此, 本章已经讨论了算法本身, 但是还没有解释 DQN 的架构。除了采用了稳定训练

的新思想外，DQN 的架构对算法的最终性能起着至关重要的作用。在关于 DQN 的论文中，所有雅达利环境都使用了单一的模型架构。它结合了卷积神经网络和全连接神经网络。特别是当观测图像作为输入时，它使用卷积神经网络从这些图像中学习特征图。卷积神经网络由于其平移不变特性和共享权重的特性而被广泛应用于图像处理中。与其他类型的深度神经网络相比，这种网络可以以更少的权重进行学习。

模型的输出对应于状态–动作值，每个动作对应一个值。因此，要控制具有五个动作的智能体，模型将为这五个动作中的每个动作输出一个值。这样的模型架构可以只用一次前向传播就计算出所有的 Q 值。

该模型有三个卷积层。每一层都包括一个卷积运算（其过滤器数量增加，维数减少），以及一个非线性函数。最后一个隐藏层是一个完全连接层，随后是一个校正激活函数和一个完全连接的线性层，其对每个动作都有一个输出。这个架构的简单表示如图 5.2 所示。

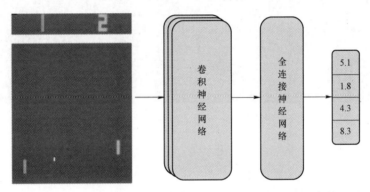

图 5.2　由卷积神经网络和全连接神经网络组成的 DQN 架构

5.3　用于 Pong 的 DQN

掌握了所有关于 Q-learning、深度神经网络和 DQN 的技术知识之后，就可以将其用于问题的解决，并开启 GPU。本节将会把 DQN 应用到雅达利环境 Pong 中。之所以选择 Pong 而不是其他雅达利环境，是因为它更容易解决，需要更少的时间、计算能力和内存。也就是说，如果拥有一个合适的 GPU，便能够将相同的配置应用于几乎所有其他的雅达利游戏中（有些游戏可能需要一些微调）。出于同样的原因，这里采用了比最初的关于 DQN 的论文中更简单的配置，无论是在函数逼近器的容量（即更少的权重）还是超参数（如更小的缓冲区大小）方面。这并不会影响 Pong 的结果，但可能会降低其他游戏的性能。

在实现 DQN 之前，首先简要介绍雅达利环境和预处理流程。

5.3.1 雅达利游戏

雅达利游戏自从被关于 DQN 的论文引入之后就成为深度强化学习算法的标准测试平台。这些首先在**街机学习环境**（arcade learning environment，ALE）中提供，随后由 OpenAI Gym 包装，以提供一个标准接口。ALE（和 Gym）包括了雅达利 2600 最流行的 57 款视频游戏，如蒙特祖玛的复仇、Pong、Breakout 和 Space Invaders，如图 5.3 所示。这些游戏因其高维状态空间（210×160 像素）和游戏之间的任务多样性而被广泛应用于强化学习研究中。

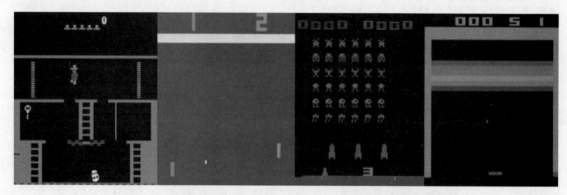

图 5.3   蒙特祖玛的复仇、Pong、Breakout 和 Space Invaders 环境

关于雅达利环境的一个非常重要的提示是，它们具有确定性，也就是说，给定一组固定的行动，多个比赛的结果将是相同的。从算法的角度来看，这个决定论始终正确，直到所有的历史数据都被用来从一个随机策略中选择一个行动。

5.3.2 预处理流程

雅达利游戏的每帧画面都是 210×160 像素，带 RGB 颜色，因此整体尺寸是 210×160×3。如果使用了 4 帧的历史记录，输入的尺寸将是 210×160×12。这样的维度对计算量是有要求的，并且在经验缓冲区中存储大量帧可能很困难。因此，有必要进行降维预处理。在最初的 DQN 实现中，使用了以下预处理流程：

- 将 RGB 颜色转换为灰度。
- 图像被降采样到 110×84，然后裁剪到 84×84。
- 将最后 3～4 帧连接到当前帧。
- 帧是标准化的。

此外，由于游戏以高帧速率运行，因此使用了一种称为跳帧（frame-skipping）的技术来跳过 k 个连续帧。这种技术允许智能体为每个游戏存储和训练较少的帧，而不会显著降低算法的性能。在实际应用中，使用跳帧技术，智能体就能每 k 帧选择一个动作，并在跳过的帧上重复该动作。

此外，在某些环境中，在每个游戏开始时，智能体必须按下启动（fire）按钮才能开始游戏。此外，由于环境的确定性，在重置环境时会采取一些空操作，以便在随机位置启动智能体。

好在 OpenAI 发布了一个与 Gym 接口兼容的预处理流程的实现。读者可以在本书 GitHub 库中的 atari_wrappers.py 文件中找到它。这里，简单解释一下这个实现：

- NooPrestenv(n)：在环境重置时采取 n 个空操作，为智能体提供随机的起始位置。
- FireResetEnv()：触发环境重置（仅在某些游戏中需要）。
- MaxAndSkipEnv(skip)：跳过 skip 帧，同时注意重复动作和奖励求和。
- WarpFrame()：将帧的大小调整为 84×84，并将其转换为灰度。
- FrameStack(k)：堆栈最后的 k 帧。

所有这些函数都是作为包装器（wrapper）实现的。wrapper 是一种通过在其上添加新层来轻松转换环境的方法。例如，要缩放 Pong 上的帧，可以使用以下代码：

```
env = gym.make('Pong-v0')
env = ScaledFloatFrame(env)
```

wrapper 必须继承 gym.Wrapper 类且重写下列方法中的至少一个：__init__(self,env)、step、reset、render、close 或者 seed。

这里不会显示所有 wrapper 的实现，因为它们超出了本书的范围，但是会以 FireResetEnv 和 WrapFrame 为例，介绍它们实现的一般概念。完整的代码可以在本书的 GitHub 库中找到：

```
class FireResetEnv(gym.Wrapper):
    def __init__(self,env):
        """Take action on reset for environments that are fixed until firing."""
        gym.Wrapper.__init__(self,env)
        assert env.unwrapped.get_action_meanings()[1]=='FIRE'
        assert len(env.unwrapped.get_action_meanings())>=3

    def reset(self,**kwargs):
        self.env.reset(**kwargs)
        obs,_,done,_=self.env.step(1)
        if done:
```

```
    self.env.reset(**kwargs)
    obs,_,done,_ = self.env.step(2)
    if done:
        self.env.reset(**kwargs)
    return obs

def step(self,ac):
    return self.env.step(ac)
```

首先，FireResetEnv从Gym中继承了Wrapper类。然后，在初始化期间，它通过env.unpacked展开环境来检查 fire 动作的可用性。该函数通过调用 reset 来覆盖 reset 函数，reset 函数在前面的层中用 self.env.reset 来定义，然后通过调用 self.env.step(1)和依赖于环境的动作 self.env.step(2)来激发 fire 动作。

WrapFrame 有一个相似定义：

```
class WarpFrame(gym.ObservationWrapper):
    def __init__(self,env):
        """Warp frames to 84x84 as done in the Nature paper and later work."""
        gym.ObservationWrapper.__init__(self,env)
        self.width = 84
        self.height = 84
        self.observation_space = spaces.Box(low=0,high=255,
                    shape=(self.height,self.width,1),dtype=np.uint8)
    def observation(self,frame):
        frame = cv2.cvtColor(frame,cv2.COLOR_RGB2GRAY)
        frame = cv2.resize(frame,(self.width,self.height),
interpolation=cv2.INTER_AREA)
        return frame[:,:,None]
```

这次 WarpFrame 从 gym.ObservationWrapper 继承特性并创建一个值介于 0 和 255 之间且形状为 84×84 的 box 空间。

当调用 observation()时，它会将 RGB 帧转换为灰度，并根据所选形状调整图像的大小。

然后，可以创建一个函数 make_env，将每个包装器应用到一个环境中：

```
def make_env(env_name,fire=True,frames_num=2,noop_num=30,
```

```
skip_frames=True):
    env=gym.make(env_name)
    if skip_frames:
        env=MaxAndSkipEnv(env)  # Return only every 'skip'-th frame
    if fire:
        env=FireResetEnv(env)  # Fire at the beginning
    env = NoopResetEnv(env,noop_max=noop_num)
    env = WarpFrame(env)  # Reshape image
    env = FrameStack(env,frames_num)  # Stack last 4 frames
    return env
```

这里唯一缺少的预处理步骤是帧的缩放。在将观察帧作为输入提供给神经网络之前,将立即处理缩放问题。这是因为 FrameStack 使用一个称为惰性数组的特定存储高效数组,每当将缩放作为包装器应用时,这种数组都会丢失。

5.3.3　DQN 实现

虽然 DQN 算法非常简单,但在实现和设计选择时需要特别注意。这个算法和其他所有深度强化学习算法一样,不容易调试和调优。因此,本书将提供一些技巧和建议。

DQN 代码包含四个主要部分:

* 深度神经网络。
* 经验缓冲区。
* 计算图。
* 训练(和评价)循环。

一如既往,代码用 Python 和 TensorFlow 编写,并将使用 TensorBoard 来可视化算法的训练和性能。

 所有代码都可以在本书的 GitHub 库中找到。一定要去那里看看。这里不提供一些更简单函数的实现,以避免降低代码份量。

通过导入所需的库,立即进入实现:

```
import numpy as np
import tensorflow as tf
import gym
from datetime import datetime
```

```
from collections import deque
import time
import sys

from atari_wrappers import make_env
```

atari_wrappers 包含之前定义的 make_env 函数。

1. 深度神经网络

深度神经网络的架构如下（组件按顺序构建）：

（1）一个有 16 个 8×8 维度和 4 个步幅的过滤器和整流非线性激活的卷积层。

（2）一个有 32 个 4×4 维度和 2 个步幅的过滤器和整流非线性激活的卷积层。

（3）一个有 32 个 3×3 维度和 1 个步幅的过滤器和整流非线性激活的卷积层。

（4）一个有 128 个单元和 ReLU 激活的密集层。

（5）一个带有等于环境允许行为个数的神经元和线性激活的密集层。

在 cnn 中，这里定义了前三个卷积层；而在 fnn 中，这里定义了最后两个密集层。

```
def cnn(x):
    x=tf.layers.conv2d(x,filters=16,kernel_size=8,strides=4,padding=
'valid',activation='relu')
    x=tf.layers.conv2d(x,filters=32,kernel_size=4,strides=2,padding=
'valid',activation='relu')
    return tf.layers.conv2d(x,filters=32,kernel_size=3,strides=1,padding=
'valid',activation='relu')


def fnn(x,hidden_layers,output_layer,activation=tf.nn.relu,
last_activation=None):
    for l in hidden_layers:
        x=tf.layers.dense(x,units=l,activation=activation)
    return tf.layers.dense(x,units=output_layer,
activation=last_activation)
```

在前面的代码中，hidden_layers 是一个整数值列表。在这里，hidden_layers ＝ [128]。另外，output_layer 是智能体动作的数量。

在 qnet 中，卷积神经网络和全连接神经网络层与一个层相连，该层用来平整卷积神经网络的 2D 输出：

```
def qnet(x,hidden_layers,output_size,fnn_activation=tf.nn.relu,
last_activation=None):
    x = cnn(x)
    x = tf.layers.flatten(x)
    return fnn(x,hidden_layers,output_size,fnn_activation,
last_activation)
```

深度神经网络现在已经完全确定。下面需要做的就是将它连接到主计算图。

2. 经验缓冲区

经验缓冲区是 ExperienceBuffer 类型的一个类，它为以下每个组件存储 FIFO（先进先出）类型的队列：观察、奖励、动作、下一次观察和完成。FIFO 意味着一旦达到 maxlen 指定的最大容量，它就会从最开始的元素开始丢弃。在这里，容量为 buffer_size。

```
class ExperienceBuffer():

    def __init__(self,buffer_size):
        self.obs_buf = deque(maxlen=buffer_size)
        self.rew_buf = deque(maxlen=buffer_size)
        self.act_buf = deque(maxlen=buffer_size)
        self.obs2_buf = deque(maxlen=buffer_size)
        self.done_buf = deque(maxlen=buffer_size)

    def add(self,obs,rew,act,obs2,done):
        self.obs_buf.append(obs)
        self.rew_buf.append(rew)
        self.act_buf.append(act)
        self.obs2_buf.append(obs2)
        self.done_buf.append(done)
```

ExperienceBuffer 类还用来管理用于训练神经网络的小批量采样。这些都是从缓冲区中统一采样来的，并且具有预定义的 batch_size。

```
def sample_minibatch(self,batch_size):
```

```
        mb_indices = np.random.randint(len(self.obs_buf),size=batch_size)
        mb_obs = scale_frames([self.obs_buf[i]for i in mb_indices])
        mb_rew = [self.rew_buf[i]for i in mb_indices]
        mb_act = [self.act_buf[i]for i in mb_indices]
        mb_obs2 = scale_frames([self.obs2_buf[i]for i in mb_indices])
        mb_done = [self.done_buf[i]for i in mb_indices]

        return mb_obs,mb_rew,mb_act,mb_obs2,mb_done
```

最后，重写_len 方法来提供缓冲区的长度。注意，因为每个缓冲区的大小都与其他缓冲区相同，所以只返回 self.obs_buf 的长度。

```
def __len__(self):
    return len(self.obs_buf)
```

3. 计算图与训练（和评价）循环

算法的核心，即计算图和训练（和评价）循环，是在 DQN 函数中实现的，该函数将环境的名称和所有其他超参数作为变元。

```
def DQN(env_name,hidden_sizes=[32],lr=1e-2,num_epochs=2000,
buffer_size=100000,discount=0.99,update_target_net=1000,batch_size=64,
update_freq=4,frames_num=2,min_buffer_size=5000,test_frequency=20,
start_explor=1,end_explor=0.1,explor_steps=100000):
    env = make_env(env_name,frames_num=frames_num,skip_frames=True,
noop_num=20)
    env_test = make_env(env_name,frames_num=frames_num,skip_frames=True,
noop_num=20)
    env_test = gym.wrappers.Monitor(env_test,
    "VIDEOS/TEST_VIDEOS"+env_name+str(current_milli_time()),force=True,
    video_callable=lambda x:x%20==0)

    obs_dim = env.observation_space.shape
    act_dim = env.action_space.n
```

这里在前几行代码中创建了两个环境：一个用于训练，另一个用于测试。此外，gym.

wrappers.Monitor 是一个 Gym 包装器，它以视频格式保存环境的游戏；而 video_callable 是一个函数参数，它用来确定视频的保存频率，在本例中是每 20 个情节保存一次。

接着可以重置 TensoFlow 计算图，为观察、动作和目标值创建占位符。这由以下几行代码完成：

```
tf.reset_default_graph()
obs_ph = tf.placeholder(shape=(None,obs_dim[0],obs_dim[1],obs_dim[2]),dtype=
tf.float32,name='obs')
act_ph = tf.placeholder(shape=(None,),dtype=tf.int32,name='act')
y_ph = tf.placeholder(shape=(None,),dtype=tf.float32,name='y')
```

现在，可以通过调用前面定义的 qnet 函数来创建一个目标网络和一个在线网络。因为目标网络有时必须进行自我更新并获取在线网络的参数，所以创建了一个名为 update_target_op 的操作，它将在线网络的每个变量分配给目标网络。这个赋值是由 TensorFlow 的 assign 方法完成的。另外，**tf.group** 将 update_target 列表的每个元素聚合为一个操作。具体实现如下：

```
with tf.variable_scope('target_network'):
    target_qv = qnet(obs_ph,hidden_sizes,act_dim)
target_vars = tf.trainable_variables()

with tf.variable_scope('online_network'):
    online_qv = qnet(obs_ph,hidden_sizes,act_dim)
train_vars = tf.trainable_variables()

update_target = [train_vars[i].assign(train_vars[i+len(target_vars)])
for i in range(len(train_vars)-len(target_vars))]
    update_target_op = tf.group(*update_target)
```

至此，已经定义了创建深度神经网络的占位符，并定义了目标更新操作，剩下的就是要定义损失函数。损失函数为 $[y_j - Q_\theta(\varphi_j - a_j)]^2$ [或相当于公式（5.5）]。它需要目标值 y_j，该目标值按照公式（5.6）计算，通过 y_ph 占位符和在线网络的 Q 值 $Q_\theta(\varphi_j - a_j)$ 传递。Q 值取决于动作 a_j，但由于在线网络为每一个动作输出一个值，因此必须找到一种方法只检索 a_j 的 Q 值而丢弃其他动作值。这个操作可以通过使用动作 a_j 的独热编码来实现，然后将其乘以在线网络的输出。例如，如果有五个可能的动作和 $a_j = 3$，那么独热编码将是 [0, 0, 0, 1, 0]。然后，假设网络输出为 [3.4, 3.7, 5.4, 2.1]，那么与独热编码相乘的结果将是 [0, 0, 0,

5.4，0]。之后，通过对该向量求和得到 Q 值，结果将是 [5.4]。所有这些都是通过以下三行代码完成的：

```
act_onehot = tf.one_hot(act_ph,depth=act_dim)
q_values = tf.reduce_sum(act_onehot * online_qv,axis=1)
v_loss = tf.reduce_mean((y_ph - q_values)**2)
```

为了最小化刚刚定义的损失函数，将使用随机梯度下降法的变种 Adam：

```
v_opt = tf.train.AdamOptimizer(lr).minimize(v_loss)
```

计算图的创建至此结束。在进入主 DQN 循环之前，必须准备好一切，这样就可以保存标量和直方图。这样做就将能够在稍后的 TensorBoard 中进行可视化。

```
now = datetime.now()
clock_time="{}_{}.{}.{}".format(now.day,now.hour,now.minute,int(now.second))

mr_v = tf.Variable(0.0)
ml_v = tf.Variable(0.0)

tf.summary.scalar('v_loss',v_loss)
tf.summary.scalar('Q-value',tf.reduce_mean(q_values))
tf.summary.histogram('Q-values',q_values)

scalar_summary = tf.summary.merge_all()
reward_summary = tf.summary.scalar('test_rew',mr_v)
mean_loss_summary = tf.summary.scalar('mean_loss',ml_v)

hyp_str = "-lr_{}-upTN_{}-upF_{}-frms_{}".format(lr,update_target_net,
update_freq,frames_num)
    file_writer =
tf.summary.FileWriter('log_dir/'+env_name+'/DQN_'+clock_time+'_'+hyp_str,
tf.get_default_graph())
```

一切都不言自明。唯一可能引起质疑的是 mr_v 和 ml_v 变量。这些是想用 TensorBoard

跟踪的变量。但是，因为它们不是由计算图在内部定义的，所以必须单独予以声明，并将它们赋给 session.run。FileWriter 以唯一的名称创建，并与默认图相关联。

现在可以定义 agent_op 函数来计算缩放观察的前向传播。观察结果已经通过了预处理流程（用包装器包装构建在环境中），但是将伸缩性放在了一边。

```
def agent_op(o):
    o = scale_frames(o)
    return sess.run(online_qv,feed_dict = {obs_ph:[o]})
```

然后，创建会话，初始化变量，并重置环境。

```
sess = tf.Session()
sess.run(tf.global_variables_initializer())


step_count = 0
last_update_loss = []
ep_time = current_milli_time()
batch_rew = []
obs = env.reset()
```

下一步包括实例化经验缓冲区、更新目标网络以便具有与在线网络相同的参数以及用 eps_decay 初始化衰减率。ϵ 衰减策略与关于 DQN 的论文中采用的策略相同。选择一个衰减率，当线性地应用于 eps 变量时，它会在大约 explor_steps 步中达到一个终值 end_explor。例如，如果想在 1000 步内从 1.0 减少到 0.1，则必须在每一步递减一个等于（1−0.1）/1000＝0.000 9 的值。所有这些都在下面几行代码中完成：

```
obs = env.reset()


buffer = ExperienceBuffer(buffer_size)


sess.run(update_target_op)


eps = start_explor
eps_decay = (start_explor - end_explor)/explor_steps
```

训练循环包括两个内部循环：一个循环遍历各个时期，而另一个循环遍历各个时期的每个转换。最内层循环的第一部分是相当标准的。它选择遵循使用在线网络 ϵ 贪婪行为策略的一个动作，在环境中迈出一步，并将新的转换添加到缓冲区，最后更新变量。

```python
for ep in range(num_epochs):
    g_rew = 0
    done = False

    while not done:
    act = eps_greedy(np.squeeze(agent_op(obs)),eps=eps)
    obs2,rew,done,_ = env.step(act)
    buffer.add(obs,rew,act,obs2,done)

    obs = obs2
    g_rew += rew
    step_count += 1
```

在前面的代码中，obs 取下一个观察的值，并增加累计游戏奖励。

然后，在同一个循环中，eps 衰减，如果满足某些条件，它就会训练在线网络。这些条件确保缓冲区已经达到最小规模，而且神经网络在每个 update_freq 步骤中只训练一次。为了训练在线网络，首先从缓冲区采集一个小批量样本，并计算目标值。然后运行会话以最小化损失函数 v_loss，该函数为字典提供目标值、动作和小批量处理的观察值。会话运行时，它还会返回 v_loss 和 scalar_summary 以用于统计。然后将 scalar_summary 添加到 file_writer，以保存在 TensorBoard 日志文件中。最后，每个 update_target_net 轮次，都会更新目标网络。平均损失情况也会得到，并被添加到 TensorBoard 日志文件中。所有这些都通过以下代码片段来完成：

```python
if eps > end_explor:
    eps -= eps_decay

if len(buffer)> min_buffer_size and(step_count % update_freq == 0):
     mb_obs,mb_rew,mb_act,mb_obs2,mb_done =
buffer.sample_minibatch(batch_size)
     mb_trg_qv = sess.run(target_qv,feed_dict={obs_ph:mb_obs2})
```

```
            y_r = q_target_values(mb_rew,mb_done,mb_trg_qv,discount)
# Compute the target values
            train_summary,train_loss,_ = sess.run([scalar_summary,
v_loss,v_opt],feed_dict={obs_ph:mb_obs,y_ph:y_r,act_ph:mb_act})

            file_writer.add_summary(train_summary,step_count)
            last_update_loss.append(train_loss)

        if(len(buffer)>min_buffer_size)and(step_count % update_target_net) == 0:
                _,train_summary = sess.run([update_target_op,
mean_loss_summary],feed_dict={ml_v:np.mean(last_update_loss)})
            file_writer.add_summary(train_summary,step_count)
            last_update_loss=[]
```

当一个轮次终止时，环境被重置，游戏的总奖励被附加到 batch_rew，后者被设置为零。
此外，每个 test_frequency 轮次，智能体都测试 10 个游戏，统计数据被添加到 file_writer。训
练结束时，环境和写入器都关闭。代码如下：

```
        if done:
            obs = env.reset()
            batch_rew.append(g_rew)
            g_rew = 0
        if ep % test_frequency == 0:
            test_rw=test_agent(env_test,agent_op,num_games=10)
            test_summary = sess.run(reward_summary,feed_dict={mr_v:
np.mean(test_rw)})
            file_writer.add_summary(test_summary,step_count)
            print('Ep:%4d Rew:%4.2f,Eps:%2.2f--Step:%5d--Test:%4.2f
%4.2f'%(ep,np.mean(batch_rew),eps,step_count,np.mean(test_rw),np.std(test_rw))
            batch_rew = []
    file_writer.close()
    env.close()
    env_test.close()
```

现在可以用 Gym 环境名称和所有超参数来调用 DQN 函数：

```
if __name__ == '__main__':
    DQN('PongNoFrameskip-v4',hidden_sizes=[128],lr=2e-4,
buffer_size=100000,update_target_net=1000,batch_size=32,update_freq=2,
frames_num=2,min_buffer_size=10000)
```

在报告结果之前还有最后一个注意事项。这里使用的环境不是 Pong-v0 的默认版本，而是它的修改版本。其原因是，在常规版本中，每个动作被执行 2、3 次或 4 次，而这个数字是被均匀采样的。但是因为希望跳过固定的次数，所以这里选择了没有内置跳帧功能的版本 NoFrameskip，并添加了自定义的包装器 MaxAndSkipEnv。

5.3.4　结果

评估强化学习算法的进展极具挑战性。最明显的方法是跟踪它的最终目标，也就是说，监控各个轮次积累的总奖励。这是一个很好的指标。但是，由于权重的变化，训练平均奖励可能效果不佳。这会导致被访问状态的分布发生巨大的变化。

出于这些原因，这里对 10 个测试游戏各执行 20 个训练轮次，以评估该算法，并跟踪整个游戏中累积的总（非折扣）奖励的平均值。此外，由于环境的确定性，这里采用一个 ϵ 贪婪策略（$\epsilon = 0.05$）测试了智能体，以便获得更健壮的评估。定量结果称为 test_rew。如果访问保存了日志的目录并执行以下命令，就可以在 TensorBoard 中看到它。

```
tensorboard--logdir.
```

图 5.4 展示的图应该与得到的图相似（如果运行的是 DQN 代码的话）。其中 x 轴代表步数。可以看到，test_rew 在最初的 250 000 步内线性增加，然后在接下来的 300 000 步内更显著地增加后，得到了稳定的分数 19。

Pong 是一个相对简单的任务。事实上，这里算法已经被训练了大约 110 万步；而在关于 DQN 的论文中，所有的算法都被训练了 2 亿步。

评价算法的另一种方法涉及估计的动作值。其实，估计的动作值是一个有用的指标，因为它们衡量对状态 – 动作对质量的信任。遗憾的是，这个选项不是最优的，因为很快就会知道，一些算法往往会高估 Q 值。尽管如此，这里还是在训练中追踪了它，如图 5.5 所示。其中，x 仍代表步数。正如所料，Q 值在整个训练过程中以与图 5.4 中类似的方式增加。

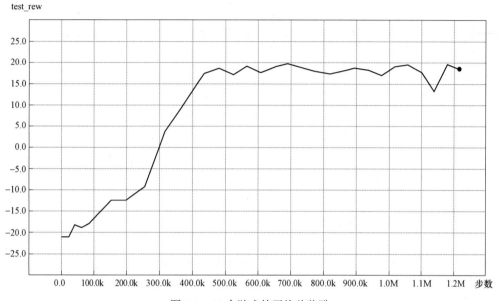

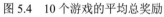

图 5.4　10 个游戏的平均总奖励

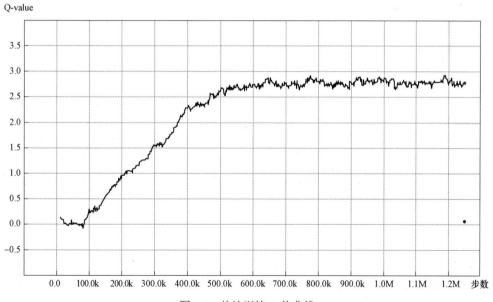

图 5.5　估计训练 Q 值曲线

另一张重要的曲线图，如图 5.6 所示，它展示了损失函数随时间的变化。它不如在监督学习中那么常用，因为目标值不是真实数据，但它总能很好地洞察模型的质量。

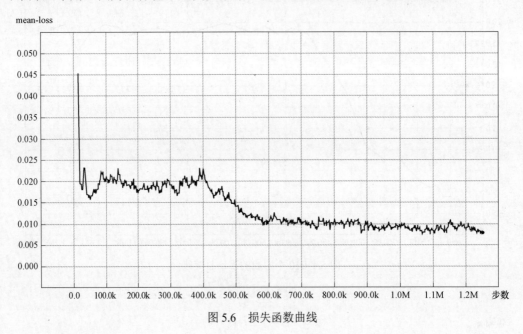

图 5.6　损失函数曲线

5.4　DQN 变种

在 DQN 取得惊人的成果之后，许多研究人员对其进行了研究，并提出了集成和更改，以提高其稳定性、效率和性能。本节将介绍其中的三种改进算法，解释它们背后的思想和解决方案，并实现它们。第一个是双 DQN（Double DQN 或 DDQN），它可以处理在 DQN 算法中提到的过度估计问题；第二个是竞争 DQN（Dueling DQN），它将 Q 值函数解耦成状态值函数和行动状态优势值函数；第三种是 n 步 DQN，这是一种取自时间差分算法的旧思路，它将步长限制在一步学习和蒙特卡罗学习之间。

5.4.1　DDQN

Q-learning 算法中 Q 值的过度估计是一个众所周知的问题。这是因为 max 运算符高估了实际的最大估计值。为了理解这个问题，假设有均值为 0 但方差不等于 0 的噪声估计，如图 5.7 所示。尽管平均值渐近为 0，但 max 函数还是始终返回大于 0 的值。

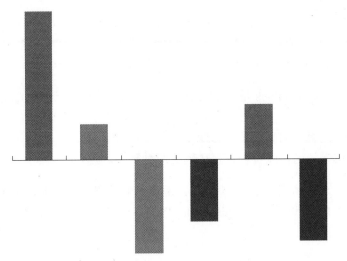

图 5.7　6 个从正态分布采样的值（其均值为 0）

在 Q-learning 中，只有到更高的值呈均匀分布，这种过度估计才是真正的问题。但是，如果过度估计不一致，并且不同状态和动作的误差不同，那么这种过度估计会对 DQN 算法产生负面影响，从而降低最终策略的质量。

为了解决这个问题，在 *Deep Reinforcement Learning with Double Q-learning* 一文中，作者建议使用两种不同的估计器（即两个神经网络）：一种用于动作选择，另一种用于 Q 值估计。但该论文提出用在线网络的 max 操作选择最佳动作，用目标网络计算其 Q 值，而不是使用两种不同的增加复杂性的神经网络。使用该解决方案，目标值将从以下标准的 Q-learning 值：

$$y = r + \gamma \max_{a'} \hat{Q}_{\theta'}(\phi', a') = r + \gamma \hat{Q}_{\theta'}[\phi', \mathrm{argmax}_{a'} \hat{Q}_{\theta'}(s', a')]$$

变成：

$$y = r + \gamma \hat{Q}_{\theta'}[\phi', \mathrm{argmax}_{a'} Q_{\theta}(s', a')] \tag{5.6}$$

这种解耦版本显著地减少了过估计问题，提高了算法的稳定性。

1. DDQN 实现

从实现的角度来看，为了实现 DDQN，唯一要做的改变是在训练阶段。只需要在 DDQN 实现中用以下代码行：

```
mb_trg_qv = sess.run(target_qv,feed_dict={obs_ph:mb_obs2})
y_r=q_target_values(mb_rew,mb_done,mb_trg_qv,discount)
```

替换以下代码：

```
mb_onl_qv,mb_trg_qv = sess.run([online_qv,target_qv],
feed_dict = {obs_ph:mb_obs2})
y_r = double_q_target_values(mb_rew,mb_done,mb_trg_qv,mb_onl_qv,discount)
```

这里，double_q_target_values 是一个为小批次的每个转换进行计算 [公式 (5.6)] 的函数。

2. 结果

为了了解 DQN 是否真的高估了与 DDQN 相关的 Q 值，图 5.8 给出了 Q 值图。图 5.8 中还包括了 DQN 的结果，这样就可以直接比较这两种算法。

 本章提到的所有彩色参考资料，请参照彩色图像包：http://www.packtpub.com/sites/default/files/downloads/9781789131116_ColorImages.pdf。

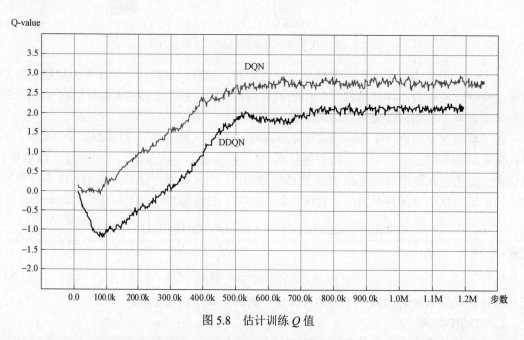

图 5.8　估计训练 Q 值

由测试游戏的平均奖励代表的 DDQN 和 DQN 的性能如图 5.9 所示。

正如所料，DDQN 中的 Q 值总是小于 DQN 中的 Q 值，这意味着后者实际上高估了 Q 值。尽管如此，测试游戏的性能似乎没有受到影响，这意味着这些过度估计可能不会损害算法的性能。但是，请注意，这里只在 Pong 上测试了算法。算法的有效性不应该在单一环境中评估。事实上，该论文的作者将其应用于所有 57 款 ALE 游戏，并报告称 DDQN 不仅产生了更准确的值估计，而且在几款游戏中获得了更高的分数。

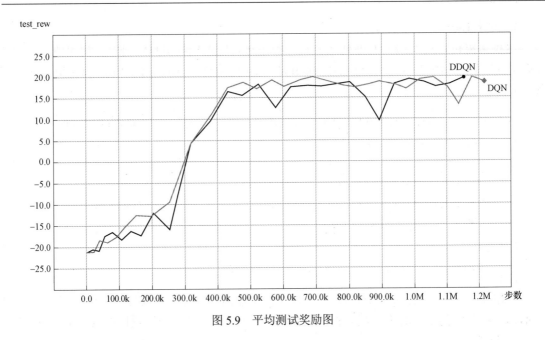

图 5.9 平均测试奖励图

5.4.2 竞争 DQN

在论文 *Dueling Network Architectures for Deep Reinforcement Learning*（https://arxiv.org/abs/ 1511.06581）中，作者提出了一种新的神经网络结构，它具有两个独立的估计器：一个用于状态值函数，另一个用于状态–动作优势值函数。

优势值函数在强化学习中随处可见，其定义如下：

$$A(s,a) = Q(s,a) - V(s)$$

优势值函数说明一个动作 a 相对于给定状态 s 下的平均动作的改进。因此，如果 $A(s,a)$ 是正值，这意味着动作 a 比状态 s 下的平均动作要好。相反，如果 $A(s,a)$ 是负值，这意味着动作 a 比状态 s 下的平均动作要差。

$$Q(s,a) = V(s) + A(s,a) - \frac{1}{|A|}\sum_{a'} A(s,a') \tag{5.7}$$

这里加上了优势均值，以增加 DQN 的稳定性。

竞争 DQN 的架构由两个头（或流）组成：一个用于状态值函数，另一个用于优势值函数，且它们同时共享一个公共卷积模块。作者报告说，通过这种架构可以了解哪些状态有值或没有值，而不必了解状态中每个动作的绝对值。他们在雅达利游戏上测试了这种新架构，并在整体性能方面获得了相当大的提升。

1. 竞争 DQN 实现

这种架构和公式（5.7）的好处之一是，不用对底层强化学习算法进行任何更改。唯一的变化是 Q 网络的构建。因此，可以用 dueling_qnet 函数替换 qnet，dueling_qnet 函数的实现如下：

```
def dueling_qnet(x,hidden_layers,output_size,fnn_activation=tf.nn.relu,
last_activation=None):
    x = cnn(x)
    x = tf.layers.flatten(x)
    qf = fnn(x,hidden_layers,1,fnn_activation,last_activation)
    aaqf = fnn(x,hidden_layers,output_size,fnn_activation,
last_activation)
    return qf + aaqf - tf.reduce_mean(aaqf)
```

这里创建了两个前向神经网络：一个只有一个输出（对于值函数），另一个具有与智能体的动作一样多的输出（对于依赖状态的动作优势值函数）。最后一行返回公式（5.7）的值。

2. 结果

如图 5.10 所示，测试奖励的结果很有希望，从而证明了使用竞争架构的明显好处。

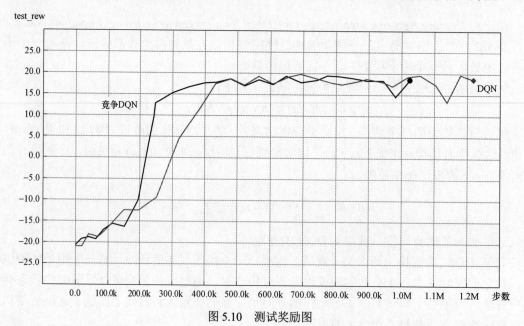

图 5.10　测试奖励图

5.4.3　*n* 步 DQN

n 步 DQN 的思想由来已久，它源于时间差分学习和蒙特卡罗学习之间的转换。"第 4 章 Q-learning 和 SARSA 的应用"中介绍的这些算法，处于一个共同频谱的相反极端。时间差分学习从一步开始学习，蒙特卡阿罗学习从完整的轨迹开始学习。时间差分学习表现出最小的方差但有最大的偏差，而蒙特卡罗学习表现出高方差但有最小的偏差。方差－偏差问题可以用 *n* 步回报来平衡。*n* 步回报是在 *n* 步之后计算得到的回报。时间差分学习可以看作是一个 0 步回报，而蒙特卡罗学习可以看作是一个 ∞ 步回报。

使用 *n* 步回报，可以更新目标值，如下所示：

$$y_t = \sum_{t'=t}^{t'+n-1} r_{t'} + \gamma^N \max_{a'_{t+n}} \hat{Q}_{\theta'}(\phi'_{t+n}, a'_{t+n}) \tag{5.8}$$

式中：*n* 为步数。

n 步回报就如同向前看 *n* 步，但在实践中，由于不可能真正展望未来，因此它是以相反的方式进行的，即通过计算 *n* 步前的 *y* 值。这会导致只有在 *t*+*n* 时刻才可获得值，从而延迟了学习过程。

这种方法的主要优点是目标值偏差较小，可以使学习速度更快。出现的一个重要问题是，以这种方式计算的目标值是正确的，但仅当学习是在线策略（DQN 是离线策略）时。这是因为，公式（5.8）假设智能体在接下来的 *n* 步中遵循的策略与收集经验的策略相同。有一些方法可以针对离线策略的情况进行调整，但它们通常实施起来很复杂，最好的通用做法是只保留一个小一点的 *n*，从而忽略这个问题。

1. *n* 步 DQN 实现

要实现 *n* 步 DQN，只需要对缓冲区进行一些更改。从缓冲区采样时，必须返回 *n* 步奖励、*n* 步下一个状态和 *n* 步完成标志。这里不讨论具体实现，因为它非常简单，但是读者可以在本书的 GitHub 库所提供的代码中查看一下。支持 *n* 步回报的代码在 MultiStepExperienceBuffer 类中。

2. 结果

对于离线策略算法（如 DQN），*n* 步学习在 *n* 值较小的情况下效果很好。在 DQN 中，已经证明该算法在 *n* 值介于 2 和 4 之间时效果很好，从而在众多的雅达利游戏测试中实现了改进。

图 5.11 展示了实现的结果。这里用 3 步回报测试了 DQN。从结果可以看出，上升之前需要更多的时间。之后，它有一个更陡的学习曲线，但与 DQN 相比，总体上有一个类似的学习曲线。

test_rew

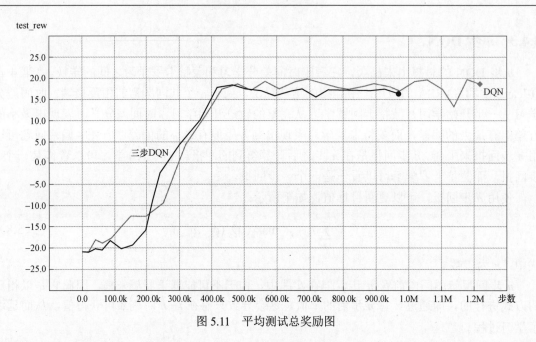

图 5.11   平均测试总奖励图

5.5   本章小结

本章深入研究了强化学习算法，并讨论了如何将这些算法与函数逼近器相结合，以便将强化学习应用于更广泛的问题。具体来说，本章描述了函数逼近和深度神经网络如何用于Q-learning 以及由此产生的不稳定性问题。结果表明，在实践中，若不做任何修改，深度神经网络不能与 Q-learning 集成。

第一个能够将深度神经网络与 Q-learning 相结合的算法是 DQN。它整合了两个关键因素，以稳定学习和控制复杂的任务，如雅达利 2600 游戏。这两个要素是，用于存储过往经验的回放缓冲区，以及更新频率低于在线网络的单独的目标网络。引入前者是为了利用 Q-learning 的离线策略质量，以便它可以从不同策略（在这种情况下指旧策略）的经验中学习，并从更大的数据池中抽取更多的独立同分布的小批量样本，以执行随机梯度下降。引入后者是为了稳定目标值和减少不稳定性问题。

在正式介绍 DQN 之后，本章进行了编程实现，并在雅达利游戏 Pong 上进行了测试。此外，本章展示了算法的更多实际方面，如预处理流程和包装器。关于 DQN 的论文发表之后，研究人员又提出了很多其他变种，以改进算法并克服其不稳定性。本章介绍并实现了三个变种，即双 DQN、竞争 DQN 和 n 步 DQN。尽管本章将这些算法专门应用于雅达利游戏，但事实上它们可以用于许多现实世界的问题。

下一章将介绍另外一类深度强化学习算法，称为策略梯度算法。这些都是在线策略算法，它们有一些非常重要和独特的特点，这些特点提高了它们在更大问题集上的适用性。

5.6　思考题

1. 导致致命三因素问题的原因是什么？
2. DQN 如何克服不稳定性？
3. 什么是移动目标问题？
4. DQN 如何缓解移动目标问题？
5. DQN 使用的优化程序是什么？
6. 状态 – 动作优势值函数的定义是什么？

5.7　延伸阅读

- 关于 OpenAIGym 包装 wrapper 的详细教程，请参阅以下文章：https://hub.packtpub.com/openai-gym-environments-wrappers-and-monitors-tutorial/。
- 如需原始的 Rainbow 论文，请访问 https://arxiv.org/abs/1710.02298。

第 6 章　随机策略梯度优化

至此,本书已经讨论并开发了基于值的强化学习算法。这些算法学习值函数,以便能够找到一个好的策略。尽管它们表现出了良好的性能,但它们的应用受到了其内部工作机制固有局限性的限制。本章将介绍一类新的算法,称为策略梯度方法(policy gradient method),通过从不同的角度处理强化学习问题来克服基于值的方法的局限。

策略梯度方法根据学习到的参数化策略来选择动作,并不依赖于值函数。本章还将阐述这些方法背后的理论和直观理解,并在此背景下开发一个最基本的策略梯度算法版本,名为 **REINFORCE**。

由于很简单,REINFORCE 存在一些缺陷,但这些缺陷只需稍做修改便可得到弥补。因此,本章将展示两个改进版本,称为带基线的 **REINFORCE** 和行动者 – 评判者(actor-critic,**AC**)模型。

本章将涵盖以下主题:
- 策略梯度方法。
- 理解 REINFORCE 算法。
- 带基线的 REINFORCE。
- 学习 AC 算法。

6.1　策略梯度方法

至此,本书介绍和开发的算法都是基于值的,其核心是学习一个值函数 $V(s)$ 或者动作值函数 $Q(s,a)$。值函数是一个定义为可从给定状态或状态动作对中累积获得总奖励的函数。然后,可以基于估测的动作(或状态)值来选择动作。

因此,贪婪策略可以定义为:

$$\pi(s) = \text{argmax}_a Q(s,a)$$

与深度神经网络结合时,基于值的方法可以学习非常复杂的策略,以便控制在高维空间中运行的智能体。尽管有这些好的特质,但当处理有大量动作的问题时,或者当动作空间是连续空间时,基于值的方法就会遇到麻烦。

在这种情况下,求取函数全局最大值是不可行的。**策略梯度**(policy gradient,PG)算法在这种情况下则表现出令人难以置信的潜力,因为它们可以很容易地适应连续的动作空间。

策略梯度方法属于更广泛的基于策略的方法,包括进化策略,这将在"第 11 章　黑盒优化算法"中进行研究。策略梯度算法的独特之处在于它们使用了策略的梯度,因此得名**策略梯度**。

与"第 3 章　基于动态规划的问题求解"中介绍的强化学习算法相比,强化学习算法更简洁的分类如图 6.1 所示。

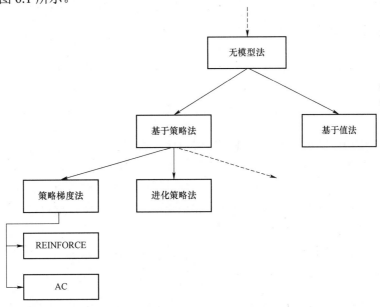

图 6.1　策略梯度法包括 REINFORCE 和 AC

6.1.1　策略的梯度

强化学习的目标是最大化动作轨迹的预期回报(折扣或无折扣的总奖励)。目标函数可以表示为:

$$J(\theta) = E_{\tau \sim \pi_{\theta}}[R(\tau)] \tag{6.1}$$

式中:θ 为策略的参数,如深度神经网络的可训练变量。

在策略梯度方法中,目标函数的最大化是通过目标函数的梯度 $\nabla_{\theta} J(\theta)$ 来实现的。利用梯度上升,可以通过向梯度方向移动参数来改善 $J(\theta)$,因为梯度指向函数增加的方向。

 必须取相同的梯度方向,因为要最大化目标函数［见公式（6.1）］。

一旦找到了最大值，策略 π_θ 将产生具有最高可能回报的轨迹。直觉上，策略梯度通过增加好策略的概率来激励好策略，而通过降低差策略的概率来惩罚差策略。使用公式（6.1），目标函数的梯度定义如下：

$$\nabla_\theta J(\theta) = \nabla_\theta E_{\tau \sim \pi_\theta}[R(\tau)] \tag{6.2}$$

结合前面几章中的概念，在策略梯度法中，策略评价是对回报 R 的估计。相反，策略改进是参数 θ 的优化步骤。因此，策略梯度法必须同时完成这两个阶段，以改善策略。

6.1.2　策略梯度定理

最初看到公式（6.2），便会发现一个问题：公式中目标函数的梯度取决于策略状态的分布，即：

$$\nabla_\theta J(\theta) = \nabla_\theta E_{\tau \sim \pi_\theta}[R(\tau)] = \nabla_\theta \sum_s d(s) \sum_a \pi_\theta(a|s) R(s,a) \tag{6.3}$$

要使用这个期望的随机近似，需要计算状态的分布 $d(s)$，还需要一个完整的环境模型。因此，这个公式并不适合求取策略梯度。

这时，策略梯度定理起了关键作用。其目的是提供一个解析公式，以计算目标函数关于策略参数的梯度，而不涉及状态分布的导数。形式上，策略梯度定理可以将目标函数的梯度表示为：

$$\nabla_\theta J(\theta) = E_{\tau \sim \pi_\theta}[\nabla_\theta \log \pi_\theta(\tau) R(\tau)] = E_{\pi_\theta}[\nabla_\theta \log \pi_\theta(a|s) Q_{\pi_\theta}(s,a)] \tag{6.4}$$

策略梯度定理的证明超出了本书的范围，因此这里不予介绍。但是，读者可以从 Sutton 和 Barto 的著作（http://incompleteideas.net/book/the-book-2nd.htmlor）或其他在线资源获知详情。

既然目标函数的导数不涉及状态分布的导数，那么就可以从策略中抽样来估计期望。因此，目标函数的导数可以近似为：

$$\nabla_\theta J(\theta) \approx \frac{1}{N} \sum_{i=0}^{N}[\nabla_\theta \log \pi_\theta(a_i|s_i) Q_{\pi_\theta}(s_i,a_i)] \tag{6.5}$$

公式（6.5）可用于产生梯度上升的随机更新：

$$\theta = \theta + \alpha \nabla_\theta J(\theta)$$

注意，因为这里的目的是使目标函数最大化，所以梯度上升用于将参数沿与梯度相同的方向移动［与梯度下降相反，它执行 $\theta = \theta - \alpha \nabla_\theta J(\theta)$］。

公式（6.5）的想法是要增大质量好的动作在未来被重新使用的可能性，同时减小质量不好的动作在未来被重新使用的可能性。动作的质量由常用的标量值 $Q_{\pi_\theta}(s_i,a_i)$ 来表示，它给出了状态动作对的质量。

6.1.3　梯度的计算

只要策略可微，就可以利用现代自动微分软件轻松计算其梯度。

为了在 TensorFlow 中实现梯度计算，可以定义计算图并调用 tf.gradient（loss_function，variables）来计算损失函数（loss_function）关于 variables 可训练参数的梯度。还有一种方法是使用随机梯度下降优化器直接最大化目标函数，如调用 tf.train.AdamOptimizer（lr）.minimize（-objective_function）。

下面的代码片段是公式（6.5）中的近似值所需的步骤示例，其中包含 env.action_space.n 维的离散动作空间策略。

```
pi = policy(states)  # actions probability for each action
onehot_action = tf.one_hot(actions,depth=env.action_space.n)
pi_log = tf.reduce_sum(onehot_action * tf.math.log(pi),axis=1)

pi_loss = -tf.reduce_mean(pi_log * Q_function(states,actions))

# calculate the gradients of pi_loss with respect to the variables
gradients = tf.gradient(pi_loss,variables)

# or optimize directly pi_loss with Adam(or any other SGD optimizer)
# pi_opt = tf.train.AdamOptimizer(lr).minimize(pi_loss)  #
```

tf.one_hot 为动作 actions 生成一个独热编码。也就是说，它生成一个掩码，其中 1 对应于动作的数值，0 对应于其他值。

然后，在代码的第三行，将掩码乘以动作概率的对数，以获得动作 actions 的对数概率。第四行计算损失，如下所示：

$$\frac{1}{N}\sum_{i=0}^{N}[\log\pi_{\theta}(a_i|s_i)Q_{\pi_{\theta}}(s_i,a_i)]$$

最后，tf.gradient 计算 pi_loss 关于 variables 参数的梯度，如公式（6.5）所示。

6.1.4　策略

在动作是离散的并且数量有限的情况下，最常用的方法是创建一个参数化策略，为每个动作生成一个数值。

　　注意，与深度 Q 神经网络算法不同，这里策略的输出值不是 $Q(s,a)$ 动作值。

然后，将每个输出值转换为概率。该操作利用 softmax 函数执行，如下所示：

$$\pi_{\theta}(a|s) = \frac{e^{z(s,a)}}{\sum_i e^{z(s,a_i)}}$$

softmax 值被归一化，总和为 1，以便产生概率分布，其中每个值对应于选择给定动作的概率。

图 6.2 展示了应用 softmax 函数之前（左图）和之后（右图）的五个动作值预测的示例。实际上，从右图可见，在计算 softmax 后，新值的总和为 1，并且它们都具有大于零的值。

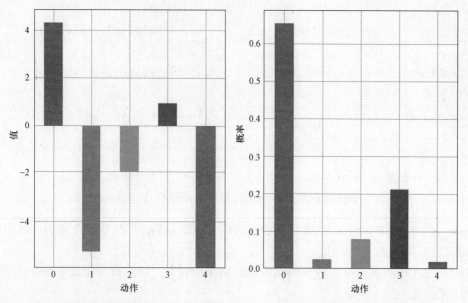

图 6.2　应用 softmax 函数之前（左图）和之后（右图）的五个动作值预测的示例

右图表示将近似的选择动作 0、1、2、3 和 4，被选择的概率分别为 0.64、0.02、0.09、0.21 和 0.02。

对参数化策略返回的动作值使用 softmax 分布，可以使用"梯度的计算"一节中给出的代码，只有一处需要更改，其在下面的代码片段中用高亮显示。

```
pi = policy(states)  # actions probability for each action
```

```
onehot_action=tf.one_hot(actions,depth=env.action_space.n)

pi_log = tf.reduce_sum(onehot_action * tf.nn.log_softmax(pi),axis=1)
# instead of tf.math.log(pi)

pi_loss = -tf.reduce_mean(pi_log * Q_function(states,actions))
gradients = tf.gradient(pi_loss,variables)
```

这里使用了 tf.nn.log_softmax，因为它被设计成比先调用 tf.nn.softmax 后调用 tf.math.log 更稳定。

动作遵循随机分布的优点在于所选动作的内在随机性，这使得能够实现对环境的动态探索。这看上去好像是一个副作用，但是有一个可以自己适应探索层次的策略是非常重要的。

在 DQN 的例子中，必须使用一个人工制作的变量 ϵ（使用线性 ϵ 衰减）来调整整个训练过程中的探索。既然探索已经融入了策略中，最多只能在损失函数中增加一项（熵）来激励它。

6.1.5　在线策略梯度

策略梯度算法的一个非常重要的方面是它们是基于在线策略的。它们的在线策略本质来自公式（6.4），因为它取决于当前的策略。因此，与 DQN 等离线策略算法不同，在线策略算法不允许重用旧经验。

这意味着，一旦策略发生变化，就必须放弃给定策略收集的所有经验。该特性带来的结果是，策略梯度算法的采样效率较低。这意味着它们需要获得更多经验才能达到与离线策略算法相同的性能。此外，它们的泛化能力通常会变差。

6.2　了解 REINFORCE 算法

策略梯度算法的核心前面已经介绍，但是还有一个重要的概念在此需要解释。那就是现在并不知道如何计算动作值。

再次回到公式（6.4）：

$$\nabla_{\theta}J(\theta) = E_{\pi_{\theta}}[\nabla_{\theta}\log\pi_{\theta}(a|s)Q_{\pi_{\theta}}(s,a)]$$

如此，可以通过直接从按照策略 π_{θ} 收集得到的经验中取样来估计目标函数的梯度。

唯一涉及的两项是 $Q_{\pi_{\theta}}(s,a)$ 的值和策略对数的导数，这可以通过现代深度学习框架（如 TensorFlow 和 PyTorch）获得。前面虽然定义了 π_{θ}，但还没有解释如何估计动作值函数。

Williams 在 REINFORCE 算法中首次引入了一种更简单的方法,即利用蒙特卡罗回报来估计回报。因此,REINFORCE 被认为是蒙特卡罗算法。如果还记得的话,蒙特卡罗回报是使用给定策略运行的采样轨迹的回报值。因此,用蒙特卡罗回报 G 替代动作值函数 Q,重写公式(6.4):

$$\nabla_\theta J(\theta) = E_{\pi_\theta}[\nabla_\theta \log \pi_\theta(a|s) Q_{\pi_\theta}(s,a)] = E_{\pi_\theta}[\nabla_\theta \log \pi_\theta(a_t|s_t) G_t] \qquad (6.6)$$

G_t 回报由一个完整的轨迹计算得到,这意味着策略梯度更新只有在 $T-t$ 步之后才能进行,其中 T 是轨迹中的总步数。还有一个结果是,蒙特卡罗回报仅在情节性问题中能定义清楚,其中最大步数有一个上界(这与之前介绍的其他蒙特卡罗算法得出的结论相同)。

为了更实用,时刻 t 的折扣回报(也可以称为预支奖励,因为它只使用未来的奖励)如下所示:

$$G_t = \sum_{t'=t}^{T} \gamma^{t'-t} r(s_{t'}, a_{t'})$$

还可以改写为迭代式,如下所示:

$$G(s_t, a_t) = r(s_t, a_t) + \lambda G(s_{t+1}, a_{t+1})$$

此函数可以从最后一个奖励开始,以逆序执行来实现,如下所示:

```
def discounted_rewards(rews,gamma):
    rtg = np.zeros_like(rews,dtype=np.float32)
    rtg[-1]=rews[-1]
    for i in reversed(range(len(rews)-1)):
        rtg[i]=rews[i]+qamma*rtg[i+1]
    return rtg
```

这里,首先创建一个 NumPy 数组,最后一个奖励的值被分配给 rtg 变量。这样做是因为,在时刻 T, $G(s_T, a_T) = r(s_T, a_T)$。然后,该算法使用后面的值往回计算 rtg[i]。

REINFORCE 算法的主循环包括运行几个轮次直到积累足够的经验,以及优化策略参数。为了保证效果,该算法在执行更新步骤之前必须至少完成一个轮次(至少需要一个完整的轨迹来计算预支奖励 G_t)。REINFORCE 算法的伪代码如下:

用随机权重初始化 π_θ

    for episode 1…M **do**

        初始化环境: $s \leftarrow env.reset()$

        初始化空缓冲区

```
>生成一些情节(episode)
for step 1...MaxSteps do
    >对环境施以动作,收集经验
    a ← π_θ(s)
    s', r, d ← env(a)
    s ← s'
    If d == True:
        s ← env.reset()
        >计算预支奖励
        G(s_t, a_t) = r(s_t, a_t) + λG(s_{t+1}, a_{t+1})  #对每个 t
        >将情节存入缓冲区
        D ← D ⋃ (s_{1...T}, a_{1...T}, G_{1...T})  # T 是情节的长度
>REINFORCE 根据公式(6.5)使用 D 的所有经验更新步骤
```

$$\theta \leftarrow \theta + \alpha \frac{1}{|D|} \sum_i [\nabla_\theta \log \pi_\theta (a_i | s_i) G_i^{\pi_\theta}]$$

6.2.1　REINFORCE 的实现

下面来讨论 REINFORCE 的实现。这里只提供算法的实现部分,不涉及调试和监控环节。GitHub 库提供了完整的实现。所以,一定要去看一下。

该实现的代码分为三个主要函数和一个类:

● REINFORCE(env_name,hidden_sizes,lr,num_epochs,gamma,steps_per_epoch):该函数包含算法的主要实现部分。

● Buffer:这是一个用于临时存储轨迹的类。

● mlp(x,hidden_layer,output_size,activation,last_activation):该函数用来在 TensorFlow 中构建多层感知器。

● discounted_rewards(rews,gamma):该函数用来计算折扣奖励。

这里首先介绍主要的 REINFORCE 函数,然后实现补充函数和类。

REINFORCE 函数分为两个主要部分:第一部分创建计算图;第二部分运行环境并循环优化策略,直到满足收敛准则。

REINFORCE 函数以 env_name 环境的名称作为输入,还有一个包含隐藏层大小 hidden_sizes、学习率 lr、训练轮次数 num_epochs、折扣率 gamma 和每个轮次的最小步数 steps_per_epoch 的列表。形式上,REINFORCE 的代码如下:

```
def REINFORCE(env_name,hidden_sizes=[32],lr=5e-3,num_epochs=50,
gamma=0.99,steps_per_epoch=100):
```

在 REINFORCE(…)的开头，重置 TensorFlow 默认图，创建环境，初始化占位符，并创建策略。该策略是一个全连接的多层感知器，每个动作都有一个输出，每个隐藏层都有一个 tanh 激活函数。多层感知器的输出是动作的非标准化值，称为 logits。所有这些都在下面的代码片段中完成：

```
def REINFORCE(env_name,hidden_sizes=[32],lr=5e-3,num_epochs=50,
gamma=0.99,steps_per_epoch=100):

    tf.reset_default_graph()

    env=gym.make(env_name)
    obs_dim = env.observation_space.shape
    act_dim = env.action_space.n

    obs_ph = tf.placeholder(shape=(None,obs_dim[0]),dtype=tf.float32,
name='obs')
    act_ph = tf.placeholder(shape=(None,),dtype=tf.int32,name='act')
    ret_ph = tf.placeholder(shape=(None,),dtype=tf.float32,name='ret')
    p_logits = mlp(obs_ph,hidden_sizes,act_dim,activation=tf.tanh)
```

然后就可以创建一个计算损失函数的操作，以及一个优化策略的操作。该代码类似于之前在"策略"一节中看到的代码。唯一的区别是，这里的动作由 tf.random.multinomial 采样，它遵循策略返回的动作分布。该函数从分类分布中抽取样本。这里，它选择单个动作（根据环境的不同，它可以是多个动作）。

下面的代码片段是 REINFORCE 更新版的实现：

```
act_multn = tf.squeeze(tf.random.multinomial(p_logits,1))
actions_mask = tf.one_hot(act_ph,depth=act_dim)
p_log = tf.reduce_sum(actions_mask * tf.nn.log_softmax(p_logits),axis=1)
p_loss = -tf.reduce_mean(p_log*ret_ph)
p_opt = tf.train.AdamOptimizer(lr).minimize(p_loss)
```

可以在与环境交互期间所选择的动作上创建掩码，并乘以 log_softmax 以获得 $\log\pi_\theta(a|s)$。然后，计算总损失函数。注意，在 tf.reduce_sum 之前有一个减号。最令人感兴趣的是对目标函数的最大化。但是，因为优化器需要最小化一个函数，所以必须传递一个损失函数。最后一行利用 AdamOptimizer 来优化梯度策略损失函数。

现在准备开启一个会话，重置计算图的全局变量，并初始化一些稍后将使用的变量。

```
sess = tf.Session()
sess.run(tf.global_variables_initializer())
step_count = 0
train_rewards = []
train_ep_len = []
```

然后，创建两个内部循环，它们将与环境交互以收集经验和优化策略，并将一些统计数据打印。

```
for ep in range(num_epochs):
    obs = env.reset()
    buffer = Buffer(gamma)
    env_buf = []
    ep_rews = []

    while len(buffer)<steps_per_epoch:
        # run the policy
        act = sess.run(act_multn,feed_dict={obs_ph:[obs]})
        # take a step in the environment
        obs2,rew,done,_ = env.step(np.squeeze(act))

        env_buf.append([obs.copy(),rew,act])
        obs = obs2.copy()
        step_count += 1
        ep_rews.append(rew)

        if done:
            # add the full trajectory to the environment
```

```
            buffer.store(np.array(env_buf))
            env_buf=[]
            train_rewards.append(np.sum(ep_rews))
            train_ep_len.append(len(ep_rews))
            obs = env.reset()
            ep_rews=[]
        obs_batch,act_batch,ret_batch = buffer.get_batch()
        # Policy optimization
        sess.run(p_opt,feed_dict={obs_ph:obs_batch,act_ph:act_batch,
ret_ph:ret_batch})


        # Print some statistics
        if ep%10 == 0:
            print('Ep:%d MnRew:%.2f MxRew:%.1f EpLen:%.1f Buffer:%d--Step:
%d--'%(ep,np.mean(train_rewards),np.max(train_rewards),np.mean(train_ep_len),
len(buffer),step_count))
            train_rewards = []
            train_ep_len = []
    env.close()
```

这两个循环遵循通常的流程，除了每当轨迹结束时与环境的交互会停止，并且临时缓冲区有足够的转换。

现在可以实现包含轨迹数据的 Buffer 类：

```
class Buffer():
    def __init__(self,gamma=0.99):
        self.gamma = gamma
        self.obs = []
        self.act = []
        self.ret = []


    def store(self,temp_traj):
        if len(temp_traj)>0:
            self.obs.extend(temp_traj[:,0])
```

```
        ret = discounted_rewards(temp_traj[:,1],self.gamma)
        self.ret.extend(ret)
        self.act.extend(temp_traj[:,2])

    def get_batch(self):
        return self.obs,self.act,self.ret
    def __len__(self):
        assert(len(self.obs) == len(self.act) == len(self.ret))
        return len(self.obs)
```

最后，可以实现创建具有任意数量隐藏层的神经网络的函数。

```
def mlp(x,hidden_layers,output_size,activation=tf.nn.relu,
last_activation=None):
for l in hidden_layers:
    x=tf.layers.dense(x,units=l,activation=activation)
    return tf.layers.dense(x,units=output_size,
activation=last_activation)
```

这里，activation 是应用于隐藏层的非线性函数，last_activation 是应用于输出层的非线性函数。

6.2.2　利用 REINFORCE 实现航天器着陆

1. 实现原理

该算法是完整的，但最有趣的部分还有待解释。本节将 REINFORCE 应用于 LunarLander-v2，这是一个以月球着陆器着陆为目标的场景化 Gym 环境。

图 6.3 是游戏初始位置的屏幕截图，以及设想的成功着陆的最终位置。

这是一个离散问题，着陆器必须在坐标（0,0）处着陆，如果着陆位置距离该点很远，将受到惩罚。当着陆器从屏幕顶部往底部移动时，将得到正奖励；但是当它启动发动机减速时，每帧将损失 0.3 分。

此外，根据着陆的条件，它会额外获得 –100 分或 +100 分。总分达到 200 分的话，游戏被认定完成。每次游戏最多运行 1000 步。

出于最后一个原因，这里将收集至少 1000 步的经验，以确保至少完成了一次完整的情节（该值由 steps_per_epoch 超参数设置）。

图 6.3　LunarLander-v2 的场景

REINFORCE 的运行将调用具有以下超参数的函数：

```
REINFORCE('LunarLander-v2',hidden_sizes=[64],lr=8e-3,gamma=0.99,
num_epochs=1000,steps_per_epoch=1000)
```

2. 结果分析

整个学习过程监控了很多参数，包括 p_loss（策略的损失）、old_p_loss（优化阶段前策略的损失）、总奖励和情节长度，以便更好地理解算法，并适当地调整超参数。这里还总结了一些直方图。查看本书资料库中的代码，可以了解更多关于 TensorBoard 的摘要信息。

图 6.4 展示了训练期间获得的完整轨迹的总奖励均值。

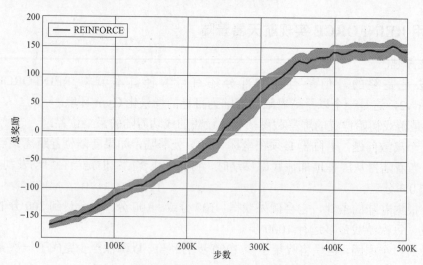

图 6.4　训练期间获得的完整轨迹的总奖励均值

由图 6.4 可见，经过大约 50 万步，它达到了 200 的平均分数，或者略低。因此，需要大约 1000 个完整的轨迹，才能掌控游戏。

绘制训练性能图时，请记住算法很可能仍在探索中。为了检查是否如此，需要监控动作的熵值。如果它高于 0，则意味着算法不确定所选择的动作，它将继续探索—选择其他动作，并遵循它们的分布。这种情况下，在 50 万步之后，智能体也在探索环境，如图 6.5 所示。

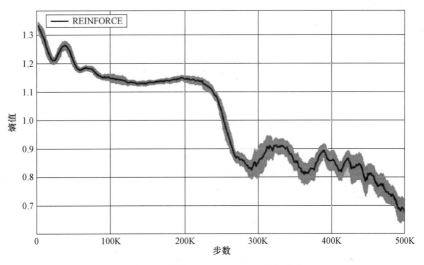

图 6.5 监控 REINFORCE 的熵值

6.3 带基线的 REINFORCE 算法

6.3.1 带基线的 REINFORCE 算法的原理

由于蒙特卡罗回报是提供完整轨迹的真实回报，因此 REINFORCE 具有无偏的优良特性。但是，无偏估计并不利于方差，方差会随着轨迹长度的增加而增加。原因在于，这种效果源于策略的随机性。通过执行完整的轨迹，可以知道它的真正奖励。但是，分配给每个状态－动作对的值可能是不正确的，因为策略是随机的。再次执行它可能导致新的状态，并因此导致不同的奖励。此外，轨迹中的动作数量越多，引入系统中的随机性就越大，最终将导致方差更大。

幸好，在回报估计中可以引入一个基线 b，从而减小方差，提高算法的稳定性和性能。采用这种策略的算法称为带基线的 REINFORCE，其目标函数的梯度定义如下：

$$\nabla_\theta J(\theta) = E_{\pi_\theta}[\nabla_\theta \log \pi_\theta(a_t|s_t)(G_t - b)]$$

引入基线是可能的，因为梯度估计器仍然保持偏差不变：

$$E[\nabla_\theta \log \pi_\theta(\tau)b] = 0$$

同时，为了使这个方程成立，基线必须是关于动作的一个常数。

现在需要做的就是找到一个好的基线 b。最简单的方法是减去平均回报。

$$b = \frac{1}{N}\sum_{n=0}^{N} G_n$$

如果想在 REINFORCE 代码中实现这一点，唯一的变化在 Buffer 类的 get_batch()函数中：

```python
def get_batch(self):
    b_ret = self.ret - np.mean(self.ret)
    return self.obs,self.act,b_ret
```

虽然这个基线减小了方差，但它并非最佳策略。由于基线可以以状态为条件，所以更好的方法是利用值函数的估计值：

$$\nabla_\theta J(\theta) = E_{\pi_\theta}[\nabla_\theta \log \pi_\theta(a_t|s_t)(G_t - V^{\pi_\theta}(s_t)]$$

记住，V^{π_θ} 值函数通常是按照 π_θ 策略获得的回报。

这个变动给系统带来了更多的复杂性，因为必须设计一个值函数的近似值，但这种方法很常见，而且它会大大提高算法的性能。

为了学习 $V^{\pi_\theta}(s)$，最佳解决方案是用蒙特卡罗估计值拟合神经网络：

$$V_w^{\pi_\theta}(s) = \sum_{t'=t}^{T} \gamma^{t'-t} r(s_{t'}, a_{t'})$$

式中：w 是要学习的神经网络的参数。

为了不混淆表记符号，从现在起不再指明策略，以便将 $V_w^{\pi_\theta}(s)$ 变为 $V_w(s)$。

神经网络根据用于学习 π_θ 的相同轨迹数据进行训练，无须与环境进行额外交互。一旦开始计算，蒙特卡罗估计值［如利用 discounted_rewards（rews，gamma）］将成为目标值 y，而神经网络将被优化，以便最小化 MSE 损失，就像在监督学习任务中一样。

$$\mathcal{L}(\omega) = \frac{1}{2}\sum_i [V_\omega(s_i) - y_i]^2$$

式中：ω 为值函数神经网络的权重，数据集的每个元素都包含 s_i 状态和目标值 $y_i = \sum_{t'=t}^{T} \gamma^{t'-t} r(s_{t'}, a_{t'})$。

6.3.2　带基线的 REINFORCE 算法的实现

使用神经网络近似基线的值函数可以通过在之前的代码中添加几行来实现。

（1）将神经网络、计算 MSE 损失函数的操作和优化程序添加到计算图中：

```
...
# placeholder that will contain the reward to go values(i.e.the y values)
rtg_ph = tf.placeholder(shape=(None,),dtype=tf.float32,name='rtg')
# MLP value function
s_values = tf.squeeze(mlp(obs_ph,hidden_sizes,1,activation=tf.tanh))

# MSE loss function
v_loss = tf.reduce_mean((rtg_ph-s_values)**2)

# value function optimization
v_opt = tf.train.AdamOptimizer(vf_lr).minimize(v_loss)
...
```

（2）运行 s_values，并存储 $V_\omega(s_i)$ 预测，因为稍后需要计算 $[G_i - V_\omega(s_i)]$。该操作可在最内层循环中完成（与 REINFORCE 代码的差异以粗体显示）。

```
...
# besides act_multn,run also s_values
act,val=sess.run([act_multn,s_values],
feed_dict={obs_ph:[obs]})
obs2,rew,done,_=env.step(np.squeeze(act))

# add the new transition,included the state value predictions
env_buf.append([obs.copy(),rew,act,np.squeeze(val)])
...
```

（3）从缓冲区中检索包含"目标"值的 rtg_batch，并优化值函数：

```
obs_batch,act_batch,ret_batch,rtg_batch = buffer.get_batch()
sess.run([p_opt,v_opt],feed_dict={obs_ph:obs_batch,
act_ph:act_batch,ret_ph:ret_batch,rtg_ph:rtg_batch})
```

（4）计算奖励 G_i 和目标值 $[G_i - V_w^\pi(s_i)]$。此更改在 Buffer 类中完成。必须在类的初始化方法中创建一个新的空 self.rtg 列表，并修改 store 和 get_batch 函数，如下所示：

```
def store(self,temp_traj):
    if len(temp_traj)>0:
        self.obs.extend(temp_traj[:,0])
        rtg = discounted_rewards(temp_traj[:,1],self.gamma)
        # ret=G - V
        self.ret.extend(rtg-temp_traj[:,3])
        self.rtg.extend(rtg)
        self.act.extend(temp_traj[:,2])

    def get_batch(self):
        return self.obs,self.act,self.ret,self.rtg
```

现在，可以在想要的任何环境中测试带基线的 REINFORCE 算法，并与基本 REINFORCE 算法比较性能。

6.4　学习 AC 算法

基本的 REINFORCE 算法具有显著的无偏性，但它有着很高的方差。增加基线可以减少方差，同时保持其无偏性（算法将逐渐收敛到局部最小值）。带基线的 REINFORCE 算法的一个主要缺点是，它的收敛速度非常慢，需要与环境进行一定数量的交互。

一种加速训练的方法叫作自举法。该技术在本书中已经多次提到。它允许根据后续状态值估计回报值。采用这种技术的策略梯度算法被称为 AC 算法。在 AC 算法中，行动者是策略，而评判者是"评判"行动者行为以帮助它学习得更快的值函数（通常是状态值函数）。AC 算法的优势是多方面的，但最重要的是它们针对非情节性问题的学习能力。

REINFORCE 算法不可能解决连续的任务，因为要计算要执行的奖励，就需要所有的奖励，直到轨迹结束（如果轨迹是无限的，就没有终点）。借助自举法，AC 算法还能够从不完全的轨迹中学习动作值。

6.4.1　让评判者帮助行动者学习

采用单步自举法（one-step bootstrapping）的动作值函数定义如下：

$$Q(s,a) = r + \gamma V(s')$$

式中：s' 为下一状态。

因此，假设有行动者 π_θ 和利用自举法的评判者 V_ω，便可以得到单步 AC 步骤：

$$\theta = \theta + \alpha[r_t + \gamma V_\omega(s_t') - V_\omega(s)]\nabla_\theta \log \pi_\theta(a_t|s_t)$$

这将代替带基线的 REINFORCE 步骤：

$$\theta = \theta + \alpha[G_t - V_\omega(s)]\nabla_\theta \log \pi_\theta(a_t|s_t)$$

请注意 REINFORCE 和 AC 中的状态值函数的使用区别。在前者，它仅用作基线，提供当前状态的状态值。而在后者，状态值函数用于估计下一个状态的值，以便只需要当前奖励来估计 $Q(s,a)$。因此，可以说单步 AC 模型是一种完全在线的增量式模型。

6.4.2　n 步 AC 模型

实际上，正如在时间差分学习中已经介绍的，完全在线的算法方差小但偏差大，正好与蒙特卡罗学习相反。通常情况下，推荐采用介于完全在线和蒙特卡罗方法之间的中间策略。为了实现这种权衡，n 步回报可以取代在线算法的单步回报。

读者应该还记得，本书在 DQN 算法中实现了 n 步学习。唯一不同的是，DQN 是一个离线策略算法，而在理论上，n 步只能用于在线策略算法。尽管如此，即使是较小的 n，也能提高其性能。

AC 算法是在线策略算法，因此只要能提高性能，就可以使用任意大的 n 值。将 n 步集成到 AC 算法非常简单：用单步回报替换为 $G_{t:t+n}$，而值函数取自 s_{t+n} 状态。

$$\theta = \theta + \alpha[G_{t:t+n} + \gamma^n V_\omega(s_{t+n}) - V_\omega(s_t)]\nabla_\theta \log \pi_\theta(a_t|s_t)$$

这里，$G_{t:t+n} = r_t + \gamma r_{t+1} + \cdots + \gamma^{n-1} r_{t+n-1}$。要注意的是，如果 s_t 是一个最终状态，则 $V(s_{t+1}) = 0$。除了减小偏差，n 步回报还能够更快地传播后续回报，使学习更加有效。

有趣的是，$G_{t:t+n} + \gamma^n V_\omega(s_{t+n}) - V_\omega(s_t)$ 可以看作是优势函数的估计值。优势函数的定义如下：

$$A(a_t, s_t) = Q(a_t, s_t) - V(s_t)$$

由于 $G_{t:t+n} + \gamma^n V_\omega(s_{t+n})$ 是 $G_\omega(s_t, a_t)$ 的估计值，所以也得到了优势函数的估计值。通常，此函数更易学习，因为它仅表示在特定状态下一个特定动作优于其他动作，所以不必了解该特定状态的值。

关于评判者权重的优化，可以采用众所周知的随机梯度下降优化方法，使 MSE 损失最小化：

$$\mathcal{L}(\omega) = \frac{1}{2}\sum_i [V_\omega(s_i) - y_i]^2$$

其中，目标值计算如下：

$$y_i = G_{t:t+n} + \gamma^n V_\omega(s_{t+n})$$

6.4.3　AC 算法的实现

总体而言，正如至此所看到的，AC 算法与 REINFORCE 算法非常相似，都以状态函数作为基线。概括一下，该算法的伪代码如下：

用随机权重初始化 π_θ

初始化环境 $s \leftarrow env.reset()$

for episode 1...M **do**

　　初始化空的缓冲区

　　>生成一些情节(episode)

　　for step 1...MaxSteps **do**

　　　　>通过在环境中行动收集经验

　　　　$a \leftarrow \pi_\theta(s)$

　　　　$s', r, d \leftarrow env(a)$

　　　　$s \leftarrow s'$

　　　　if $d==True$:

　　　　　　$s \leftarrow env.reset()$

　　　　　　>计算 n 步回报

　　　　　　$G_t = G_{t:t+n} + \gamma^n V_\omega(s_{t+n})$ #对每个 t

　　　　　　>计算优势值

　　　　　　$A_t = G_t - V_\omega(s_t)$ #对每个 t

　　　　　　>将情节存储在缓冲区中

　　　　　　$D \leftarrow D \bigcup (s_{1...T}, a_{1...T}, G_{1...T}, A_{1...T})$ #T 为情节的长度

　　　　>行动者利用 D 中的所有经验更新步骤

　　　　$\theta \leftarrow \theta + \alpha_\theta \frac{1}{|D|} \sum_i [\nabla_\theta \log \pi_\theta(a_i|s_i) A_i]$

　　　　>评判者利用 D 中的所有经验更新步骤

　　　　$\omega \leftarrow \omega + \alpha_\omega \frac{1}{|D|} \sum_i V[_\omega(s_i) - G_i]^2$

与 REINFORCE 算法的唯一区别是 n 步奖励的计算、优势函数的计算以及对主函数的一些调整。

首先来看折扣奖励的实现。与之前不同的是，最后的 last_sv 状态的估计值现在传递到输入中并用于自举，其实现如下：

```
def discounted_rewards(rews,last_sv,gamma):
    rtg = np.zeros_like(rews,dtype=np.float32)
    rtg[-1] = rews[-1] + gamma*last_sv  # Bootstrap with the estimate next state
value

    for i in reversed(range(len(rews)-1)):
        rtg[i] = rews[i] + gamma*rtg[i+1]
    return rtg
```

计算图没有改变，但在主循环中，必须考虑一些小的但非常重要的变化。

很明显，函数名改成了 AC，并增加了评判者的学习率 cr_lr 作为参数。

第一个变化涉及环境重置的方式。在 REINFORCE 中，主循环的每次迭代都优先重置环境；而在 AC 中，必须从上一次迭代停止的地方恢复环境，只有当它达到最终状态时才重置它。

第二个变化涉及动作值函数的自举方式，以及如何计算奖励。记住，对每个状态－动作对，$Q(s,a)=r+\gamma V(s')$，除非 $V(s')$ 是最终状态。这时，$Q(s,a)=r$。因此，每当处于最后一个状态时，必须使用 0 值自举；而在所有其他情况下，使用 $V(s')$ 进行自举。通过这些更改，代码改为：

```
obs = env.reset()
ep_rews = []

for ep in range(num_epochs):
    buffer = Buffer(gamma)
    env_buf = []

    for _ in range(steps_per_env):
        act,val = sess.run([act_multn,s_values],
feed_dict={obs_ph:[obs]})
```

```
obs2,rew,done,_ = env.step(np.squeeze(act))

env_buf.append([obs.copy(),rew,act,np.squeeze(val)])
obs = obs2.copy()
step_count += 1
last_test_step += 1
ep_rews.append(rew)

if done:

    buffer.store(np.array(env_buf),0)
    env_buf=[]

    train_rewards.append(np.sum(ep_rews))
    train_ep_len.append(len(ep_rews))
    obs = env.reset()
    ep_rews = []

if len(env_buf) > 0:
    last_sv = sess.run(s_values,feed_dict={obs_ph:[obs]})
    buffer.store(np.array(env_buf),last_sv)

obs_batch,act_batch,ret_batch,rtg_batch = buffer.get_batch()
sess.run([p_opt,v_opt],feed_dict={obs_ph:obs_batch,
act_ph:act_batch,ret_ph:ret_batch,        rtg_ph:rtg_batch})
    ...
```

第三个变化是 Buffer 类的 store 方法。事实上，现在还必须处理不完整的轨迹。在前面的代码段中，估计的状态值 $V(s')$ 作为第三个参数传递给 store 函数。其实，它们被用来自举和计算奖励。新版 store 调用与状态值关联的变量 last_sv，并将其作为输入传递给 discounted_reward 函数，如下所示：

```
def store(self,temp_traj,last_sv):
    if len(temp_traj)>0:
```

```
self.obs.extend(temp_traj[:,0])
rtg = discounted_rewards(temp_traj[:,1],last_sv,self.gamma)
self.ret.extend(rtg-temp_traj[:,3])
self.rtg.extend(rtg)
self.act.extend(temp_traj[:,2])
```

6.4.4　用 AC 算法实现航天器着陆

现将 AC 算法应用于 LunarLander-v2，这是用来测试 REINFORCE 算法的相同环境。这是一个情节性游戏，因此它没有充分强调 AC 算法的主要特质。尽管如此，LunarLander-v2 提供了一个很好的测试平台，当然也可以在另一个环境中自由地测试它。

利用以下超参数来调用 AC 函数：

```
AC('LunarLander-v2',hidden_sizes=[64],ac_lr=4e-3,cr_lr=1.5e-2,
gamma=0.99,steps_per_epoch=100,num_epochs=8000)
```

显示训练轮次累积的总奖励的结果，如图 6.6 所示。

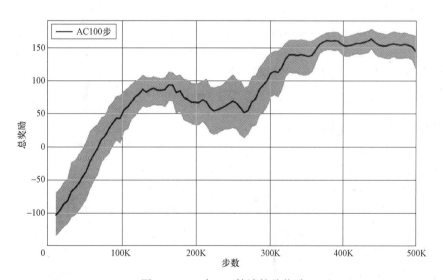

图 6.6　100 步 AC 算法的总奖励

可见 AC 算法比 REINFORCE 算法快，如图 6.7 所示。但是，AC 算法不太稳定，在大约 20 万步后，性能略有下降，好在随后会继续增加。

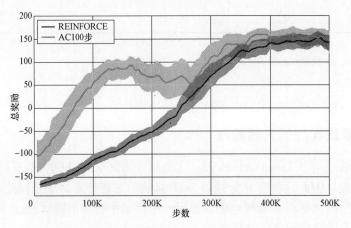

图 6.7　100 步 AC 算法与 REINFORCE 算法的对比

在上述配置中，AC 算法每 100 步更新一次行动者和评判者。理论上，可以使用更小的 steps_per_epochs，但这通常会使训练更不稳定。使用较长的轮次可以稳定训练，但会使行动者的学习速度更慢。一切都是为了找到一个好的折中方案和好的学习率。

 本章提到的所有彩色参考文献，请点击以下链接参阅彩色图片包：http://www.packtpub.com/sites/default/files/downloads/9781789131116_ColorImages.pdf。

6.4.5　高级 AC 算法以及提示和技巧

AC 算法还有若干更大的进步。设计这种算法时，需要记住许多技巧和诀窍：

● **架构设计**（architectural design）：本章实现了两个不同的神经网络：一个用于行动者，另一个用于评判者。也可以设计一个共享主要隐藏层的神经网络，同时保持前部的不同。这种架构可能更难调整，但总的来说，它可以提高算法的效率。

● **并行环境**（parallel environments）：一种广泛采用的减小方差的技术是并行地从多个环境收集经验。**A3C**（**asynchronous advantage actor-critic**）算法异步地更新全局参数。相反，它的同步版本，称为 **A2C**（**advantage actor-Critic**），则等待所有并行的行动者完成任务，然后更新全局参数。智能体并行化可以确保来自环境不同部分的更独立的体验。

● **批量大小**（batch size）：相对于其他强化学习算法（尤其是离线策略算法），策略梯度算法和 AC 算法需要大的批量。因此，如果在调整其他超参数后，算法还没有稳定下来，那么可以考虑使用更大的批量。

● **学习率**（learning rate）：调整学习率本身是非常棘手的，所以一定要使用更高级的随机梯度下降优化方法，如 Adam 或者 RMSprop。

6.5　本章小结

本章介绍了一类新的强化学习算法，称为策略梯度算法。与前面章节所研究的值函数方法相比，它们以另一种方式处理强化学习问题。

策略梯度方法较简单的版本称为 REINFORCE，它在本章的整个过程中被介绍、实现和测试。接着，本章提出在 REINFORCE 中添加一个基线，以减小方差并提高算法的收敛性。AC 算法不需要使用行动者的完整轨迹，因此使用 AC 模型可以解决同样的问题。

有了经典策略梯度算法的坚实基础，就可以走得更远。下一章将研究一些更复杂、更先进的策略梯度算法，即**信赖域策略优化**和**近端策略优化**。这两个算法建立在本章已经介绍的内容之上，但是它们提出了新的目标函数，可以提高策略梯度算法的稳定性和效率。

6.6　思考题

1. 策略梯度算法如何最大化目标函数？
2. 策略梯度算法背后的主要思想是什么？
3. REINFORCE 引入基线时为何能保持无偏性？
4. REINFORCE 属于哪一类更广泛的算法？
5. AC 方法中的评判者与 REINFORCE 方法中用作基线的值函数有何不同？
6. 如果要为一个必须学习移动的智能体开发一个算法，应该选择 REINFORCE 还是 AC？
7. 能将 n 步 AC 算法当作 REINFORCE 算法吗？

6.7　延伸阅读

要了解 AC 算法的异步版本，请点击以下链接 https://arxiv.org/pdf/1602.01783.pdf。

第 7 章　信赖域策略优化和近端策略优化

前一章介绍了策略梯度算法。它们的独特之处就在于其解决**强化学习**问题的方式——朝着获取最大奖励的方向迈进。这个算法的较简单版本（REINFORCE）有一个简单的实现，它可以单独获得良好的结果。但是，该算法效率低，方差大。基于此，本书引入了一个有双重目标的值函数——评判行动者和提供基线。尽管这些行动者－评判者算法具有巨大的潜力，但它们的动作分布可能会出现不必要的快速变化，这可能会导致被访问的状态发生剧烈变化，进而导致出现性能永远无法恢复的快速衰减。

本章将展示如何通过引入信赖域（或裁剪目标）来解决这个问题。本章将介绍两个实用算法，即信赖域策略优化（trust region policy optimization，TRPO）算法和近端策略优化（proximal policy optimization，PPO）。这些算法在控制模拟行走、控制跳跃和游泳机器人以及玩雅达利游戏方面表现出了很强的能力。本章还将介绍一组用于连续控制的新环境，并展示如何调整策略梯度算法以便适用于连续动作空间。通过将 TRPO 和 PPO 应用到这些新环境，就能够训练一个智能体跑步、跳跃和行走。

本章包括以下主题：
- Roboschool。
- 自然策略梯度。
- 信赖域策略优化。
- 近端策略优化。

7.1　Roboschool

7.1.1　Roboschool 介绍

至此，本书处理的都是离散控制任务，如"第 5 章　深度 Q 神经网络"的雅达利游戏以及"第 6 章　随机策略梯度优化"的 LunarLander。玩这些游戏只需要控制几个不连续的动作，也就是 2～5 个动作。正如在"第 6 章　随机策略梯度优化"中所介绍的，策略梯度算法可以很容易地适应连续动作问题。为了展示这些特性，这里将在一组名为 Roboschool 的新环境中部署接下来的几个策略梯度算法，其目标是在不同的状况下控制机器人。Roboschool 由

OpenAI 开发，它使用了在前面的章节中使用过的著名的 OpenAI Gym 界面。这些环境基于 Bullet Physics Engine（一种模拟柔体和刚体动力学的物理引擎），类似于著名的 Mujoco 物理引擎。之所以选择 Roboschool，是因为它是开源的（Mujoco 需要获得许可），也因为它包括一些更具挑战性的环境。

　　具体而言，Roboschool 集成了 12 个环境，涵盖从图 7.1 左侧展示的、由三个连续动作控制的简单 Hopper（RoboschoolHopper），到图 7.1 右侧展示的、具有 17 个连续动作的更复杂的类人体（RoboschoolHumanoidFlagrun）。

图 7.1　RoboschoolHopper-v1（左侧）和 RobotschoolHumanoidFlagrun-v1（右侧）

　　在其中一些环境中，目标是速度奔跑、跳跃或行走，尽快地到达 100m 外的终点，同时朝着一个方向移动。在其他环境中，目标是在三维场地中移动，同时还要考虑可能的外部因素，如投掷出的物体。这套环境还包括一个多人 Pong 环境，以及一个交互式环境，其中三维人形机器人可以向各个方向自由移动，但必须以连续移动的方式前往一面旗帜。除此之外，还有一个类似的环境，其中机器人被立方块轰击以破坏机器人的稳定，而机器人必须建立一个更具鲁棒性的控制来保持平衡。

　　这些环境是完全可观察的，这意味着智能体能够拥有其状态的完整视图，该视图编码为大小可变（10～40）的 Box 类。如前所述，动作空间是连续的，它由大小可变的 Box 类表示，具体取决于环境。

7.1.2　连续系统的控制

　　策略梯度算法，如 REINFORCE 算法和 AC 算法，以及将在本章实现的 TRPO 算法和 PPO 算法，都可以处理离散和连续动作空间问题。从一种动作到另一种动作的迁移非常简单。可以通过概率分布的参数来指定动作，而不用计算连续控制中每个动作的概率。最常用的方法是学习正态高斯分布的参数。正态高斯分布是一类非常重要的分布，由平均值 μ 和标准差 σ 实现参数化。图 7.2 给出了不同参数的高斯分布示例。

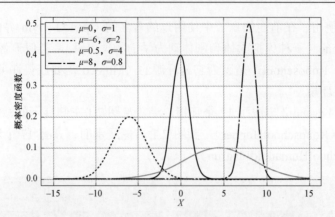

图 7.2　具有不同平均值和标准偏差的三个高斯分布图

> 本章提到的所有彩色资料，请参考彩色图片包：http://www.packtpub.com/sites/
> default/files/downloads/9781789131116_ColorImages.pdf。

　　例如，一个由参数化函数近似表示的策略（如深度神经网络）可以预测状态函数中正态分布的平均值和标准偏差。平均值可以近似为线性函数，而通常情况下标准偏差与状态无关。在这种情况下，可以将参数化均值表示为状态函数，记作 $\mu_\theta(s)$；而将标准偏差表示为一个固定值，记作 σ。此外，与其使用标准偏差，这里推荐使用标准偏差的对数。

　　综上所述，离散控制的参数化策略可用以下代码进行定义：

```
p_logits = mlp(obs_ph,hidden_sizes,act_dim,activation=tf.nn.relu,
last_activation=None)
```

　　mlp 是一个构建多层感知器（也称全连接神经网络）的函数，其隐藏层大小在 hidden_sizes 中指定，输出为 act_dim 维，激活函数由 activation 和 last_activation 参数指定。这些将成为连续控制的参数化策略的一部分，并将进行如下更改：

```
p_means = mlp(obs_ph,hidden_sizes,act_dim,activation=tf.tanh,
last_activation=None)
log_std = tf.get_variable(name='log_std',initializer=np.zeros(act_dim,
dtype=np.float32))
```

　　这里，p_means 为 $\mu_\theta(s)$，log_std 为 $\log\sigma$。

　　此外，如果所有动作的值都在 0 和 1 之间，最后一个激活函数最好使用 tanh 函数：

```
p_means = mlp(obs_ph,hidden_sizes,act_dim,activation=tf.tanh,
last_activation=tf.tanh)
```

然后，为了从这个高斯分布采样并获得动作，必须将标准偏差乘以一个噪声向量（该向量遵循正态分布，平均值为 0，标准偏差为 1），并与预测平均值相加：

$$a = \mu_\theta(s) + \sigma * z$$

式中：z 为高斯噪声向量，$z \sim N(0,1)$，与 $\mu_\theta(s)$ 形态相同。

这只需一行代码便可实现：

```
p_noisy = p_means + tf.random_normal(tf.shape(p_means),0,1)*
tf.exp(log_std)
```

由于引入了噪声，无法确定这些值是否仍在动作的极限内，因此必须裁剪 p_noisy，使得动作值保持在允许的最小值和最大值之间。裁剪实现代码如下：

```
act_smp = tf.clip_by_value(p_noisy,envs.action_space.low,
envs.action_space.high)
```

最后，对数概率计算如下：

$$\log\pi_\theta(a|s) = -\frac{1}{2}\left\{|a|\log2\pi + \frac{[a-\mu_\theta(s)]^2}{\sigma^2} + 2\log\sigma\right\}$$

这个公式在 gaussian_log_likelihood 函数中计算，函数返回对数概率。因此，可以按如下方式检索对数概率：

```
p_log = gaussian_log_likelihood(act_ph,p_means,log_std)
```

这里，gaussian_log_likelihood 在下面的代码片段中定义：

```
def gaussian_log_likelihood(x,mean,log_std):
    log_p = -0.5 *(np.log(2*np.pi)+(x-mean)**2/(tf.exp(log_std)**2+1e-9)+
2*log_std)
    return tf.reduce_sum(log_p,axis=-1)
```

现在，可以在每个策略梯度算法中实现它，并尝试各种具有连续动作空间的环境。上一章在 LunarLander 上实现了 REINFORCE 算法和 AC 算法。同样的游戏也有连续控制版本，称作 LunarLanderContinous-v2。

　　具备了解决固有连续动作空间问题的必要知识之后，就能够处理更广泛的任务。但是，一般来说，这些问题也更难解决，至此本章所介绍的策略梯度算法都太弱，不太适合解决困难的问题。因此，余下的章节将从自然策略梯度开始，研究更高级的策略梯度算法。

7.2　自然策略梯度

　　REINFORCE 和 AC 都是非常直观的方法，适用于中小型强化学习任务。但是，它们还存在一些需要解决的问题，为此可以调整策略梯度算法，使它们能够处理更大、更复杂的任务。主要问题包括：

● **难以选择正确的步长**（difficult to choose a correct step size）：该问题的根源在于强化学习的非平稳特性。这意味着数据的分布随时间不断变化，当智能体学习新东西时，它会探索不同的状态空间。因此，找到一个总体稳定的学习率是非常棘手的。

● **不稳定性**（instability）：算法并不知道策略会改变多少。这也和前面谈到的问题有关。单个不受控的更新可能导致策略的实质性改变，这将极大地改变动作分布，导致智能体移向错误的状态空间。此外，如果新的状态空间与前一个大相径庭，那么摆脱新的状态空间可能需要很长时间。

● **采样效率差**（bad sample efficiency）：这个问题在几乎所有的在线策略算法中普遍存在。这里的挑战是，在丢弃策略数据之前，如何从在线策略数据中提取更多信息。

　　本章提出的算法，即 TRPO 和 PPO，试图通过采取不同的方法来解决这三个问题，尽管这些方法有着相同的背景。此外，TRPO 和 PPO 都属于无模型类方法的在线策略梯度算法，如图 7.3 所示。

　　自然策略梯度（natural policy gradient，NPG）算法是最早提出的解决策略梯度方法不稳定性问题的算法之一。其解决办法是，在策略步骤中给出一个变化量，以更可控的方式指导策略。遗憾的是，它只设计用于线性函数逼近，不能应用于深度神经网络。但是，它是更强大的算法（如 TRPO 和 PPO）的基础。

7.2.1　自然策略梯度的直观理解

　　在介绍解决策略梯度方法不稳定性的可能方案之前，这里先介绍为什么会出现这种情况。设想有人正在攀登一座陡峭的火山，顶部有一个火山口，类似于图 7.4 所示的函数。同时设想，攀登者无法看见周围的世界，唯一能感觉到的是脚的倾斜度（坡度），这就好比盲人的感受。再设定攀登者每步的固定长度（学习率）。例如，1m。攀登者迈出第一步，感知脚的倾斜度，然后向最陡的上升方向移动 1m。在多次重复这个过程后，攀登者到达靠近火山口顶部

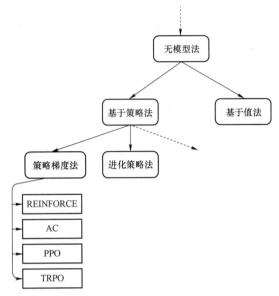

图 7.3　强化学习算法分类图中的 TRPO 和 PPO

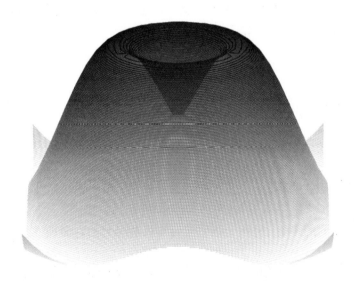

图 7.4　尝试到达函数的最大值时，可能会掉进坑里

的某处，但攀登者并没有意识到它，因为他是盲人。此时，攀登者感受到倾角仍然指向火山口的方向。但是，如果火山口只比攀登者迈出的一步高一点的话，下一步攀登者就会掉下去。此时，攀登者周围的世界是全新的。图 7.4 所示情况只是一个简单的函数，很快就可以恢复它。但一般来说，它可以是任意复杂的。作为补救措施，攀登者可以步子迈得小一点，但这样会爬得更慢，而且不能保证能到达顶峰。这个问题并不是强化学习特有的，但在这里情况更为严重，因为数据不是静态的，而且损害可能比其他情况下（如在监督学习中）更大。再来看一下图 7.4。

　　一个可能想到的解决方案，也是自然策略梯度提出的一个方案，是除了梯度之外还利用函数的曲率。曲率的信息由二阶导数得到。它非常有用，因为较高的曲率值表明两点之间的梯度有着剧烈变化，作为预防，可以采取更小、更谨慎的步长，从而避免可能出现的悬崖。这种新方法可以利用二阶导数获得更多关于动作分布空间的信息，并确保在急剧移动的情况下，动作空间的分布也不会变化太大。下一节将介绍自然策略梯度方法是如何实现的。

7.2.2　数学知识基础

1. 更新公式

　　自然策略梯度算法的新颖之处在于它如何通过结合一阶导数和二阶导数的步长更新来改变参数。为了帮助理解自然策略梯度的步骤，这里必须解释两个关键概念：**费希尔信息矩阵**（Fisher information matrix，FIM）和**库尔贝克-莱布勒**（Kullback-Leibler，KL）**散度**。但是在解释之前，这里先介绍更新公式：

$$\theta \leftarrow \theta + \alpha F^{-1}\nabla_\theta J(\theta) \tag{7.1}$$

式中：F 为 FIM；$J(\theta)$ 为目标函数。

　　此更新与普通策略梯度方法不同，但仅通过用于增强梯度项的 F^{-1} 项来区分。

　　正如前面所提到过，人们感兴趣的是在分布空间中使所有步骤都具有相同的步长，而无论梯度是多少。这是通过 FIM 的逆矩阵来实现的。

2. FIM 和 KL 散度

　　FIM 定义为目标函数的协方差。下面来看它的作用。为了能够限制模型分布之间的距离，需要定义一个度量指标来提供新分布和旧分布之间的距离。最流行的选择是使用 KL 散度。它能测量两个分布之间的距离，并用于强化学习和机器学习的许多地方。KL 散度其实并不是一个合适的度量，因为它不是对称的，但它是一个很好的近似值。两种分布的差异越大，KL 散度值越高。考虑图 7.5 所示的情况。在该示例中，计算了函数 3 的 KL_1 发散。其实，因为函数 2 与函数 3 类似，KL 散度为 1.11，接近于 0。相反，函数 1 和函数 3 的差别很明显。两者之间的高 KL 散度（45.8）证实了这一点。请注意，同一函数之间的 KL 散度始终为 0。

离散概率分布的 KL 散度计算公式为 $D_{KL}(P||Q) = -\sum_{x \in X} P(x) \log\left(\dfrac{Q(X)}{P(x)}\right)$。

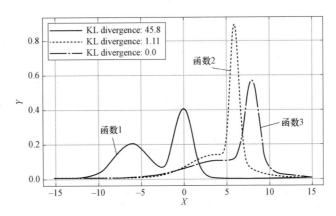

图 7.5　左上方显示的 KL 散度测度每个函数和函数 3 之间距离。值越大，函数相距越远

因此，利用 KL 散度，能够比较两个分布，并了解它们之间的相关程度。那么，如何利用好这个度量，并限制两个后续策略分布之间的差异呢？

FIM 就是通过采用 KL 散度这一度量，定义分布空间中的局部曲率的。由此，可以通过将 KL 散度的曲率（二阶导数）与目标函数的梯度（一阶导数）相结合［见公式（7.1）］的方式来获得使 KL 散度保持距离恒定步长的方向和长度。因此，使用公式（7.1）的更新会更加谨慎。当 FIM 较高（意味着动作分布之间有很大的距离）时，沿着最陡的方向采取小步长；而当 FIM 较低（意味着有一个平坦区，分布变化不太大）时，采取大步长。

7.2.3　自然梯度的计算复杂性

尽管自然梯度在强化学习框架中有用，但其主要缺点之一是涉及 FIM 计算的计算成本。梯度的计算成本为 $O(n)$，自然梯度的计算成本为 $O(n^2)$，其中 n 为参数数量。事实上，在 2003 年关于自然梯度的论文中，该算法还仅应用于具有线性策略的非常小的任务。对于具有数十万个参数的现代深度神经网络而言，F^{-1} 的计算复杂度太高。尽管如此，通过引入一些近似和技巧，自然梯度也可以用于深度神经网络。

 在监督学习中，自然梯度的使用并不像在强化学习中那样需要，因为二阶梯度在某种程度上已由优化器（如 Adam 和 RMSProp）以经验方式近似得到。

7.3   信赖域策略优化

信赖域策略优化（Trust region policy optimization，TRPO）算法是第一个利用多重近似计算自然梯度的成功算法，其目标是以更可控和更稳定的方式训练深度神经网络策略。从自然策略梯度一节可知，对于具有大量参数的非线性函数，不可能计算 FIM 的逆矩阵。而 TRPO 则建立在自然策略梯度之上，克服了这些困难。它通过引入代理目标函数和一系列近似做到了这一点，这意味着它能够成功地从原始像素中学习行走、跳跃或玩雅达利游戏的复杂策略。

TRPO 是最复杂的无模型算法之一。虽然已经介绍了自然梯度的基本原理，但它背后仍然有困难的部分。本章将只给出算法的直观细节，并提供主要方程。如果想深入了解算法，可以查阅相关论文（https://arxiv.org/abs/1502.05477），以获得原理的完整解释和证明。

本章还将实现该算法，并将其应用于 Roboschool 环境。尽管如此，这里不会讨论实现的每个组件。有关完整的实现细节，请查看本书的 GitHub 库。

7.3.1   TRPO 算法

从广义上讲，TRPO 可以看作是针对非线性函数逼近的自然策略梯度算法的延续。TRPO 中引入的最大改进是对新旧策略之间的 KL 散度施加了约束，这个约束构成了*信赖域*（trust region）。这允许网络采取更大的步长，而又总能处于信赖域之中。由此产生的约束问题表述如下：

$$\text{maximize}_\theta J_{\theta_{\text{old}}}(\theta)$$

$$\text{满足约束：} D_{KL}(\theta_{\text{old}}, \theta) \leqslant \delta \tag{7.2}$$

式中：$J_{\theta_{\text{old}}}(\theta)$ 为稍后将介绍的代理目标函数；$D_{KL}(\theta_{\text{old}}, \theta)$ 为带有 θ_{old} 参数的旧策略与带有 θ 的新策略之间的 KL 散度；δ 为约束系数。

代理目标函数的设计方式是，利用旧策略的状态分布，使其相对于新策略参数最大化。这是通过重要性抽样（importance sampling）完成的。重要性抽样是在只有旧策略分布（已知分布）的情况下估计新策略（期望的策略）的分布。之所以要进行重要性抽样，是因为轨迹是用旧策略抽样的，而实际需要关心的则是新策略的分布。利用重要性抽样，代理目标函数被定义为：

$$J_{\theta_{\text{old}}}(\theta) = E_{s \sim p_{\text{old}}, a \sim \pi_{\text{old}}} \left[\frac{\pi_\theta(a|s)}{\pi_{\theta_{\text{old}}}(a|s)} A_{\theta_{\text{old}}}(s, a) \right] \tag{7.3}$$

$A_{\theta_{\text{old}}}$ 是旧策略的优势函数。因此，约束优化问题等价于：

$$\text{maximize}_{\theta} E_{s \sim p_{\text{old}}, a \sim \pi_{\text{old}}} \left[\frac{\pi_{\theta}(a|s)}{\pi_{\theta_{\text{old}}}(a|s)} A_{\theta_{\text{old}}}(s,a) \right]$$

$$\text{满足约束：} E_{s \sim p_{\text{old}}} \{ D_{KL}[\pi_{\theta_{\text{old}}}(\bullet|s) \| \pi_{\theta}(\bullet|s)] \} \leqslant \delta \tag{7.4}$$

式中：$\pi(\bullet|s)$ 为以状态 s 为条件的动作分布。

剩下要做的，是用一批样本的经验平均值代替期望值，并用经验估计值代替 $A_{\theta_{\text{old}}}$。

约束问题很难解决，在 TRPO 中，公式（7.4）的优化问题是通过使用目标函数的线性近似和约束的二次近似得以求解的，从而使得解类似于自然策略梯度更新：

$$\theta \leftarrow \theta + \beta F^{-1} g$$

其中，$g = \nabla_{\theta} J(\theta)$。

原始优化问题的近似可以使用**共轭梯度**（conjugate gradient，CG）方法解决，这是一种求解线性系统的迭代方法。每当谈到自然策略梯度方法时，都会强调说，F^{-1} 的计算非常昂贵，因为涉及大量的参数。但是，共轭梯度方法可以近似地求解一个线性问题，而无须构造全矩阵 F。因此，利用共轭梯度方法，可以按以下公式计算 s：

$$s \approx F^{-1} g \tag{7.5}$$

TRPO 还提供了一种估计步长的方法：

$$\beta = \sqrt{\frac{2\delta}{s^T F s}} \tag{7.6}$$

因此，更新公式变成：

$$\theta \leftarrow \theta + \sqrt{\frac{2\delta}{s^T F s}} s \tag{7.7}$$

至此，本章已经给出了自然策略梯度步骤的一个特例，但是要完成 TRPO 的更新，还缺少一个关键要素。记住，这里已经用线性目标函数和二次约束的解对问题进行了近似。因此，现在只求取预期收益的局部近似值。由于引入了这些近似，因此不能确定 KL 发散的约束是否依然满足。为了在改善非线性目标的同时保证非线性约束，TRPO 执行线搜索以找到满足约束的较大的 α。带有线搜索的 TRPO 更新如下：

$$\theta \leftarrow \theta + \alpha \sqrt{\frac{2\delta}{s^T F s}} s \tag{7.8}$$

看上去，线搜索是算法可有可无的一部分，但正如相关论文所展示的，它有明确的基本作用。没有它，算法可能会计算出很大的步长，从而导致灾难性的性能下降。

TRPO 算法采用共轭梯度算法计算搜索方向，以便找到近似目标函数和约束的解。然后用线搜索确定最大步长 β，以满足 KL 散度的约束，并改善目标。为了进一步提高算法效率，共轭梯度算法还利用了高效的费希尔向量积（详细内容请参阅相关论文：https://arxiv.org/abs/1502.05477paper）。

　　TRPO 可以集成到 AC 架构中，其中算法包含评判者，以在任务学习过程中为策略（行动者）提供额外支持。这种算法的高级实现（即结合评判者的 TRPO）的伪代码如下：

用随机权重初始化 π_θ

初始化环境 $s \leftarrow env.reset()$

for episode 1…M **do**

　　初始化空缓冲区

　　>生成少数轨迹

　　for step 1…TimeHorizon **do**

　　　　>通过对环境采取行动来收集经验

　　　　$a \leftarrow \pi_\theta(s)$

　　　　$s', r, d \leftarrow env\ (a)$

　　　　$s \leftarrow s'$

　　　　if $d == True$:

　　　　　　$s \leftarrow env.reset()$

　　　　>将情节(episode)存储在缓冲区中

　　　　$D \leftarrow D \bigcup (s_{1…T}, a_{1…T}, r_{1…T}, d_{1…T})$ #T 是情节的长度

　　计算优势值 A_i 和 n 步奖励 G_i

　　>估计目标函数的梯度

$$g = \nabla_\theta \tilde{E} \left[\frac{\pi_\theta(a|s)}{\pi_{\theta_{old}}(a|s)} A_{\theta_{old}}(s, a) \right] \qquad (1)$$

　　>使用共轭梯度计算 s

$$s \approx F^{-1}g \qquad (2)$$

　　>计算步长

$$\beta = \sqrt{\frac{2\delta}{s^T F s}} \qquad (3)$$

　　>使用 D 中的经验更新策略

　　回溯线搜索以找到满足约束的最大值 α

$$\theta \leftarrow \theta + \alpha\beta s \qquad (4)$$

> *使用 D 中的经验更新评判者*

$$\omega \leftarrow \omega + \alpha_\omega \nabla_\omega \frac{1}{|D|} \sum_i [V_\omega(s_i) - G_i]^2$$

在对 TRPO 进行了总体描述后，就可以将其付诸实现。

7.3.2　TRPO 算法的实现

本节介绍 TRPO 算法的实现，并将集中精力完成计算图和优化策略所需的步骤。本章将省略前几章中讨论过的其他方面的实现（如从环境中收集轨迹的循环、共轭梯度算法和线搜索算法）。但是，请务必查看本书 GitHub 库中的完整代码。本节的实现是为了持续控制。

首先，创建所有占位符以及策略（行动者）与值函数（评判者）的两个深度神经网络：

```python
act_ph = tf.placeholder(shape=(None,act_dim),dtype=tf.float32,name='act')
obs_ph = tf.placeholder(shape=(None,obs_dim[0]),dtype=tf.float32,name='obs')
ret_ph = tf.placeholder(shape=(None,),dtype=tf.float32,name='ret')
adv_ph = tf.placeholder(shape=(None,),dtype=tf.float32,name='adv')
old_p_log_ph = tf.placeholder(shape=(None,),dtype=tf.float32,
name='old_p_log')
old_mu_ph = tf.placeholder(shape=(None,act_dim),dtype=tf.float32,
name='old_mu')
old_log_std_ph = tf.placeholder(shape=(act_dim),dtype=tf.float32,
name='old_log_std')
p_ph = tf.placeholder(shape=(None,),dtype=tf.float32,name='p_ph')
# result of the conjugate gradient algorithm
cg_ph = tf.placeholder(shape=(None,),dtype=tf.float32,name='cg')


# Actor neural network
with tf.variable_scope('actor_nn'):
    p_means = mlp(obs_ph,hidden_sizes,act_dim,tf.tanh,
last_activation=tf.tanh)
    log_std = tf.get_variable(name='log_std',initializer=np.ones(act_dim,
dtype=np.float32))


# Critic neural network
```

```
with tf.variable_scope('critic_nn'):
    s_values = mlp(obs_ph,hidden_sizes,1,tf.nn.relu,
last_activation=None)
    s_values=tf.squeeze(s_values)
```

这里需要注意以下几点：

（1）带有 old_ 前缀的占位符指旧策略的张量。

（2）行动者和评判者在两个单独的变量范围内定义，因为后面需要分别选择参数。

（3）动作空间是一个高斯分布，其协方差矩阵是对角矩阵，与状态无关。然后可以将对角矩阵调整为一个向量，每个元素对应一个动作。同时要处理这个向量的对数。

现在，可以根据标准差将正态分布噪声添加到预测平均值中，裁剪动作，并计算高斯对数似然，如下所示：

```
p_noisy = p_means + tf.random_normal(tf.shape(p_means),0,1)*
tf.exp(log_std)


a_sampl = tf.clip_by_value(p_noisy,low_action_space,high_action_space)


p_log = gaussian_log_likelihood(act_ph,p_means,log_std)
```

然后，必须计算目标函数，$\tilde{E}\left[\dfrac{\pi_\theta(a|s)}{\pi_{\theta_{old}}(a|s)}A_{\theta_{old}}(s,a)\right]$，以及评判者的 MSE 损失函数，并为评判者创建优化器，如下所示：

```
# TRPO loss function
ratio_new_old = tf.exp(p_log-old_p_log_ph)
p_loss = -tf.reduce_mean(ratio_new_old * adv_ph)


# MSE loss function
v_loss = tf.reduce_mean((ret_ph - s_values)**2)


# Critic optimization
v_opt = tf.train.AdamOptimizer(cr_lr).minimize(v_loss)
```

后续步骤包括创建前面伪代码给定的点（2）、点（3）和点（4）的图形。实际上，点（2）

和点（3）不是在 TensorFlow 中完成的，所以它们并不是计算图的一部分。但是，在计算图中，必须考虑相关的事情。其步骤如下：

（1）估计策略损失函数的梯度。

（2）定义恢复策略参数的流程。这是必要的，因为在线搜索算法中将优化策略并测试约束，如果新策略不满足约束，就必须恢复策略参数并尝试使用较小的 α 系数。

（3）计算费希尔向量积。这是一种在无须形成完整 F 的情况下计算 F_x 的有效方法。

（4）计算 TRPO 步长。

（5）更新策略。

首先完成步骤（1），即估计策略损失函数的梯度。

```
def variables_in_scope(scope):
    return tf.get_collection(tf.GraphKeys.TRAINABLE_VARIABLES,scope)


# Gather and flatten the actor parameters
p_variables = variables_in_scope('actor_nn')
p_var_flatten = flatten_list(p_variables)


# Gradient of the policy loss with respect to the actor parameters
p_grads = tf.gradients(p_loss,p_variables)
p_grads_flatten = flatten_list(p_grads)
```

因为这里处理的是向量参数，所以必须使用 flatten_list.variable_in_scope 将其展平，并将可训练变量返回 scope。此函数用于获取行动者的变量，因为梯度计算仅涉及这些变量。

在步骤（2），策略参数的恢复方式如下：

```
p_old_variables = tf.placeholder(shape=(None,),dtype=tf.float32,
name='p_old_variables')


# variable used as index for restoring the actor's parameters
it_v1 = tf.Variable(0,trainable=False)
restore_params=[]


for p_v in p_variables:
    upd_rsh = tf.reshape(p_old_variables[it_v1:
```

```
it_v1+tf.reduce_prod(p_v.shape)],shape=p_v.shape)
    restore_params.append(p_v.assign(upd_rsh))
    it_v1 += tf.reduce_prod(p_v.shape)


restore_params = tf.group(*restore_params)
```

该步骤对每一层的变量进行迭代，并将旧变量的值赋给当前变量。

步骤（3）的费希尔向量乘积，通过计算 KL 散度相对于策略变量的二阶导数来完成。

```
# gaussian KL divergence of the two policies
dkl_diverg = gaussian_DKL(old_mu_ph,old_log_std_ph,p_means,log_std)


# Jacobian of the KL divergence(Needed for the Fisher matrix-vector product)
dkl_diverg_grad = tf.gradients(dkl_diverg,p_variables)
dkl_matrix_product = tf.reduce_sum(flatten_list(dkl_diverg_grad)* p_ph)


# Fisher vector product
Fx = flatten_list(tf.gradients(dkl_matrix_product,p_variables))
```

步骤（4）和步骤（5）涉及策略更新，其中 beta_ph 是β，其利用公式（7.6）计算，alpha 是通过线搜索找到的重调整因子。

```
# NPG update
beta_ph = tf.placeholder(shape=(),dtype=tf.float32,name='beta')
npg_update = beta_ph * cg_ph
alpha = tf.Variable(1.,trainable=False)


# TRPO update
trpo_update = alpha * npg_update


# Apply the updates to the policy
it_v = tf.Variable(0,trainable=False)
p_opt=[]
for p_v in p_variables:
    upd_rsh = tf.reshape(trpo_update[it_v:
```

```
it_v+tf.reduce_prod(p_v.shape)],shape=p_v.shape)
    p_opt.append(p_v.assign_sub(upd_rsh))
    it_v += tf.reduce_prod(p_v.shape)


p_opt = tf.group(*p_opt)
```

注意，如果没有 α ，该更新可视为自然策略梯度更新。

更新应用于策略的每个变量，由 p_v.assign_sub(upd_rsh) 完成，它将 p_v-upd_rsh 值赋给 p_v，即 $\theta \leftarrow \theta - \alpha\beta s$ 。减号是因为这里将目标函数转换成了损失函数。

现在，简单来看当在算法的每次迭代中更新策略时，上述实现的所有部分是如何集成在一起的。这里展示的代码片段应该添加在采样轨迹的最里层循环之后。但是在深入研究代码之前，这里先回顾一下必须做的事情：

（1）获取输出、对数概率、标准差以及用于采样轨迹的策略的参数。该策略是旧策略。

（2）获得共轭梯度。

（3）计算步长 β 。

（4）执行回溯线搜索以获得 α 。

（5）完成策略更新。

步骤（1）通过运行下面一些操作来实现：

```
...
old_p_log,old_p_means,old_log_std = sess.run([p_log,p_means,log_std],feed_
dict={obs_ph:obs_batch,act_ph:act_batch,adv_ph:adv_batch,ret_ph:rtg_batch})
    old_actor_params=sess.run(p_var_flatten)
    old_p_loss=sess.run([p_loss],feed_dict={obs_ph:obs_batch,
act_ph:act_batch,adv_ph:adv_batch,ret_ph:rtg_batch,
old_p_log_ph:old_p_log})
```

共轭梯度算法需要一个输入函数，该函数返回估计的费希尔信息矩阵、目标函数的梯度和迭代次数（在 TRPO 中，这是一个介于 5 和 15 之间的值）。

```
def H_f(p):
    return sess.run(Fx,feed_dict={old_mu_ph:old_p_means,
old_log_std_ph:old_log_std,p_ph:p,obs_ph:obs_batch,act_ph:act_batch,
adv_ph:adv_batch,ret_ph:rtg_batch})
    g_f=sess.run(p_grads_flatten,
```

```
feed_dict={old_mu_ph:old_p_means,obs_ph:obs_batch,act_ph:act_batch,
adv_ph:adv_batch,ret_ph:rtg_batch,old_p_log_ph:old_p_log})
    conj_grad = conjugate_gradient(H_f,g_f,iters=conj_iters)
```

接着利用回溯线搜索算法，计算步长 β，beta_np 和满足约束的最大系数 α，best_alpha，并通过将所有值输入计算图来运行优化。

```
beta_np = np.sqrt(2*delta/np.sum(conj_grad * H_f(conj_grad)))

def DKL(alpha_v):
    sess.run(p_opt,feed_dict={beta_ph:beta_np,alpha:alpha_v,cg_ph:
conj_grad,obs_ph:obs_batch,act_ph:act_batch,adv_ph:adv_batch,
old_p_log_ph:old_p_log})
        a_res = sess.run([dkl_diverg,p_loss],
feed_dict={old_mu_ph:old_p_means,old_log_std_ph:old_log_std,
obs_ph:obs_batch,act_ph:act_batch,adv_ph:adv_batch,ret_ph:rtg_batch,old_p_log_
ph:old_p_log})
        sess.run(restore_params,feed_dict={p_old_variables:
old_actor_params})
        return a_res

best_alpha = backtracking_line_search(DKL,delta,old_p_loss,p=0.8)
    sess.run(p_opt,feed_dict={beta_ph:beta_np,alpha:best_alpha,cg_ph:conj_grad,
obs_ph:obs_batch,act_ph:act_batch,adv_ph:adv_batch,old_p_log_ph:old_p_log})
    ...
```

可见，backtracking_line_search 采用一个名为 DKL 的函数，该函数返回新旧策略之间的 KL 散度、δ 系数（这是约束值）和旧策略的损失。backtracking_line_search 所做的是，从 $\alpha = 1$ 开始，逐渐减小该值，直到它满足条件：KL 散度小于 δ 并且新的损失函数已经减小。

为此，TRPO 特有的超参数如下：

- delta，(δ)，新旧策略之间的最大 KL 散度。
- 共轭迭代次数 conj_iters。通常，它是一个介于 5 和 15 之间的值。

7.3.3　TRPO 的应用

　　TRPO 的效率和稳定性使得它能够在新的和更复杂的环境中进行测试。本节将其应用于 Roboschool。Roboschool 和它的同类 Mujoco 经常被用作能够控制具有连续动作的复杂智能体的算法（如 TRPO）的测试平台。具体而言，这里在 RoboschoolWalker2d 上测试了 TRPO，其中智能体的任务是学习尽可能快地行走。图 7.6 展示了这种环境。每当智能体倒下或启动后经过 1000 个时间步长，环境就会终止。该状态编码在大小为 22 的 Box 类中，智能体由 6 个浮点数值控制，取值范围为 [−1，1]。

图 7.6　RoboschoolWalker2d 环境渲染图

　　在 TRPO 中，每个情节从环境收集的步数称为时界（time horizon）。这个数字也将决定批量的大小。此外，并行运行多个智能体以收集更具代表性的环境数据也是有益的。在这种情况下，批量的大小将等于时界乘以智能体数量。虽然本节的算法实现并不倾向于并行运行多个智能体，但通过使用比每个情节允许的最大步数更长的时界，可以实现相同的目标效果。例如，已知在 RoboschoolWalker2d 中，一个智能体最多有 1000 个时间步长来达到目标，那么通过使用一个值为 6000 的时界，可以确定至少运行了 6 个完整的轨迹。

　　这里利用表 7.1 中的超参数运行 TRPO。表 7.1 的第三列还展示了每个超参数的标准范围。

表 7.1　　　　　　　　　　　　　　　TRPO 的 超 参 数

超参数	RoboschoolWalker2d	取值范围
共轭迭代次数	10	[7，10]
Delta（δ）	0.01	[0.005，0.03]
批量大小（时界×智能体数）	6000	[500，20 000]

　　TRPO（以及下一节要介绍的 PPO）的进度可以通过专门查看每个游戏累积的总奖励和评判者预测的状态值来监控。

　　这里训练了 600 万步，性能结果如图 7.7 所示。经过 200 万步，就能达到 1300 分的好成绩，并且能使智能体走路平稳、速度适中。在训练的第一阶段，可以注意到有一个过渡期，在此期间分数会稍微下降，这可能是局部最优所致。之后，智能体恢复状态并不断改善，直到达到 1250 分。

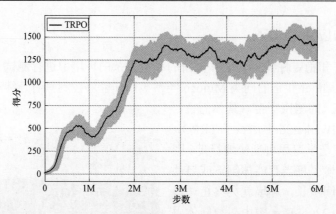

图 7.7　应用于 RoboschoolWalker2d 的 TRPO 的学习曲线

此外，预测的状态值提供了一个重要的指标，可以借助它来研究结果。一般而言，这个指标比总奖励更稳定、更容易分析。结果如图 7.8 所示。其实，它证实了假设，因为它总体上是一个更平滑的函数，尽管在 400 万和 450 万左右出现了一些峰值。

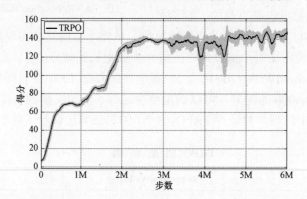

图 7.8　应用于 RoboschoolWalker2d 的 TRPO 的评判者预测的状态值

由图 7.8 可以很容易地看出，在前 300 万步后，智能体继续学习，尽管速度非常慢。

可见，TRPO 是一个相当复杂的算法，有很多移动部分。尽管如此，它还是证明了将策略限制在信任区域内的有效性，以防策略过度偏离当前的分布。

但是，能否设计一种更简单、更通用的算法，使用相同的底层方法？

7.4　近端策略优化

舒尔曼（Schulman）等人的工作表明这是可能的。其实，它采用了与 TRPO 相似的思想，但降低了方法的复杂性。这种方法被称为**近端策略优化**（proximal policy optimization，PPO），其优势是仅使用一阶优化，而与 TRPO 相比又不会降低可靠性。PPO 也比 TRPO 更通用、更具采样效率，能够实现小批量的多次更新。

7.4.1 PPO 简述

PPO 背后的主要思想是，在代理目标函数离开时对其进行裁剪，而不是像 TRPO 那样对其进行约束。这可以防止策略进行过大的更新。主要目标如下：

$$\mathcal{L}^{\text{CLIP}}(\theta) = E_{s \sim p_{\text{old}}, a \sim \pi_{\text{old}}}[\min(r_t(\theta)A_t, \text{clip}(r_t(\theta), 1-\epsilon, 1+\epsilon)A_t)] \tag{7.9}$$

$r_t(\theta)$ 的定义如下：

$$r_t(\theta) = \frac{\pi_\theta(a_t|s_t)}{\pi_{\theta_{\text{old}}(a_t|s_t)}} \tag{7.10}$$

这个目标是说，如果新旧策略之间的概率比率 $r_t(\theta)$ 高于或低于常数 ϵ，则应取最小值。这将防止 r_t 移出 $[1-\epsilon, 1+\epsilon]$ 区间。取值 1 作为参考点时，$r_t(\theta_{\text{old}}) = 1$。

7.4.2 PPO 算法

关于 PPO 的论文所介绍的实用算法采用了广义优势估计（generalized advantage estimation，GAE）的删减版本，这是论文 *High-Dimensional Continuous Control using Generalized Advantage Estimation* 首次引入的思想。GAE 根据公式（7.11）计算优势值：

$$A_t = \delta_t + (\gamma\lambda)\delta_{t+1} + \cdots + (\gamma\lambda)^{T-t+1}\delta_{t-1}$$

其中

$$\delta_t = r_t + \gamma V(s_{t+1}) - V(s_t) \tag{7.11}$$

它这样做而不是使用常用的优势估计器：

$$A_t = r_t + \gamma t_{t+1} + \cdots + \gamma^{T-t+1} r_{T-1} - V(s_T) \tag{7.12}$$

下面继续介绍 PPO 算法。在每次迭代中，采用时界 T 收集来自多个并行行动者的 N 条轨迹，并使用小批量更新策略 K 次。同样，也可以使用小批量多次更新评判者。表 7.2 包含每个 PPO 超参数和系数的标准值。尽管每个问题都需要各自的超参数，但了解它们的范围（表 7.2 的第三列）是有用的。

表 7.2 　　　　　　　　　　　　　PPO 的超参数和系数

超参数	符号	取值范围
策略学习率 （policy learning rate）	—	$[1e^{-5},\ 1e^{-3}]$
策略迭代次数 （number of policy iterations）	K	$[3,\ 15]$
轨迹数 （number of trajectories，等于并行行动者数）	N	$[1,\ 20]$
时界 （time horizon）	T	$[64,\ 5120]$
小批量大小 （mini-batch size）	—	$[64,\ 5120]$
裁剪系数 （clipping coefficient）	ϵ	0.1 或 0.2
Delta（GAE 用）	δ	$[0.9,\ 0.97]$
Gamma（GAE 用）	γ	$[0.8,\ 0.995]$

7.4.3　TRPO 算法的实现

掌握了 PPO 的基本要素之后，就可以用 Python 和 TensorFlow 来实现它。

PPO 的结构和实现非常类似于 AC 算法，只是多了几个附加部分，下面对其进行详述。

一个新增部分是广义优势估计［公式（7.11）］，它利用已经实现的 discounted_rewards 函数［计算公式（7.12）］只需要几行代码：

```
def GAE(rews,v,v_last,gamma=0.99,lam=0.95):
    vs=np.append(v,v_last)
    delta=np.array(rews)+gamma*vs[1:]-vs[:-1]
    gae_advantage=discounted_rewards(delta,0,gamma*lam)
    return gae_advantage
```

在存储轨迹时，GAE 函数用于 Buffer 类的 store 方法：

```
class Buffer():
    def __init__(self,gamma,lam):
        ...
```

```python
def store(self,temp_traj,last_sv):
    if len(temp_traj)>0:
        self.ob.extend(temp_traj[:,0])
        rtg=discounted_rewards(temp_traj[:,1],last_sv,self.gamma)
        self.adv.extend(GAE(temp_traj[:,1],temp_traj[:,3],last_sv,
self.gamma,   self.lam))
        self.rtg.extend(rtg)
        self.ac.extend(temp_traj[:,2])


def get_batch(self):
    return np.array(self.ob),np.array(self.ac),np.array(self.adv),
np.array(self.rtg)
def __len__(self):
    ...
```

这里，...代表没有呈现的代码行。

现在可以定义被裁剪的代理损失函数 [公式（7.9）]：

```python
def clipped_surrogate_obj(new_p,old_p,adv,eps):
    rt=tf.exp(new_p-old_p)  # i.e.pi/old_pi
    return-tf.reduce_mean(tf.minimum(rt*adv,tf.clip_by_value
(rt,1-eps,1+eps)*adv))
```

这段代码段相当直观，无须做进一步解释。

计算图没有什么新内容，只快速浏览一下即可。

```python
# Placeholders
act_ph = tf.placeholder(shape=(None,act_dim),dtype=tf.float32,name='act')
obs_ph = tf.placeholder(shape=(None,obs_dim[0]),dtype=tf.float32,name='obs')
ret_ph = tf.placeholder(shape=(None,),dtype=tf.float32,name='ret')
adv_ph = tf.placeholder(shape=(None,),dtype=tf.float32,name='adv')
old_p_log_ph = tf.placeholder(shape=(None,),dtype=tf.float32,
name='old_p_log')
```

```
# Actor
with tf.variable_scope('actor_nn'):
    p_means = mlp(obs_ph,hidden_sizes,act_dim,tf.tanh,
last_activation=tf.tanh)
    log_std = tf.get_variable(name='log_std',initializer=np.ones
(act_dim,dtype = np.float32))
    p_noisy = p_means+tf.random_normal(tf.shape(p_means),0,1)*
tf.exp(log_std)
    act_smp = tf.clip_by_value(p_noisy,low_action_space,
high_action_space)
    # Compute the gaussian log likelihood
    p_log = gaussian_log_likelihood(act_ph,p_means,log_std)


# Critic
with tf.variable_scope('critic_nn'):
    s_values = tf.squeeze(mlp(obs_ph,hidden_sizes,1,tf.tanh,
last_activation=None))


# PPO loss function
p_loss = clipped_surrogate_obj(p_log,old_p_log_ph,adv_ph,eps)
# MSE loss function
v_loss = tf.reduce_mean((ret_ph-s_values)**2)


# Optimizers
p_opt = tf.train.AdamOptimizer(ac_lr).minimize(p_loss)
v_opt = tf.train.AdamOptimizer(cr_lr).minimize(v_loss)
```

　　与环境交互和经验收集的代码与 AC 算法和 TRPO 算法的相同。但是，从本书 GitHub 库中的 PPO 实现中，可以找到一个使用多个智能体的简单实现。

　　一旦收集到 $N \times T$ 转换（其中，N 是要运行的轨迹数，T 是每个轨迹的时界），就可以准备更新策略和评判者。无论哪种更新，优化都在小批量上运行多次。但在此之前，必须在全批量上运行 p_log，因为裁剪目标需要旧策略的操作日志概率。

```
    ...
    obs_batch,act_batch,adv_batch,rtg_batch = buffer.get_batch()
    old_p_log = sess.run(p_log,feed_dict={obs_ph:obs_batch,
act_ph:act_batch,adv_ph:adv_batch,ret_ph:rtg_batch})
    old_p_batch = np.array(old_p_log)
lb = len(buffer)
    lb = len(buffer)
    shuffled_batch = np.arange(lb)

    # Policy optimization steps
    for _ in range(actor_iter):
        # shuffle the batch on every iteration
        np.random.shuffle(shuffled_batch)

        for idx in range(0,lb,minibatch_size):
            minib = shuffled_batch[idx:min(idx+batch_size,lb)]
            sess.run(p_opt,feed_dict={obs_ph:obs_batch[minib],
act_ph:act_batch[minib],adv_ph:adv_batch[minib],
old_p_log_ph:old_p_batch[minib]})

        # Value function optimization steps
        for _ in range(critic_iter):
            # shuffle the batch on every iteration
            np.random.shuffle(shuffled_batch)

            for idx in range(0,lb,minibatch_size):
                minib = shuffled_batch[idx:min(idx+minibatch_size,lb)]
                sess.run(v_opt,feed_dict={obs_ph:obs_batch[minib],ret_ph:
rtg_batch[minib]})
    ...
```

每次优化迭代，都需对批量打乱洗牌，这样每个小批量的处理都互不相同。

这就是 PPO 实现的全部内容，但请记住，每次迭代之前和迭代之后，还要运行汇总摘要，之后将使用 TensorBoard 来分析结果和调试算法。同样，这里不显示相关代码，因为代码总是相同的，并且会占用大量篇幅，但是可以在本书的 GitHub 库中完整地浏览它。如果想掌握这些强化学习算法，起码要理解每个图所展示的内容。

7.4.4　PPO 的应用

PPO 和 TRPO 是非常相似的算法，这里选择通过在与 TRPO 相同的应用环境（即 RoboschoolWalker2d）中测试 PPO 来进行算法比较。这里投入了相同的计算资源来调整这两种算法，以便进行更公平的比较。TRPO 的超参数与在上一节中列出的相同，但是 PPO 的超参数见表 7.3。

表 7.3　　　　　　　　　　　　　　PPO 的 超 参 数

超参数	取值	超参数	取值
神经网络 （neural network）	64，tanh，64，tanh	小批量大小 （mini-batch size）	256
策略学习率 （policy learning rate）	$3e^{-4}$	裁剪系数 （clipping coefficient）	0.2
策略迭代次数 （number of policy iterations）	10	Delta（GAE 用）	0.95
轨迹数（number of trajectories，等于并行行动者数）	1	Gamma（GAE 用）	0.99
时界 （time horizon）	5000		

PPO 和 TRPO 的比较如图 7.9 所示。PPO 需要更多的经验性能才能提升，但一旦达到这种状态，它就能很快超越 TRPO。在这些特殊的设定下，PPO 的最终表现也优于 TRPO。请记住，进一步调整超参数可能会带来更好的、略有不同的结果。

一些个人观察：PPO 比 TRPO 更难调整。其中一个原因是 PPO 的超参数较多。此外，行动者学习率是 PPO 最重要的调参系数之一，如果调参不当，会极大地影响最终的结果。TRPO 的一个很大的优点是它没有学习率，并且该策略由一些易于调整的超参数调控。相反，PPO 的一个优势是它更快，并且已经被证明可以在更广泛的环境中工作。

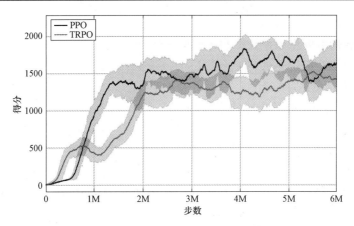

图 7.9　PPO 与 TRPO 的性能比较

7.5　本章小结

本章介绍了如何调整策略梯度算法以控制具有连续动作的智能体，然后使用了一组称为 Roboschool 的新环境。

此外，本章介绍并实现了两种高级策略梯度算法：TRPO 和 PPO。这些算法更好地利用了从环境中采样的数据，并且都采取办法限制了两个后续策略的分布差异。特别是，TRPO（顾名思义）利用二阶导数和一些基于新旧策略之间 KL 散度的约束，围绕目标函数建立信赖区域；而 PPO 则优化了一个类似于 TRPO 的目标函数，但仅使用了一阶优化方法。PPO 通过裁剪目标函数，防止策略采取太大的步长。

PPO 和 TRPO 仍然是在线策略算法（与其他策略梯度算法一样），但它们比 AC 和 REINFORCE 更具采样效率。这是因为采用二阶导数的 TRPO 实际上是从数据中提取更高阶的信息。另外，PPO 的采样效率是由于它能够对相同的在线策略数据进行多次策略更新。

正是由于采样效率、健壮性和可靠性，TRPO，尤其是 PPO 被用于很多非常复杂的环境，如 Dota（https://openai.com/blog/openai-five/）。

PPO 和 TRPO，以及 AC 和 REINFORCE，都是随机梯度算法。

下一章将研究两种确定性策略梯度算法。确定性策略梯度算法是一种有趣的替代算法，因为它们有一些有用的特性，在目前已经介绍的算法中没有体现。

7.6　思考题

1. 策略神经网络如何控制连续智能体？

2. 什么是 KL 散度？

3. TRPO 背后的主要思想是什么？

4. 在 TRPO 中 KL 散度是如何使用的？

5. PPO 的主要优点是什么？

6. PPO 是如何实现良好的采样效率的？

7.7 延伸阅读

● 如果对自然策略梯度的原始论文感兴趣，请阅读 *A Natural Policy Gradient*：https://papers.nips.cc/paper/2073-a-natural-policy-gradient.pdf。

● 如果对介绍广义优势函数的论文感兴趣，请阅读 *High-Dimensional Continuous Control Using Generalized Advantage Estimation*：https://arxiv.org/pdf/1506.02438.pdf。

● 如果对原始的信赖域策略优化论文感兴趣，请阅读 *Trust Region Policy Optimization*：https://arxiv.org/pdf/1502.05477.pdf。

● 如果对介绍近端策略优化算法的原始论文感兴趣，请阅读 *Proximal Policy Optimization Algorithms*：https://arxiv.org/pdf/1707.06347.pdf。

● 如果想了解有关近端策略优化的进一步解释，请阅读以下博客文章：https://openai.com/blog/openai-baselines-ppo/。

● 如果有兴趣知道 PPO 是如何应用于 Dota 2 的，请查看以下关于 OpenAI 的博客文章：https://openai.com/blog/openai-five/。

第 8 章 确定性策略梯度方法

前一章对所有主要的策略梯度算法进行了全面概述。由于策略梯度算法能够处理连续动作空间，它们被应用于非常复杂精密的控制系统。策略梯度方法也可以使用二阶导数（如在 TRPO 中所做的那样），或者使用其他策略，通过防止意外的不良行为来限制策略更新。但是，应用这类算法的主要问题是它们的效率低下，具体而言是指完成一项任务需要大量的经验。这个缺点源于这些算法的在线策略特性，即每次更新策略时都需要新的经验。本章将介绍一种新型的基于离线策略的行动者 – 评判者算法，该算法学习目标确定性策略，同时探索具有随机策略的环境。这些方法称为确定性策略梯度方法，因为它们学习确定性策略。本章将首先展示这些算法是如何工作的，还将介绍它们与 Q-learning 方法的密切关系。其次，本章将介绍两种确定性策略梯度算法：**深度确定性策略梯度**（deep deterministic policy gradient，DDPG）及其后续版本**双延迟深度确定性策略梯度**（twin delayed deep deterministic policy gradient，TD3）。最后，本章将通过在新环境中实现和应用这些方法，以进一步阐述它们的作用。

本章将涵盖以下主题：

- 策略梯度优化与 Q-learning 的结合。
- 深度确定性策略梯度。
- 双延迟深度确定性策略梯度。

8.1 策略梯度优化与 Q-learning 的结合

8.1.1 两类算法的优缺点

本书探讨了两种主要的无模型算法：基于策略梯度的算法和基于值函数的算法。前者包括 REINFORCE、行动者 – 评判者、PPO 以及 TRPO；后者则包括 Q-learning、SARSA 和 DQN。两类算法学习策略的方式不同，即策略梯度算法采用随机梯度向估计回报的最陡增量方向上升的方式，而基于值的算法则学习每个状态动作的动作值，然后构建策略。除此之外，还有一些关键的差异决定着算法的选用。这些差异包括算法是基于在线策略的还是基于离线策略的，以及算法管理大的动作空间的能力。在前面的章节中，已经讨论了在线策略和离线策略之间的区别，但是为了真正掌握将在本章中介绍的算法，进一步理解它们还是很重要的。

　　离线策略学习能够利用以前的经验来完善当前的策略，尽管这些经验来自不同的分布。DQN 通过将智能体在其整个生命周期中拥有的所有经验存储在一个回放缓冲区中，并从缓冲区取样小批量来更新目标策略而受益。与此相反的是，在线策略学习需要从当前策略中获得经验。这意味着无法利用以往的经验，而且每次更新策略时都必须丢弃旧数据。因此，因为离线策略学习可以多次重用数据，所以学习一项任务需要与环境的交互更少。在获取新样本代价昂贵或非常困难的情况下，这一区别事关重大，选择离线策略算法应为明智之举。

　　关于动作空间问题，正如在"第 7 章　信赖域策略优化和近端策略优化"中介绍的，策略梯度算法能够处理非常大且连续的动作空间。但对 Q-learning 算法而言，情况并非如此。为了选择一个动作，它们必须在整个动作空间执行最大化，而当这个动作空间非常大或连续时，无论如何都是难以完成的。因此，Q-learning 算法可以应用于任意复杂的问题（具有非常大的状态空间），但是它们的动作空间必须是有限的。

　　总之，以前的算法没有哪一个总是比其他算法更受欢迎，如何选择主要取决于任务。尽管如此，它们的优点和缺点是相当互补的，因此就产生了一个问题：是否有可能将两类算法的优点结合在一个算法中？

8.1.2　确定性策略梯度

　　设计一个既基于离线策略又能在高维动作空间中学习稳定策略的算法非常具有挑战性。DQN 已经解决了在离线策略条件下学习稳定的深度神经网络策略的问题。让 DQN 也适用于连续动作的一种方法是将动作空间离散化。例如，如果一个动作的值介于 0 和 1 之间，则解决方案可能是将其离散为 11 个值（0，0.1，0.2，…，0.9，1.0），并利用 DQN 预测它们的概率。但是，这种解决方案无法应对大量的动作，因为可能的离散动作数量随着智能体的自由度呈指数增长。此外，该技术不适用于需要更细粒度控制的任务。因此，需要找到一个替代方案。

　　一个有价值的想法是，学习一个确定性的行动者 – 评判者策略。这个想法与 Q-learning 密切相关。在 Q-learning 中，选择最佳动作是为了在所有可能的动作中最大化近似 Q 函数。

$$\max{}_a Q_\phi(s,a) = Q_\phi[s, \operatorname{argmax}{}_a Q_\phi(s,a)]$$

　　具体想法是，学习一个逼近 $\operatorname{argmax}{}_a Q_\phi(s,a)$ 的确定性 $\mu_\theta(s)$ 策略。这克服了每一步计算全局最大化的问题，并具备了将其扩展到高维和连续动作的可能。**确定性策略梯度**（deterministic policy gradient，DPG）成功地将这一概念应用于一些简单的问题，如爬山小车（Mountain Car）、钟摆（Pendulum）和章鱼腕（octopus arm）。在 DPG 之后，DDPG 进一步扩展了 DPG 的思想，采用深度神经网络作为策略，并采用了一些更仔细的设计选择，使得算法更加稳定。另一种算法 TD3 则解决 DPG 和 DDPG 中常见的高方差和过估偏差问题。DDPG 和 TD3 将在后续章

节解释。如果构建一个强化学习算法分类图的话，DPG、DDPG 和 TD3 将位于策略梯度和
Q-learning 算法的交叉点上，如图 8.1 所示。现在，重点介绍 DPG 类算法的基础及其工作
原理。

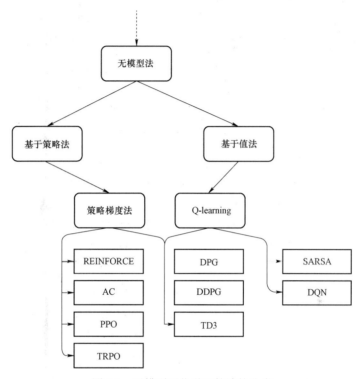

图 8.1 无模型强化学习算法的分类

新的 DPG 算法结合了 Q-learning 和策略梯度方法。参数化的确定性策略仅输出确定性值。
在连续值情况下，这些可以是动作的平均值。策略的参数可以通过求解公式（8.1）得到更新。

$$\theta \leftarrow \operatorname{argmax}_\theta Q_\phi[s, \mu_\theta(s)] \tag{8.1}$$

Q_ϕ 是参数化的动作值函数。注意，确定性方法不同于随机方法，没有噪声添加到动作中。
PPO 和 TRPO 从正态分布中取样，有平均值和标准偏差。这里，策略只有一个确定的平均值。
回到公式（8.1），像往常一样，最大化是通过随机梯度上升实现的，它将利用微小更新来逐
步改进策略。目标函数的梯度可以按公式（8.2）计算：

$$\nabla_\theta J(\mu_\theta) = E_{s \sim p^\mu}[\nabla_\theta \mu_\theta(s) \nabla_a Q_\phi(s,a)|_{a=\mu_\theta}] \tag{8.2}$$

p^μ 是遵循 μ 策略的状态分布。这个公式来自 DPG 定理。该定理指出，目标函数的梯度

是通过遵循应用于 Q 函数的链式规则预测获得的，该链式规则是关于 θ 策略参数的。使用自动微分软件，如 TensorFlow，计算起来非常简单。事实上，梯度只是通过计算梯度来估计的，从 Q 值开始一直到策略，但只更新后者的参数，如图 8.2 所示。

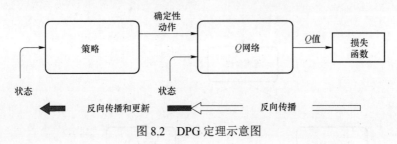

图 8.2　DPG 定理示意图

　梯度计算从 Q 值开始，但只有策略被更新。

这是一个比较理论化的结果。确定性策略并不会探索环境，因此它们不会找到好的解决方案。为了使 DPG 实现离线策略，需要更进一步定义目标函数的梯度，使得期望遵循随机探索策略的分布。

$$\nabla_\theta J_\beta(\mu_\theta) \approx E_{s\sim\rho^\beta}[\nabla_\theta\mu_\theta(s)\nabla_a Q_\phi(s,a)|_{a=\mu_\theta}] \tag{8.3}$$

β 是一个探索性策略，也称行为策略。公式（8.3）给出了基于离线策略的 DPG，并给出了关于确定性策略（μ）的估计梯度，同时生成了遵循行为策略（β）的轨迹。请注意，实际上，行为策略只是带有附加噪声的确定性策略。

虽然前面提到过确定性行动者–评判者，但迄今为止只说明了策略学习是如何进行的。其实，既要学习表示为确定性策略 μ_θ 的行动者，也要学习表示为 Q 函数 Q_ϕ 的评判者。可微动作值函数 Q_ϕ 的学习与 Q-learning 的一样，可以利用最小化贝尔曼误差 $[\delta_t = r_t + \gamma Q_\phi(s_{t+1}, a_{t+1}) - Q_\phi(s_t, a_t)]$ 的贝尔曼更新实现。

8.2　深度确定性策略梯度

如果用前面介绍过的深度神经网络实现 DPG，算法会非常不稳定，无法学习任何东西。当用深度神经网络扩展 Q-learning 时，也会遇到类似的问题。其实，为了将深度神经网络和 Q-learning 结合为 DQN 算法，必须采取手段来稳定学习。DPG 算法也是如此。这些方法都是基于离线策略的，与 Q-learning 一样，正如下面将要讲到的，使确定性策略在深度神经网络中奏效的一些因素与在 DQN 中使用的类似。

DDPG（Lillicrap 等人的论文 *Continuous Control with Deep Reinforcement Learning*，https://arxiv.org/pdf/1509.02971.pdf）是第一个采用深度神经网络的确定性行动者 – 评判者方法，用于学习行动者和评判者。这个基于无模型、离线策略、行动者 – 评判者的算法扩展了 DQN 和 DPG，因为它利用了 DQN 的一些见解，如回放缓冲区和目标网络，使 DPG 能够与深度神经网络相融合。

8.2.1　DDPG 算法

DDPG 采用了两个关键的想法，它们都是借鉴 DQN 的，但针对行动者 – 评判者方式做了改变。

- **回放缓冲区**（replay buffer）：在智能体的整个周期里获得的所有转换都存储在回放缓冲区中，也称经验回放。然后，从缓冲区进行小批量采样，用于训练行动者和评判者。
- **目标网络**（target network）：Q-learning 是不稳定的，因为更新过的网络也是用于计算目标值的网络。如前所述，DQN 通过采用每 N 次迭代更新一次的目标网络（复制目标网络中在线网络的参数），缓解了这个问题。有关 DDQN 的论文表明，柔性的目标更新在这种情况下效果更好。借助柔性更新，目标网络的参数 θ' 在每一步都会用在线网络的参数 θ 进行部分更新：$\theta' \leftarrow \tau\theta + (1-\tau)\theta'$（$\tau \ll 1$）。这样做可能会减缓学习速度，因为目标网络只做了部分更改，但它抑制了不稳定性的增加。将目标网络用于行动者和评判者，因此目标行动者的参数也会随着柔性更新而改变：$\phi' \leftarrow \tau\phi + (1-\tau)\phi'$。

请注意，从现在起，用 θ 和 ϕ 表示在线行动者和在线判别者的参数，用 θ' 和 ϕ' 表示目标行动者和目标评判者的参数。

DDPG 从 DQN 继承的一个特点是，能够针对环境采取的每一步更新行动者和评判者。所根据的事实是，DDPG 是基于离线策略的，并从采样自回放缓冲区的小批量样本中学习。DDPG 并不像基于在线策略的随机策略梯度方法那样，必须等待从环境中收集到足够大量的样本。

前面介绍过 DPG 是如何根据探索性行为策略行事的，尽管事实上它仍在学习确定性策略。但是，这种探索性策略是如何建立的？DDPG 通过添加从噪声过程（N）中采样的噪声来构建策略 β_θ：

$$\beta_\theta(s_t) = \mu_\theta(s_t) + N$$

N 这一过程将确保充分探索环境。

总之，DDPG 通过循环重复以下三个步骤进行学习，直到收敛为止：

- β_θ 行为策略与环境交互，从环境中收集观察结果和奖励，并存储在缓冲区中。
- 每一步，根据从缓冲区采样的小批量样本所保存的信息，更新行动者和评判者。具体而言，通过最小化在线评判者（Q_ϕ）预测的值与使用目标策略（$\mu_{\theta'}$）和目标评判者（$Q_{\phi'}$）

计算得到的目标值之间的 MSE 损失来更新评判者。相反，行动者则按照公式（8.3）予以更新。

● 目标网络参数采用柔性更新。

整个算法归纳为以下伪代码：

```
--------------------------------------------------

DDPG Algorithm

--------------------------------------------------
```

初始化在线网络 Q_ϕ 和 μ_θ

初始化带有与在线网络相同权重的目标网络 Q_ϕ 和 μ_θ

初始化空回放缓冲区 D

初始化环境 $s \leftarrow env.reset()$

for episode=1…M **do**

    >运行一个情节(episode)

    while not d:

        $a \leftarrow \mu_\beta(s)$

        $s', r, d \leftarrow env(a)$

        >将迁移存入缓冲区

        $D \leftarrow D \bigcup (s, a, r, s', d)$

        $s \leftarrow s'$

        >采样一个小批量

        $b \sim D$

        >计算 b 中每个 i 的目标值

$$y_i \leftarrow r_i + \gamma(1 - d_i)Q_\phi[s_i', \mu_{\theta'}(s_i')] \tag{8.4}$$

        >更新评判者(critic)

$$\phi \leftarrow \phi - \alpha_\phi \nabla_\phi \frac{1}{|b|}\sum_i [Q_\phi(s_i, a_i) - y_i]^2 \tag{8.5}$$

        >更新策略

$$\theta \leftarrow \theta - \alpha_\theta \frac{1}{|b|} \sum_i \nabla_\theta \mu_\theta(s_i) \nabla_a Q_\phi(s_i, a_i)|_{a=\mu(s_i)} \qquad (8.6)$$

>目标更新

$\theta' \leftarrow \tau\theta + (1 - \tau)\theta'$

$\phi' \leftarrow \tau\phi + (1 - \tau)\phi'$

if *d==True*:

　　　s ← *env.reset*()

在更清楚地了解算法之后，便可着手实现它。

8.2.2　DDPG 算法的实现

前一节给出的伪代码已经描述了算法全貌，但是从实现的角度来看，还有一些事项值得更深入地研究。这里将展示在其他算法中也可能出现的、更有趣的特性。完整代码可从本书 GitHub 库中得到：https://github.com/PacktPublishing/Reinforcement-Learning-Algorithms-with-Python。

具体将关注以下几个主要部分：

- 如何建立一个确定性行动者 – 评判者算法。
- 如何进行柔性更新。
- 如何优化损失函数，仅针对某些参数。
- 如何计算目标值。

在一个名为 deterministic_actor_critic 的函数中定义一个确定性的行动者和一个评判者。该函数将被调用两次，因为需要创建一个在线的和一个目标行动者 – 判别者。代码如下：

```
def deterministic_actor_critic(x,a,hidden_sizes,act_dim,max_act):
    with tf.variable_scope('p_mlp'):
        p_means = max_act * mlp(x,hidden_sizes,act_dim,
last_activation=tf.tanh)
    with tf.variable_scope('q_mlp'):
        q_d = mlp(tf.concat([x,p_means],axis=-1),hidden_sizes,1,
last_activation=None)
    with tf.variable_scope('q_mlp',reuse=True):# reuse the weights
        q_a = mlp(tf.concat([x,a],axis=-1),hidden_sizes,1,
last_activation=None)
```

```
return p_means,tf.squeeze(q_d),tf.squeeze(q_a)
```

该函数有三点值得关注：

第一个关注点是，为同一个评判者区分了两种输入。其中，一种以状态作为输入，且策略返回确定性动作 p_means；另一种以状态和任意动作作为输入。这种区分是必要的，因为一个评判者将用于优化一个行动者，而另一个将用于优化评判者。但是，尽管这两个评判者有两种不同的输入，但它们都是相同的神经网络，这意味着它们共享相同的参数。这种不同的用例可通过为评判者的两个实例定义相同的变量范围，并对第二个实例设置 reuse = True 来实现。这将确保参数对于两个定义都是相同的，实际上只创建了一个评判者。

第二个关注点是，在一个名为 p_mlp 的变量范围内定义行动者。原因在于，后面只需要检索这些参数，而不需要检索评判者的参数。

第三个关注点是，因为策略用 tanh 函数作为其最终激活层（将值限制在 −1 和 1 之间），但是行动者可能需要这个范围之外的值，所以必须将输出乘以 max_act 因子（这里假设最小值和最大值相反，也就是说，如果最大允许值为 3，最小允许值则为 −3）。

现在来看一下计算图的其他部分，包括占位符定义、在线行动者/评判者和目标行动者/评判者的创建、损失定义、优化器实现，以及目标网络更新。

先从创建观察、动作和目标值所需的占位符开始。

```
obs_dim = env.observation_space.shape
act_dim = env.action_space.shape


obs_ph = tf.placeholder(shape=(None,obs_dim[0]),dtype=tf.float32,name='obs')
act_ph = tf.placeholder(shape=(None,act_dim[0]),dtype=tf.float32,name='act')
y_ph = tf.placeholder(shape=(None,),dtype=tf.float32,name='y')
```

代码中，y_ph、obs_ph、act_ph 分别是目标 Q 值、观察和动作的占位符。

接着，在 online 和 target 变量范围内调用先前已定义的 deterministic_actor_critic 函数，区分四个神经网络：

```
with tf.variable_scope('online'):
    p_onl,qd_onl,qa_onl=deterministic_actor_critic(obs_ph,act_ph,
hidden_sizes,act_dim[0],np.max(env.action_space.high))


with tf.variable_scope('target'):
    _,qd_tar,_ = deterministic_actor_critic(obs_ph,act_ph,hidden_sizes,
```

```
act_dim[0],np.max(env.action_space.high))
```

评判者的损失是在线网络 qa_onl 的 Q 值和目标动作值 y_ph 之间的 MSE 损失。

```
q_loss = tf.reduce_mean((qa_onl-y_ph)**2)
```

这里用 Adam 优化器进行最小化。

```
q_opt = tf.train.AdamOptimizer(cr_lr).minimize(q_loss)
```

行动者的损失函数则取在线 Q 网络的相反符号。这时，在线 Q 网络将由在线确定性行动者选择的动作作为输入［如根据公式（8.6），其在 DDPG 算法部分的伪代码中定义］。因此，Q 值表示为 qd_onl，策略损失函数如下：

```
p_loss=-tf.reduce_mean(qd_onl)
```

考虑到优化器需要最小化损失函数，因此取目标函数的相反符号，将其转换为损失函数。

这里要记住的最重要的一点是，尽管用于计算梯度的损失函数 p_loss 依赖于评判者和行动者，但只需要更新行动者。其实，从 DPG 可知：$\nabla_\theta J_\beta(\mu_\theta) \approx E_{s\sim p^\beta}[\nabla_\theta \mu_\theta(s)\nabla_a Q_\phi(s,a)|_{a=\mu_\theta}]$。

行动者更新通过将 p_loss 传递给优化器的方法 minimize 来实现，该方法指定了需要更新的变量。这时，只需要更新在 online/m_mlp 变量范围中定义的在线行动者的变量。

```
p_opt = tf.train.AdamOptimizer(ac_lr).minimize(p_loss,
var_list=variables_in_scope('online/p_mlp'))
```

如此，梯度计算将从 p_loss 开始，经过评判者网络，然后是行动者网络。最后，只优化行动者的参数。

现在，必须定义 variable_in_scope（scope）函数，该函数返回名为 scope 的范围变量。

```
def variables_in_scope(scope):
    return tf.get_collection(tf.GraphKeys.GLOBAL_VARIABLES,scope)
```

现在应该了解目标网络是如何更新的。可以利用 variable_in_scope 来获取行动者和评判者的目标和在线变量，并将 TensorFlow 中的 assign 函数用于目标变量，按照柔性更新公式更新目标变量：

$$\theta' \leftarrow \tau\theta + (1-\tau)\theta'$$

具体实现代码如下：

```
update_target = [target_var.assign(tau*online_var + (1-tau)*target_var)for
target_var,online_var in zip(variables_in_scope('target'),
variables_in_scope('online'))]
update_target_op=tf.group(*update_target)
```

这就是计算图的所有内容。很简单，对吧？现在，可以快速查看主循环。在该循环中，参数根据有限批量样本的估计梯度进行更新。策略与环境的交互是标准的，唯一例外的是，现在策略返回的动作是确定性的。为了充分探索环境，必须添加一定量的噪声。这里不提供这部分代码，但是读者可以在 GitHub 库中找到完整的实现。

当已经获得了最小量的经验，而且缓冲区已经达到某个阈值时，策略和评判者的优化就可以开始了。后续步骤就是从 DDPG 算法一节提供的 DDPG 伪代码中总结的步骤，包括：

（1）从缓冲区抽取小批量样本。

（2）计算目标动作值。

（3）优化评判者。

（4）优化行动者。

（5）更新目标网络。

所有这些操作都只需几行代码：

```
...
    mb_obs,mb_rew,mb_act,mb_obs2,mb_done =
buffer.sample_minibatch(batch_size)

    q_target_mb = sess.run(qd_tar,feed_dict={obs_ph:mb_obs2})
    y_r = np.array(mb_rew) + discount *(1-np.array(mb_done))* q_target_mb
    _,q_train_loss = sess.run([q_opt,q_loss],feed_dict={obs_ph:mb_obs,
y_ph:y_r,act_ph:mb_act})

    _,p_train_loss = sess.run([p_opt,p_loss],feed_dict={obs_ph:mb_obs})

    sess.run(update_target_op)
    ...
```

第一行代码采集 batch_size 大小的小批量样本；第二行和第三行代码通过在包含后续状态的 mb_obs2 上运行评判者和行动者目标网络来计算公式（8.4）所定义的目标动作值；第四行代码通过将刚刚计算得到的目标动作值以及观察和动作加入字典来优化评判者；第五行代

码优化行动者；而最后一行代码通过运行 update_target_op 来更新目标网络。

8.2.3　DDPG 应用于 BipedalWalker-v2

现在将 DDPG 应用到一个名为 BipedalWalker-v2 的连续任务。BipedalWalker-v2 是 Gym 利用 2D 物理引擎 Box2D 所提供的环境之一。其目标是让智能体在崎岖地形中尽可能快地前进。走到终点可以获得 300＋ 的分数，但是每次使用电机都需要花费一点分数。智能体移动状态越好，成本就越低。此外，如果智能体摔倒，将获得 －100 分的奖励。状态由 24 个浮点数组成，表示关节和身体的速度和位置，以及 LiDar 测距仪的测量值。智能体由四个连续动作控制，范围为 [－1，1]。图 8.3 是两足步行器（BipedalWalker）2D 环境的截图。

图 8.3　两足步行器（BipedalWalker）2D 环境的截图

运行 DDPG 需要用到表 8.1 给出的超参数。其中，第一行列出了运行 DDPG 所需的超参数，而第二行列出了在特殊情况下采用的相应值。具体参考表 8.1。

表 8.1　　　　　　　　　　　　　运行 DDPG 所需的超参数及其取值

超参数	行动者学习率	评判者学习率	深度神经网络架构	缓冲区规模	批量大小	τ
值	$3e^{-4}$	$4e^{-4}$	[64，relu，64，relu]	200 000	64	0.003

训练时，给策略预测的动作添加了额外的噪声，但为了衡量算法的性能，每 10 个情节在纯确定性策略（无额外噪声）上运行 10 个游戏。根据时间步长函数，10 个游戏的平均累积奖励如图 8.4 所示。

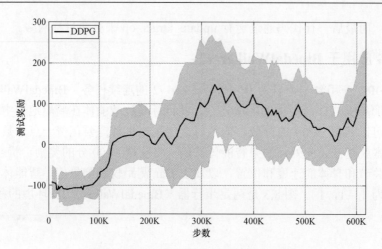

图 8.4　DDPG 测试游戏的平均累积奖励

由结果可见，仅数千步之后，性能就变得相当不稳定，从 250 分到小于 −100 分不等。众所周知，DDPG 是不稳定的，它对超参数非常敏感，但如果进行更仔细的微调，结果可能会更平滑一些。尽管如此，还是可以看到，它在最初的 30 万步中，性能有所提高，平均得分约为 100 分，最高可达 300 分。

另外，BipedalWalker-v2 是一个众所周知的难以解决的环境。其实，当智能体在连续 100 个情节中获得至少 300 分的平均奖励时，就认为任务已经被解决。利用 DDPG 虽然无法得到这样好的性能，但仍然获得了一个好的策略，即能够使智能体行走得相当快。

 这里的 DDPG 实现使用了一个不变的探索因子。采用更复杂的函数，可能会在更少的迭代下达到更高的性能。例如，关于 DDPG 的论文中使用了 Ornstein-Uhlenbeck 过程。如果读者愿意，也可以从这个过程开始。

DDPG 很好地说明了确定性策略的作用与随机策略是如何不同的。但是，因为确定性策略是第一个处理复杂问题的方法，所以可以进行很多进一步的调整和改进。本章提出的另一个算法将 DDPG 向前推进了一步。

8.3　双延迟深度确定性策略梯度

DDPG 算法被认为是采样效率最好的行动者-评判者算法之一，但它已被证明是脆弱的、对超参数敏感的。更多的研究试图通过引入新的想法，或者在 DDPG 之上使用其他算法的技巧来缓解这些问题。最近，有一种算法取代了 DDPG，那就是双延迟深度确定性策略梯度，简称 TD3（该论文题目是 *Addressing Function Approximation Error in Actor-Critic Methods*：https://arxiv.org/pdf/1802.09477.pdf）。这里使用了"取代"一词，因为它实际上是 DDPG 算法的延续，但增加了更多的内容，从而使算法更稳定、性能更好。

TD3 侧重于其他离线策略算法中也很常见的一些问题。这些问题是值估计的高估问题和梯度的高方差估计问题。对于前者，可采用与 DQN 类似的解决方案；对于后者，则可采用两种新颖的解决方案。下面首先考虑高估偏差问题。

8.3.1 高估偏差问题

1. 高估偏差问题介绍

高估偏差意味着由近似的 Q 函数预测的动作值高于它们的应有值。该问题在具有离散动作的 Q-learning 算法中已经被广泛研究，其通常会导致做出影响最终性能的不良预测。尽管影响不大，但这个问题在 DDPG 也存在。

之前的章节曾提过，减小动作值高估的 DQN 变体被称为双 DQN，它提出了两个神经网络：一个用于选择动作，另一个用于计算 Q 值。具体地，第二个神经网络的任务由冻结的目标网络完成。这一想法是合理的，但正如关于 TD3 的论文中所解释的，它对行动者－评判者方法而言并无效果，因为在这些方法中，策略变化太慢。因此，他们提出了一种称为裁剪双 Q-learning（clipped double Q-learning）的变体，该方法取两个不同评判者（Q_{ϕ_1}，Q_{ϕ_2}）的估计值的最小值。因此，目标值按公式（8.7）计算：

$$y = r + \gamma \min_{i=1,2} Q_{\phi_i'} [s', \mu_{\theta'}(s')] \tag{8.7}$$

另外，这样做并不能防止低估偏差，但它比高估偏差的危害要小得多。裁剪双 Q-learning 可以用于任何行动者－评判者方法，并且它假设两个评判者有不同的偏差。

2. TD3 的实现

为了将这个策略落实在代码中，必须创建两个具有不同初始化的评判者，按照公式（8.7）计算目标动作值，并优化这两个评判者。

将 TD3 应用于上一节讨论的 DDPG 示例。以下代码片段只是实现 TD3 所需的新增代码部分。本书的 GitHub 库提供了完整的实现：https://github.com/PacktPublishing/Hands-On-Reinforcement-Learning-Algorithms-with-Python。

只需要两次调用 deterministic_actor_double_critic，便可创建两个评判者：一次针对目标网络，另一次针对在线网络，就像 DDPG 那样。代码为：

```
def deterministic_actor_double_critic(x,a,hidden_sizes,act_dim,max_act):
    with tf.variable_scope('p_mlp'):
```

```
            p_means = max_act * mlp(x,hidden_sizes,act_dim,
    last_activation=tf.tanh)
        # First critic
        with tf.variable_scope('q1_mlp'):
            q1_d = mlp(tf.concat([x,p_means],axis=-1),hidden_sizes,1,
    last_activation=None)
        with tf.variable_scope('q1_mlp',reuse=True):# Use the weights of the mlp
    just defined
            q1_a=mlp(tf.concat([x,a],axis=-1),hidden_sizes,1,
    last_activation=None)


        # Second critic
        with tf.variable_scope('q2_mlp'):
            q2_d=mlp(tf.concat([x,p_means],axis=-1),hidden_sizes,1,
    last_activation=None)
        with tf.variable_scope('q2_mlp',reuse=True):
            q2_a=mlp(tf.concat([x,a],axis=-1),hidden_sizes,1,
    last_activation=None)

    return p_means,tf.squeeze(q1_d),tf.squeeze(q1_a),tf.squeeze(q2_d),
    tf.squeeze(q2_a)
```

剪裁的目标值 { $y = r + \gamma \min_{i=1,2} Q_{\phi_i'}[s', \mu_{\theta'}(s')]$ ，见公式（8.7）} 的实现分三步：首先运行名为 qa1_tar 和 qa2_tar 的两个目标评判者；其次计算估计值的最小值；最后用它来估计目标值。

```
            ...
            double_actions = sess.run(p_tar,feed_dict={obs_ph:mb_obs2})
            q1_target_mb,q2_target_mb = sess.run([qa1_tar,qa2_tar],
    feed_dict={obs_ph:mb_obs2,act_ph:double_actions})
            q_target_mb = np.min([q1_target_mb,q2_target_mb],axis=0)
            y_r = np.array(mb_rew) + discount*(1-
    np.array(mb_done))* q_target_mb
            ...
```

接下来，就可以像往常一样优化评判者：

```
...
    q1_train_loss,q2_train_loss = sess.run([q1_opt,q2_opt],
feed_dict={obs_ph:mb_obs,y_ph:y_r,act_ph:mb_act})
...
```

一个重要的关注点是，该策略仅针对一个近似的 Q 函数（这里是 Q_{ϕ_1}）进行优化。事实上，如果查看完整的代码，就会看到 p_loss 被定义为 p_loss=-tf.reduce_mean(qd1_onl)。

8.3.2　方差抑制问题

TD3 的第二个，也是最后一个贡献是方差抑制。为什么高方差是一个问题？因为它提供了一个有噪声的梯度，这涉及影响算法性能的错误的策略更新。高方差的复杂性在于时间差分误差，该误差从后续状态估计动作值。

为了解决这个问题，TD3 引入了延迟策略更新和目标正则化技术。下面首先介绍这些技术是什么，以及为什么它们能够发挥作用。

1. 延迟策略更新

由于高方差归因于不准确的评判，因此 TD3 提出延迟策略的更新，直到评判的误差足够小。TD3 根据经验延迟更新，仅在规定迭代次数之后才更新策略。这样在策略优化之前，评判者有时间学习和稳定自己。实际上，策略只在若干次迭代中保持不变，通常在 1 到 6 次之间。如果迭代次数设置为 1，则与 DDPG 相同。延迟策略更新的实现如下：

```
...
    q1_train_loss,q2_train_loss = sess.run([q1_opt,q2_opt],
feed_dict={obs_ph:mb_obs,y_ph:y_r,act_ph:mb_act})
    if step_count % policy_update_freq == 0:
        sess.run(p_opt,feed_dict={obs_ph:mb_obs})
        sess.run(update_target_op)
...
```

2. 目标正则化

根据确定性动作进行更新的评判者往往在狭窄的峰值处过拟合，结果导致方差增大。TD3 提出了一种平滑正则化技术，给目标动作附近的小范围区域添加裁剪噪声：

$$y = r + \gamma \min_{i=1,2} Q_{\phi_i'} [s', \mu_{\theta'}(s') + \epsilon]$$

$$\epsilon \sim \text{clip}[N(0,\sigma), -c, c]$$

正则化可以用以一个向量和一个标量作为参元的函数实现:

```
def add_normal_noise(x,noise_scale):
    return x + np.clip(np.random.normal(loc=0.0,scale=noise_scale,
size=x.shape),-0.5,0.5)
```

然后,在运行目标策略之后调用 add_normal_noise,如下面几行代码所示(对 DDPG 实现的更改部分以粗体显示):

```
...
        double_actions = sess.run(p_tar,feed_dict={obs_ph:mb_obs2})
        double_noisy_actions = np.clip(add_normal_noise(double_actions,
target_noise),env.action_space.low,env.action_space.high)

        q1_target_mb,q2_target_mb = sess.run([qa1_tar,qa2_tar],
feed_dict={obs_ph:mb_obs2,act_ph:double_noisy_actions})
        q_target_mb = np.min([q1_target_mb,q2_target_mb],axis=0)
        y_r = np.array(mb_rew) + discount*(1
-np.array(mb_done))*q_target_mb
        ...
```

在添加了额外的噪声之后,对动作进行裁剪,以确保它们不会超出环境所设置的范围。将以上所有内容合在一起,就可得到如下伪代码所示的算法:

```
------------------------------------------------------------
TD 3 Algorithm
------------------------------------------------------------
```

初始化在线网络 Q_{ϕ_1}, Q_{ϕ_2} 和 μ_θ

初始化与在线网络有相同权重的目标网络 $Q_{\phi_1'}$, $Q_{\phi_2'}$ 和 $\mu_{\theta'}$

初始化空的回放缓冲区 D

初始化环境 $s \leftarrow env.reset()$

for episode=1…M **do**

    >运行一个情节(episode)

    while not d:

        $a \leftarrow \mu_\beta(s)$

        $s', r, d \leftarrow env(a)$

        >将迁移存入缓冲区

        $D \leftarrow D \bigcup (s, a, r, s', d)$

        $s \leftarrow s'$

        >采样一个小批量

        $b \sim D$

        >对 b 中每一个 i 计算目标值

        $y \leftarrow r + \gamma \min_{i=1,2} Q_{\phi_i'}[s', \mu_{\theta'}(s') + \epsilon]$

          $\epsilon \sim \text{clip}[N(0, \sigma), -c, c]$

        >更新评判者

        $\phi_{\phi_1} \leftarrow \phi_{\phi_1} - \alpha_\phi \nabla_{\phi_1} \frac{1}{|b|} \sum_i [Q_{\phi_1}(s_i, a_i) - y_i]^2$

        $\phi_2 \leftarrow \phi_2 - \alpha_\phi \nabla_{\phi_2} \frac{1}{|b|} \sum_i [Q_{\phi_2}(s_i, a_i) - y_i]^2$

        if iter%policy_update_frequency==0:

            >更新策略

            $\theta \leftarrow \theta - \alpha_\theta \frac{1}{|b|} \sum_i \nabla_\theta \mu_\theta(s_i) \nabla_a Q_{\phi_1}(s_i, a_i) \mid_{a=\mu(s_i)}$

            >目标更新

            $\theta' \leftarrow \tau\theta + (1 - \tau)\theta'$

            $\phi_1' \leftarrow \tau\phi_1 + (1 - \tau)\phi_1'$

            $\phi_2' \leftarrow \tau\phi_2 + (1 - \tau)\phi_2'$

    if $d==True$:

        $s \leftarrow env.reset()$

这就是 TD3 算法的全部内容。现在，读者应该已经清楚地了解了所有确定性和非确定性的策略梯度方法。几乎所有的无模型算法都基于这些章节所阐述的原理，掌握了这些原理，就将能够理解和实现这些方法。

8.3.3　TD3 应用于 BipedalWalker

为了直接比较 TD3 和 DDPG，这里在与 DDPG 使用的相同的环境——BipedalWalker-v2 中测试了 TD3。

表 8.2 列出了这种环境下 TD3 的最优超参数及其取值。

表 8.2   运行 TD3 所需的超参数及其取值

超参数	行动者学习率	评判者学习率	深度神经网络架构	缓冲区规模	批量大小	τ	策略更新频度	σ
值	$3e^{-4}$	$4e^{-4}$	[64, relu, 64, relu]	200 000	64	0.005	2	0.2

结果如图 8.5 所示。图 8.5 中曲线趋势平滑，并且在约 30 万步后得到了好的结果，在训练 45 万步时达到了峰值。它非常接近 300 分的目标，但实际上并没有获得。

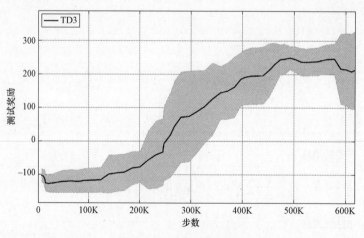

图 8.5　TD3 算法的性能

与 DDPG 相比，为 TD3 找到一组好的超参数所花费的时间更少。此外，尽管只在一款游戏上比较了这两种算法，但这是对它们在稳定性和性能方面差异的一个很好的初步认识。DDPG 和 TD3 在 BipedalWalker-v2 上的性能比较如图 8.6 所示。

TD3 相对于 DDPG 的优势是显而易见的，无论是在最终性能、改进程度还是算法稳定性方面。

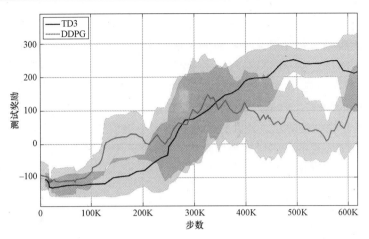

图 8.6　TD3 与 DDPG 的性能对比

 如果想在更难的环境中训练算法，可以试试 BipedalWalkerHardcore-v2。它与 BipedalWalker-v2 非常相似，除了它有梯子、树桩和陷阱。很少有算法能够完成和应对这个环境。看到智能体跨不过障碍，也很有意思！

 本章提到的所有彩色图片，可查询彩色图像包，地址是：http://www.packtpub.com/ sites/default/files/downloads/9781789131116_ColorImages.pdf。

8.4　本章小结

　　本章探讨了两种不同的解决强化学习问题的方法。第一种方法通过估计状态 – 动作值，选择最佳的下一个动作，即所谓的 Q-learning 算法。第二种方法根据梯度实现期望奖励策略的最大化。事实上，这些方法都被称为策略梯度方法。本章展示了这些方法的优点和缺点，并证明了很多方法相互间是可以取长补短的。例如，Q-learning 算法具有很好的采样效率，但不能处理连续动作。相反，策略梯度算法需要更多的数据，但是能够通过连续的动作来控制智能体。本章还介绍了结合 Q-learning 和策略梯度技术的 DPG 方法。特别是，这些方法通过预测确定性策略克服了 Q-learning 算法的全局最大化问题。此外，本章还介绍了 DPG 定理是如何通过 Q 函数的梯度来定义确定性策略更新的。

　　本章研究并实现了两个 DPG 算法：DDPG 和 TD3。这两种算法都是基于离线策略的行动者 – 评判者算法，可用于具有连续动作空间的环境。TD3 是 DDPG 的升级算法，它封装了一些减小方差的技巧，并限制了 Q-learning 算法中常见的高估偏差问题。

本章总结了无模型强化学习算法，研究了迄今为止已知的所有最好的、最有影响力的算法，从 SARSA 到 DQN，从 REINFORCE 到 PPO，并将它们结合在 DDPG 和 TD3 等算法中。这些算法本身就有能力做出惊人的事情，只要进行适当的微调和拥有大量的数据（参见 OpenAI Five 和 AlphaStar）。但是，这并不是关于强化学习的全部知识。下一章将告别无模型算法，展示一种基于模型的算法，其目的是通过学习环境模型来减少学习任务所需的数据量。后续各章还将展示更先进的技术（如模仿学习）、新的有用的强化学习算法（如 ESBAS），以及非强化学习算法（如进化策略）。

8.5　思考题

1. Q-learning 算法的主要局限是什么？
2. 为什么随机梯度算法采样效率低？
3. DPG 如何克服最大化问题？
4. DPG 如何保证足够的探索？
5. DDPG 代表什么？它的主要贡献是什么？
6. TD3 提出要尽量减少哪些问题？
7. TD3 采用了哪些新机制？

8.6　延伸阅读

读者可以使用以下链接了解更多信息：

● 如果对介绍**确定性策略梯度**（DPG）算法的论文感兴趣，请阅读 http://proceedings.mlr.press/v32/silver14.pdf。

● 如果对介绍**深度确定性策略梯度**（DDPG）算法的论文感兴趣，请阅读 https://arxiv.org/pdf/1509.02971.pdf。

● 介绍**双延迟深度确定性策略梯度**（TD3）的论文可以在这里找到：https://arxiv.org/pdf/1802.09477.pdf。

● 关于所有主要策略梯度算法的简要概述，可查看 Lilian Weng 的论文：https://lilianweng.github.io/lil-log/2018/04/08/policy-gradient-algorithms.html。

第三部分　超越无模型算法

本部分将实现基于模型的算法、模仿学习、进化策略，并介绍一些可以进一步改进强化学习算法的思想。

第三部分包括以下章节：

- 第 9 章　基于模型的强化学习。
- 第 10 章　模仿学习与 DAgger 算法。
- 第 11 章　黑盒优化算法。
- 第 12 章　开发 ESBAS 算法。
- 第 13 章　应对强化学习挑战的实践。

第 9 章　基于模型的强化学习

强化学习算法分为两类：无模型算法和基于模型的算法。这两类的不同之处在于对环境模型的假设。无模型算法仅仅从与环境的交互中学习策略，而对环境一无所知；基于模型的算法已经对环境了如指掌，并根据模型的动态运用这些知识采取下一步行动。

本章将全面概述基于模型的方法，重点介绍它们相对于无模型方法的优缺点，以及当模型已知或必须学习时的差异。后一种划分很重要，因为它会影响处理问题的方式和解决问题的工具。在此引言之后，本章将讨论基于模型的算法必须处理图像等高维观察空间的更高级的情况。

此外，本章还将研究一类结合了基于模型和无模型方法的算法，以学习高维空间的模型和策略。本章将介绍这类算法的内部机制，并给出采用这些方法的理由。然后，为了加深对基于模型的算法的理解，特别是对结合了基于模型和无模型方法的算法的理解，本章将开发一种称为**模型集成信赖区域策略优化**（model-ensemble trust region policy optimization，ME-TRPO）的最先进算法，并将其应用于连续运动的倒立摆。

本章将涵盖以下主题：
- 基于模型的方法。
- 基于模型的学习和无模型学习的结合。
- 用于倒立摆的 ME-TRPO。

9.1　基于模型的方法

无模型算法是一种功能强大的算法，能够学习非常复杂的策略，并在错综复杂的环境中达成目标。正如 OpenAI（https://openai.com/five/）和 DeepMind（https://deepmind.com/blog/article/alphastar-mastering-real-time-strategy-game-starcraft-ii）最新成果所展示的，这些算法实际上可以在星际争霸和 Dota 2 等挑战游戏中展现长期规划、团队合作和对意外情况的适应能力。

训练有素的智能体已经能够击败顶级职业选手。但是，最大的弱点是需要玩大量的游戏来训练智能体掌握这些游戏。事实上，为了得到这些结果，算法已经被大规模地扩展，以便让智能体与自己玩相当于耗时几百年的游戏。但是，这种方法有什么问题呢？

在为模拟器训练一名智能体之前，可以收集任何想要的尽可能多的经验。而当在一个像现实世界一样缓慢和复杂的环境中运行这个智能体时，问题就出现了。在这种情况下，人不可能等上几百年才发现一些有趣的功能。那么，能否开发出一种与真实环境交互更少的算法呢？当然可以。人们已经用无模型算法解决了这个问题。

解决的办法是采用离线策略算法。但是，效果相对来说是微不足道的，还不足以解决很多现实世界的问题。

不出所料，答案（或至少一个可能的答案）就在基于模型的强化学习算法。本书已经开发了一个基于模型的算法。读者还记得吗？"第 3 章　基于动态规划的问题求解"结合动态规划使用了一个环境模型来训练一个智能体在有陷阱的地图上导航。因为动态规划使用了环境的模型，所以它被认为是基于模型的算法。

遗憾的是，动态规划并不适用于中等或复杂的问题。因此，需要探索其他类型的基于模型的算法，这些算法可以扩展并能用于更具挑战性的环境。

9.1.1　基于模型的学习概述

首先请记住什么是模型。模型包括环境的转移行为和奖励（回报）。转移行为是从一个状态 s 和一个动作 a 到下一个状态 s' 的映射。

有了这些信息，环境就完全由可以替代它的模型来表示。如果一个智能体可以访问它，那么这个智能体就有能力预测自己的未来。

后续章节将介绍模型可以是已知的，也可以是未知的。对于前者，模型用于把控环境的动态性，也就是说，模型提供一种替代环境的表达；对于后者，环境的模型未知，可以通过与环境的直接交互，学到模型。但是，由于在大多数情况下，只能大致了解环境，因此在使用环境模型时必须考虑其他因素。

既然已经解释了什么是模型，那么下面来看如何使用模型，以及它如何帮助减少与环境的交互次数。模型的使用方式取决于两个非常重要的因素：模型本身和选择动作的方式。

其实，正如刚才提到的，模型可以是已知的，也可以是未知的，动作可以通过学到的策略来规划或选择。根据不同的情况，算法会有很大的不同。因此，下面首先详细说明模型已知时采用的方法（这意味着已知环境的转移行为和回报）。

1. 模型已知

当模型已知时，可以用它来模拟完整的轨迹，并计算每个轨迹的回报。然后，选择产生最高回报的动作。这个过程叫作**规划**（planning），在此过程中环境模型是不可或缺的，因为它提供了产生下一个状态（给定一个状态和一个动作）和奖励所需的信息。

规划算法无处不在，但令人感兴趣的算法所运行的动作空间类型不同。有些算法用来处理离散的动作，而其他的算法则用来处理连续的动作。

离散动作的规划算法通常是构建决策树的搜索算法，如图 9.1 所示。

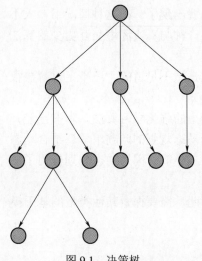

图 9.1　决策树

图 7.1 中，当前状态是根节点，可能的动作由箭头表示，其他节点是一系列动作之后达到的状态。

可见，通过尝试每一个可能的动作序列，最终会找到最佳的那一个。遗憾的是，对于大多数问题，这个过程是难以处理的，因为可能的动作数量呈指数增长。用于复杂问题的规划算法采用允许依靠有限数量的轨迹进行规划的策略。

其中的一个算法，也是被 AlphaGo 采用的，称为蒙特卡罗树搜索（Monte Carlo tree search，MCTS）。MCTS 通过生成有限系列的模拟游戏来迭代地构建决策树，同时充分探索树上尚未被访问的部分。一旦模拟的游戏或轨迹到达一片叶子（也就是说游戏结束），它就将结果反向传播到所访问过的状态，并且更新节点持有的赢/输或奖励信息。然后，选取让下一状态具有较高赢/输比或奖励的动作。

另外，处理连续动作的规划算法涉及轨迹优化技术。这些问题比离散动作的问题更难解决，因为它们处理的是无限维的优化问题。

此外，很多连续动作规划问题都需要模型的梯度。模型预测控制（model predictive control，MPC）就是一个例子，它在有限的时界（time horizon）内完成优化，但并不是执行找到的轨迹，而是只执行第一个动作。这样，与其他在无限时界内规划的方法相比，MPC 响应更快。

2. 模型未知

当环境模型未知时，应该怎么办？当然是学习环境模型！至此，本书介绍的几乎所有东西都与学习有关。那么，这是最好的方法吗？如果确实想利用基于模型的方法，那么答案是肯定的。下面很快就会介绍如何做到这一点。但是，这并不总是最好的方法。

强化学习的最终目的是为给定的任务学习一个最优策略。本章前面说过，基于模型的方法主要用于减少与环境的交互次数，但这是一成不变的吗？设想目标是准备一个煎蛋卷。光知道鸡蛋的确切破裂点并无任何作用，需要知道的是如何打破鸡蛋。因此，在这种情况下，不涉及鸡蛋确切结构的无模型算法更合适。

但是，这并不是说基于模型的算法不值一提。例如，在模型比策略更容易学习的情况下，基于模型的方法优于无模型的方法。

学习模型的唯一方法（遗憾的是）是通过与环境的交互。这是一个必需的步骤，因为通过它可以获取和创建有关环境的数据集。通常，学习过程以有监督的方式进行，其中对函数逼近器（如深度神经网络）进行训练以最小化损失函数（如从环境获得的转移和预测之间的

MSE 损失)。图 9.2 展示了这样的一个示例，它训练了一个深度神经网络，通过从一个状态 s 和一个动作 a 预测下一个状态 s' 以及奖励 r 来完成环境建模。

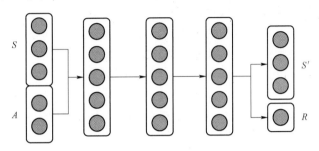

图 9.2　环境建模的学习过程

除了神经网络，还有其他选择，如高斯过程和高斯混合模型。特别是，高斯过程考虑了模型的不确定性，被认为是非常有效的数据处理方法。事实上，在深度神经网络出现之前，它们的确曾是最受欢迎的选项。

但是，高斯过程的主要缺点是，在处理大型数据集时速度较慢。其实，为了学习更复杂的环境（因此需要更大的数据集），深度神经网络更值得推崇。此外，深度神经网络可以学习以图像作为观测值的环境模型。

学习环境模型有两种主要方法：一种是一旦学习了模型就保持不变；另一种是先学习模型，但一旦计划或策略发生变化时，则需要重新训练。图 9.3 给出了学习环境模型的两种方法的示意图。

图 9.3 的上半部分展示了一个顺序的基于模型的算法，其中智能体仅在学习模型之前与环境交互。图 9.3 的下半部分则展示了一个基于模型的学习的循环方法，其使用来自不同策略的新增数据对模型进行细化。为了理解实现循环方式的算法如何更优秀，必须定义一个关键概念。为了收集数据集以了解环境的动态，需要一个导航策略。但在一开始，策略可能是确定性的，也可能是完全随机的。因此，交互次数有限的话，探索空间也将非常有限。

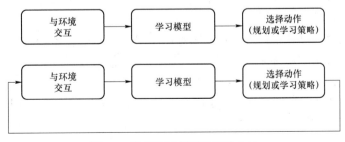

图 9.3　学习环境模型的两种方法

这使得模型无法学习环境的那些规划或学习最佳轨迹所需的部分。但是，如果使用来自更新、更好的策略的交互对模型进行重新训练，模型就将迭代地适应新策略，并捕获环境中尚未访问的所有部分（从策略的角度）。这称为数据聚合。

实际上，在大多数情况下，模型是未知的，要利用数据聚合方法进行学习，以适应新的策略。但是，学习模型很具挑战性，可能会遇到如下问题：

- **模型过拟合**（overfitting the model：）：学到的模型过度拟合环境的局部区域，而缺失其整体结构。

- **模型不准确**（inaccurate model）：在不完善的模型上规划或学习策略会引发一连串错误，并导致潜在的灾难结果。

学习模型的优秀的基于模型的算法必须解决这些问题。一个可能的解决方案是采用估计不确定性的算法，如贝叶斯神经网络，或利用模型集成。

9.1.2 基于模型的方法的优缺点

开发强化学习算法（各种强化学习算法）时，需要考虑以下三个基本方面：

- **渐近性能**（asymptotical performance）：这是一个算法在时间和硬件方面都有无限可用资源时所能达到的最大性能。

- **挂钟时间**（wall clock time）：这是算法在给定计算能力下达到给定性能所需的学习时间。

- **采样效率**（sample efficiency）：这是为了达到给定性能而与环境交互的次数。

前面已经探索了无模型和基于模型的强化学习中的采样效率，并且也解释了后者的采样效率更佳。但是挂钟时间和性能呢？相比无模型算法，基于模型的算法通常渐近性能较低，训练速度更慢。一般数据效率高会损害性能和速度。

基于模型的学习算法性能较低的原因之一可以归因于模型不准确（如果已经学习到），这会给策略引入额外的误差。挂钟时间长是由于规划算法缓慢或在不准确的学习环境中学习策略所需的交互次数较多。此外，由于规划的计算成本较高，且需要在每个步骤上进行，因此基于规划模型的算法的推理较慢。

总之，必须考虑训练基于模型的算法所需的额外时间，并认识到这些方法的渐近性能较低。但是，当模型比策略本身更容易学习，并且与环境的交互代价高昂或缓慢时，基于模型的学习就特别有用。

综合两方面，无模型学习和基于模型的学习各有令人信服的特点，但也各有明显的缺点。能否两全其美呢？

9.2 基于模型的学习与无模型学习的结合

无论在训练时还是运行时，规划在计算上都是非常昂贵的。在更复杂的环境中，规划算法是无法取得良好性能的。前文曾经提示过的另一种办法是学习策略。策略的推理速度肯定要快得多，因为它不必在每一步都做规划。

学习策略的一种简单但有效的方法是将基于模型的学习与无模型学习相结合。在无模型算法的创新研究中，这种结合已得到越来越多的关注，已成为迄今最常见的方法。下一节将要开发的算法 ME-TRPO，就是这样一种方法。下面就进一步深入研究这些算法。

9.2.1 有用的结合

如前所述，无模型学习具有良好的渐近性能，但样本复杂度较差。另外，从数据的角度来看，基于模型的学习是有效的，但当涉及更复杂的任务时，学习会遇到困难。通过两种方法的结合，有可能达到一个平稳点，即样本复杂度持续降低，同时能够达到无模型算法的高性能。

集成两种方法的途径很多，为此提出的算法千差万别。例如，当给定模型时（就像围棋和国际象棋游戏一样），搜索树和基于值的算法可以互相帮助，产生更好的动作值估计。

另一个例子是将环境和策略的学习直接结合在一个深度神经网络架构中，以便学习到的环境动态有助于策略的规划。相当多算法采用的另一种办法则是利用学习到的环境模型生成更多的样本以优化策略。

换句话说，通过在学习到的模型中玩模拟游戏来训练策略。实现方式有多种，主要步骤则如以下伪代码所示。

```
while not done:
    >采用策略 π 从真实环境中收集 {(s, a, s', r)_i}
    >将转移加入缓冲区 D
    >以监督学习方式利用 D 的数据学习模型 f(s, a)，使 ∑(f(s, a) − s')² 最小化
    >（选择性学习 r(s, a)）


repeat K times:
    >采样初始状态 s_0
    >利用策略 π 模拟来自模型 s'_s = f(s_s, a) 的转移 {(s, a, s', r)_i}
    >采用无模型强化学习更新策略 π
```

这段伪代码包括两个循环：最外层的循环从真实环境中收集数据以训练模型；而最内层的循环中，模型生成模拟样本，用来使用无模型算法优化策略。通常，用监督学习方式训练动态模型，以使 MSE 损失最小化。模型的预测越精确，策略就越准确。

在最内层的循环中，可以模拟完整或固定长度的轨迹。实际上，可以采用后一种方案来消除模型的缺陷。此外，轨迹可以从采样自包含真实转换的缓冲区的随机状态开始，也可以从某个初始状态开始。在模型不准确的情况下，推荐前一种方法，因为这样可以防止轨迹过于偏离真实轨迹。为了说明这种情况，请参看图 9.4。其中，在真实环境中收集的轨迹标为黑色，而模拟的轨迹标为浅黑色。

可见，从初始状态开始的轨迹较长，而随着不准确模型的误差在所有后续预测中传播，轨迹会快速地发散开来。

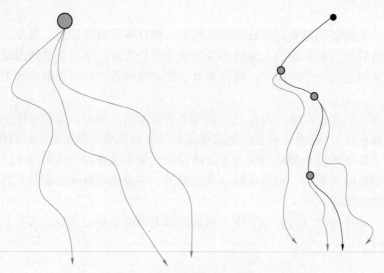

图 9.4　完整轨迹的模拟可以防止模拟轨迹偏离

注意，只能对主循环进行一次迭代，并收集学习环境的合适近似模型所需的所有数据。但是，出于前面提到的原因，最好采用迭代数据聚合方法，用源自更新策略的转换来周期性地重新训练模型。

9.2.2　利用图像构建模型

至此，本章介绍的基于模型与无模型学习相结合的方法是专门为处理低维状态空间而设计的。那么，如何处理图像等高维观测空间呢？

一种办法是在隐空间（latent space）中进行学习。隐空间是高维输入 s（如图像）的低维表示，也称嵌入（embedding）$g(s)$。隐空间可以由神经网络（如自动编码器）产生。图 9.5 给出了自动编码器的示例。

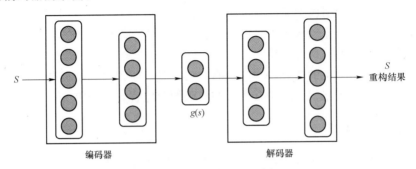

图 9.5　自动编码器示例

自动编码器包括一个将图像映射到隐空间 $g(s)$ 的编码器和一个将隐空间映射到重构图像的解码器。作为自动编码器的结果，隐空间应该在有限空间里表达出图像的主要特征，以便两个相似的图像在隐空间里仍然相似。

在强化学习中，可以训练自动编码器来重构输入 S，或者预测下一帧观测值 S'（如果需要，还可以加上奖励）。然后，可以利用隐空间学习动态模型和策略。这种方法带来的主要好处是，由于图像的较小表示，学习效率大大提高。但是，当自动编码器无法恢复正确的表示时，在隐空间中学习到的策略可能会出现严重的缺陷。

针对高维空间的基于模型的学习仍然是一个非常活跃的研究领域。

 对从图像观察中学习的基于模型的算法感兴趣的读者，可能会对 Kaiser 的论文 *Model-Based Reinforcement Learning for Atari* 感兴趣（ https://arxiv.org/pdf/ 1903.00374.pdf ）。

至此，本章已经以更形象和理论化的方式介绍了基于模型的学习及其与无模型学习的结合。尽管理解这些范式必不可少，但这里更希望将它们付诸实践。因此，无须赘述，下一节即刻介绍第一个基于模型的算法的细节和实现。

9.3　用于倒立摆的 ME-TRPO

前面"有用的结合"一节的伪代码所介绍的经典的基于模型和无模型学习的算法有很多变体。它们几乎都给出了各种方法来应对有缺陷的环境模型。

达到与无模型学习方法相同的性能，是一个需要解决的关键问题。从复杂环境中学习到的模型总有某种程度的不精确性。因此，主要的挑战是估计或控制模型的不确定性，以稳定和加速学习过程。

ME-TRPO 提出，利用模型集成来维持模型的不确定性并规范学习过程。该模型是具有不同权重初始化和训练数据的深度神经网络。总之，它们提供了一个更健壮的环境通用模型，而不影响数据不够充足的区域的利用。

然后，从集成模型模拟的轨迹中学习策略。特别是，学习策略所选择的算法是"第 7 章信赖域策略优化和近端策略优化"中介绍过的**信赖域策略优化**（TRPO）。

9.3.1　了解 ME-TRPO

在 ME-TRPO 算法的第一部分，学习环境动态（即模型集成）。该算法首先采用随机策略 π 与环境交互，以收集转换数据集 $(s, a, s', r)_i$。然后利用该数据集以有监督的方式训练所有动态模型 f_{θ_i}。模型 f_{θ_i} 采用不同的随机权重进行初始化，并使用不同的小批量数据进行训练。为了避免过拟合问题，将从数据集创建验证集。此外，每当验证集上的损失不再改善时，早停机制（机器学习中广泛采用的正则化技术）就会中断训练过程。

在 ME-TRPO 算法的第二部分，采用 TRPO 方法学习策略。具体来说，利用从学习到的模型（也称模拟环境）而非真实环境中收集的数据训练策略。为了避免策略用到单个学习模型的不准确区域，利用整个集成模型 f_{θ_i} 的预测转换来训练策略 π。特别是，在模拟数据集上对策略进行训练，该数据集由从集成模型中随机选择的模型 f_{θ_i} 所获取的转换组成。在训练期间，要持续监控策略，一旦性能停止改善，立即停止训练。

最后，重复由这两部分组成的循环，直到收敛。但是，在每次新的迭代中，通过运行新学习到的策略 π 来收集来自真实环境的数据，并将收集到的数据聚合到以前迭代的数据集。ME-TRPO 算法可以简要归结在以下伪代码中：

随机初始化策略 π 和模型 $f_{\theta_1} \cdots f_{\theta_N}$

初始化空缓冲区 D

```
while not done:
```
　>利用策略 π（或随机）将转换 $(s, a, s', r)_i$ 从真实环境填充到缓冲区 D
　>以有监督的方式利用 D 中的数据学习模型 $f_{\theta_1}(s, a) \cdots f_{\theta_N}(s, a)$，使 $\sum(f_{\theta_i}(s, a) - s')^2$ 最小化

```
until 收敛:
```
　>采样初始状态 s_0

>利用模型 $\{f_{\theta_i}\}_{i=1}^{K}$ 和策略 π 模拟转换 $(s_s, a, s'_s, r_s)_i$

>进行 TRPO 更新以优化策略 π

这里需要注意的一点是，与大多数基于模型的算法不同，环境模型并没有考虑奖励。因此，ME-TRPO 假设奖励函数已知。

9.3.2　ME-TRPO 的实现

ME-TRPO 的代码相当长，本节并不提供完整的代码。另外，很多部分都不必关注，所有关于 TRPO 的代码都已经在"第 7 章　信赖域策略优化和近端策略优化"中讨论过。但是，对完整的实现感兴趣或者希望使用该算法的读者，可以在本章的 GitHub 库中找到完整的代码。

本节将解释和实现以下内容：
- 模拟游戏并优化策略的内循环。
- 训练模型的函数。

剩下的代码与 TRPO 的代码非常相似。

以下步骤将指导完成 ME-TRPO 核心的构建和实施过程：

（1）**更改策略**。与真实环境交互过程中唯一的更改是策略。特别是，对第一个情节，策略是随机操作的；但在其他情节，它将从高斯分布中采样动作，该分布在算法开始时具有固定的随机标准偏差。此更改通过用以下代码行替换 TRPO 实现中的代码行 act，val=sess.run（[a_sampl，s_values]，feed_dict={obs_ph：[env.n_obs]}）而得以实现。

```
...
if ep == 0:
    act = env.action_space.sample()
else:
    act = sess.run(a_sampl, feed_dict={obs_ph:[env.n_obs],
log_std:init_log_std})
...
```

（2）**拟合深度神经网络** f_{θ_i}。神经网络利用前一步获得的数据集来学习环境模型。数据集分为训练集和验证集，而验证集由早停机制来确定是否值得继续训练。

```
...
model_buffer.generate_random_dataset()
train_obs,train_act,_,train_nxt_obs,_=
```

```
model_buffer.get_training_batch()
valid_obs,valid_act,_,valid_nxt_obs,_=
model_buffer.get_valid_batch()
print('Log Std policy:',sess.run(log_std))
for i in range(num_ensemble_models):
train_model(train_obs,train_act,train_nxt_obs,valid_obs,
valid_act,valid_nxt_obs,step_count,i)
```

model_buffer 是包含环境生成的样本的 FullBuffer 类的一个实例，generate_random_dataset 创建两个用于训练和验证的数据集，然后分别通过调用 get_training_batch 和 get_valid_batch 返回。

在接下来的几行代码中，通过传递数据集、当前步数和必须训练的模型索引，使用 train_model 函数训练每个模型。num_ensemble_models 是组成集成模型的模型总数。关于 ME-TRPO 的论文表示，5～10 个模型就足够了。参数 i 确定了哪个集成模型需要优化。

（3）在模拟环境中生成虚拟轨迹并拟合策略。

```
best_sim_test = np.zeros(num_ensemble_models)
for it in range(80):
        obs_batch, act_batch, adv_batch, rtg_batch =
simulate_environment(sim_env, action_op_noise, simulated_steps)

        policy_update(obs_batch, act_batch, adv_batch, rtg_batch)
```

重复此操作 80 次或至少直到策略继续改善。simulate_environment 通过在模拟环境（由学习到的模型表示）中实施策略来收集数据集（由观察、动作、优势、值和返回值组成）。在本例中，策略由函数 action_op_noise 表示，当给定一个状态时，该函数返回一个遵循已学习的策略的动作。相反，环境 sim_env 是环境的模型 f_{θ_i}，每步从集成模型中随机选择。传递给函数 simulated_environment 的最后一个参数是 simulated_steps，它决定在虚拟环境中要执行的步数。

最后，policy_update 函数执行一个 TRPO 步骤，用在虚拟环境中收集的数据更新策略。

（4）实施早停机制和评估策略。早停机制可以防止策略在环境模型上过拟合。它通过监视策略在每个单独模型上的性能来起作用。如果策略有改进的模型比例超过某个阈值，则循环终止。这应该是一个策略是否已经开始过拟合的迹象。注意，与训练不同的是，在测试期间，策略一次只在一个模型上进行测试。在训练期间，每个轨迹由环境的所有学习到的模型生成。

```
    if (it+1) % 5 == 0:
        sim_rewards = []

        for i in range(num_ensemble_models):
            sim_m_env = NetworkEnv(gym.make(env_name), model_op,
pendulum_reward, pendulum_done, i+1)
            mn_sim_rew, _ = test_agent(sim_m_env, action_op,
num_games=5)
            sim_rewards.append(mn_sim_rew)

        sim_rewards = np.array(sim_rewards)
        if (np.sum(best_sim_test >= sim_rewards) >
int(num_ensemble_models*0.7)) \
            or (len(sim_rewards[sim_rewards >= 990]) >
int(num_ensemble_models*0.7)):
                break
    else:
        best_sim_test = sim_rewards
```

每五次训练迭代对策略进行一次评估。对集成模型的每个模型，将实例化一个 NetworkEnv 类的新对象。它提供与真实环境相同的功能，但在后台，它返回从环境中学习到的模型的转换。NetworkEnv 通过继承 Gym.wrapper 和重写 reset 和 step 函数来实现实例化。构造函数的第一个参数是一个仅用于获得一个真实初始状态的真实环境，而 model_os 是一个函数，当给定一个状态和动作时，它会生成下一个状态。最后，pendulum_reward 和 pendulum_done 是返回奖励和完成标识的函数。这两个函数是针对环境的特定功能构建的。

（5）**训练动态模型**。train_model 函数用来优化模型以预测未来状态。这很容易理解。在步骤（2）中训练集成模型时使用了这个函数。train_model 是一个内部函数，它采用前面看到的参数。在外循环的每次 ME-TRPO 迭代中，要重新训练所有模型，即从模型的随机初始权重开始训练模型，不会从前面的优化中恢复。因此，每次调用 train_model 时，在进行训练之前，都会恢复模型的初始随机权重。以下代码段在该操作前后恢复权重并计算损失。

```
def train_model(tr_obs, tr_act, tr_nxt_obs, v_obs, v_act, v_nxt_obs,step_count,
model_idx):
```

```
    mb_valid_loss1 = run_model_loss(model_idx, v_obs, v_act, v_nxt_obs)


    model_assign(model_idx,initial_variables_models[model_idx])


    mb_valid_loss = run_model_loss(model_idx, v_obs, v_act, v_nxt_obs)
```

run_model_loss 返回当前模型的损失，而 model_assign 恢复 initial_variables_models
[model_idx] 中的参数。

然后，只要验证集的损失在上一次 model_iter 中仍得到改善，就继续训练模型。但由于
最佳模型可能不是最后一个，因此要持续跟踪最佳模型，并在训练结束时恢复其参数。另外，
也会随机打散数据集，将其分成小批量数据集。代码如下：

```
acc_m_losses = []
last_m_losses = []
md_params = sess.run(models_variables[model_idx])
best_mb = {'iter':0, 'loss':mb_valid_loss, 'params':md_params}
it = 0


lb = len(tr_obs)
shuffled_batch = np.arange(lb)
np.random.shuffle(shuffled_batch)


while best_mb['iter'] > it - model_iter:
    # update the model on each mini-batch
    last_m_losses = []
    for idx in range(0, lb, model_batch_size):
        minib = shuffled_batch[idx:min(idx+minibatch_size,lb)]
        if len(minib) != minibatch_size:
        _, ml = run_model_opt_loss(model_idx, tr_obs[minib],
tr_act[minib], tr_nxt_obs[minib])
                acc_m_losses.append(ml)
                last_m_losses.append(ml)


    # Check if the loss on the validation set has improved
```

```
        mb_valid_loss = run_model_loss(model_idx, v_obs, v_act,
v_nxt_obs)
        if mb_valid_loss < best_mb['loss']:
            best_mb['loss'] = mb_valid_loss
            best_mb['iter'] = it
            best_mb['params'] = sess.run(models_variables[model_idx])


        it += 1


    # Restore the model with the lower validation loss
    model_assign(model_idx, best_mb['params'])


    print('Model:{}, iter:{} -- Old Val loss:{:.6f} New Val loss:{:.6f}
-- New Train loss:{:.6f}'.format(model_idx, it, mb_valid_loss1,
best_mb['loss'], np.mean(last_m_losses)))
```

run_model_opt_loss 是一个执行带有索引 model_idx 模型的优化器的函数。

至此，ME-TRPO 的实现完成。下一节将了解它的性能。

9.3.3　RoboSchool 实验

1. RoboSchool 实验介绍

本节在 RoboSchoolInvertedPendulum 上测试 ME-TRPO，这是一种连续倒立摆环境，类似于著名的离散控制环境 CartPole。RoboSchoolInvertedPendulum-v1 的屏幕截图如图 9.6 所示。

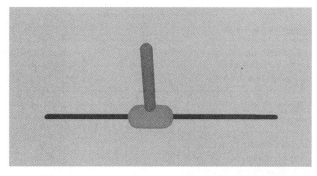

图 9.6　RoboSchoolInvertedPendulum-v1 屏幕截屏

其目标是移动手推车来保持杆子直立。杆子指向上方的每一步将获得 1 分的奖励。

考虑到 ME-TRPO 需要奖励函数以及 done 函数，因此必须为此任务定义这两个函数。为此，这里定义了 pendulum_reward，无论观察和动作是什么，它都返回 1。

```
def pendulum_reward(ob,ac):
    return 1
```

如果杆子角度的绝对值大于某个预定阈值，则 pendulum_done 返回 True。可以直接从状态得到角度。事实上，状态的第三和第四个元素分别是角度的余弦和正弦。可以任意选择其中一个来计算角度。因此，pendulum_done 的定义如下：

```
def pendulum_done(ob):
    return np.abs(np.arcsin(np.squeeze(ob[3])))>.2
```

除了与"第 7 章 信赖域策略优化和近端策略优化"使用的参数相比，TRPO 的一般超参数几乎保持不变外，ME-TRPO 还要求以下参数：

- 动态模型优化器的学习率 mb_lr。
- 用于训练动态模型的小批量大小 model_batch_size。
- 每次迭代要执行的模拟步数 simulated_steps（这也是用于训练策略的批量大小）。
- 构成集成模型的模型数 num_ensemble_models。
- 如果验证没有减少，在中断模型 model_iter 训练之前的迭代次数。

该环境使用的超参数及其取值见表 9.1。

表 9.1   测试 ME-TRPO 的超参数及其取值

超参数	取值
学习率（mb_lr）	$1e^{-5}$
模型批量大小（model_batch_size）	50
模拟步数（simulated_steps）	50 000
模型数（num_ensemble_models）	10
早停迭代数（model_iter）	15

2. RoboSchoolInvertedPendulum 的结果

实验性能图如图 9.7 所示。

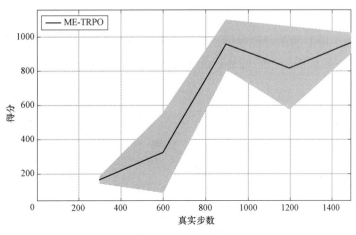

图 9.7 实验性能图

图 9.7 中，奖励是与真实环境交互次数的函数。经过 900 个步骤和大约 15 个游戏后，智能体达到最高性能——1000 分。策略自我更新了 15 次，并从 75 万模拟步骤中学习。从计算角度来看，该算法在中等性能的计算机上训练了大约 2 小时。

可见，结果具有很高的可变性，如果使用不同的随机种子进行训练，可以获得非常不同的性能曲线。对于无模型算法也是如此，但在这里，差异更为明显。其中一个原因可能是从真实环境中收集的数据不同。

9.4 本章小结

本章离开无模型算法，开始讨论和探索从环境模型中学习的算法。本章探讨了促使开发这种算法的范式变化背后的关键原因。然后，区分了处理模型时的两种主要情况：第一种是模型已知的情况；第二种是必须学习模型的情况。

此外，本章还介绍了模型如何用于规划下一步行动或学习策略。没有不变的规则来选择一个或另一个，但一般而言，它与动作和观察空间的复杂性以及推理速度有关。然后，本章研究了无模型算法的优缺点，并通过将无模型算法与基于模型的学习方法相结合，来加深读者对如何使用无模型算法学习策略的理解。这为在高维观测空间（如图像）中使用模型提供了启示。

最后，为了更好地掌握所有与基于模型的算法相关的材料，本章开发了 ME-TRPO。该方法提出，利用模型集成和信赖域策略优化来处理模型的不确定性，以学习策略。所有模型都用于预测下一个状态，从而创建学习策略的模拟轨迹。因此，该策略完全是根据所学的环境模型进行训练的。

本章总结了基于模型的学习的参数。下一章将介绍新的学习类型，讨论模仿学习的算法。此外，下一章将开发和训练一个智能体，通过遵循专家的行为，使其能够玩 Flappy Bird 游戏。

9.5 思考题

1. 如果只有 10 个游戏可以训练智能体玩跳棋，应该选择基于模型的算法还是无模型的算法？
2. 基于模型的算法有哪些缺点？
3. 如果环境模型未知，如何学习？
4. 为什么使用数据聚合方法？
5. ME-TRPO 如何稳定训练？
6. 使用集成模型如何改进策略学习？

9.6 延伸阅读

● 要想扩展从图像学习策略的基于模型的算法的知识，请阅读论文 *Model-Based Reinforcement Learning for Atari*:https://arxiv.org/pdf/1903.00374.pdf。

● 要想阅读 ME-TRPO 相关的原版论文，请点击以下链接：https://arxiv.org/pdf/1802.10592.pdf。

第 10 章　模仿学习与 DAgger 算法

算法只根据奖励进行学习的能力是开发强化学习算法的一个非常重要的特性。这使得智能体能够从零开始学习和改进其策略，而无须其他的监督。尽管如此，在某些情况下，在给定的环境里已经存在其他专家智能体。**模仿学习**（imitation learning，IL）算法通过模仿专家的行为并从中学习策略来发挥专家的作用。

本章重点介绍模仿学习。虽然与强化学习不同，但模仿学习提供了巨大的机会和能力，特别是在状态空间非常大且奖励很少的环境中。显然，只有当有更专业的智能体可供模仿时，模仿学习才有可能。

本章将重点介绍模仿学习方法的主要概念和特点。本章还将实现一个名为 DAgger 的模仿学习算法，并教智能体玩 Flappy Bird 游戏。这将有助于掌握这种新算法，并了解它们的基本原理。

本章的最后一节将介绍**反向强化学习**（inverse reinforcement learning，IRL）。反向强化学习是一种提取和学习另一个智能体在价值和奖励方面的行为的方法，也就是说，反向强化学习学习的是奖励函数。

本章将介绍以下主题：

- 模仿学习。
- Flappy Bird 游戏。
- 理解数据集聚合算法。
- 反向强化学习。

10.1　技术要求

本章在简要介绍模仿学习算法背后的核心概念之后，将实现一个真正的模仿学习算法。但是，只提供主要和最有趣的部分。因此，对完整的实现感兴趣的读者，可以在本书的 GitHub 库中找到：https://github.com/PacktPublishing/Reinforcement-Learning-Algorithms-with-Python。

稍后，本章将在著名的 Flappy Bird 游戏（https://en.wikipedia.org/wiki/Flappy_Bird）上运行模仿学习算法。本节将提供安装它所需的所有命令。

但在安装游戏环境之前，需要考虑一些额外的库：

● 在 Ubuntu 中，过程如下：

```
$ sudo apt-get install git python3-dev python3-numpy libsdl-
image1.2-dev libsdl-mixer1.2-dev libsdl-ttf2.0-dev libsmpeg-dev
libsdl1.2-dev libportmidi-dev libswscale-dev libavformat-dev
libavcodec-dev libfreetype6-dev
$ sudo pip install pygame
```

● 在 Mac 中，用户可用下列命令安装相关的库：

```
$ brew install sdl sdl_ttf sdl_image sdl_mixer portmidi
$ pip install-c https://conda.binstar.org/quasiben pygame
```

● 对于 Ubuntu 和 Mac 用户，安装过程如下：
（1）必须克隆 PLE。可利用以下代码行完成克隆：

```
git clone https://github.com/ntasfi/PyGame-Learning-Environment
```

PLE 是一组环境，也包括 Flappy Bird。因此，通过安装 PLE，将获得 Flappy Bird。
（2）必须进入 PyGame-Learning-Environment 文件夹：

```
cd PyGame-Learning-Environment
```

（3）用以下命令运行安装：

```
sudo pip install -e.
```

现在，应该可以使用 Flappy Bird 游戏了。

10.2　模仿学习

　　模仿学习是通过模仿专家获得新技能的技术。这种从模仿中学习的特性对于学习连续的决策策略并不是严格必要的，但如今，对于很多问题却是必不可少的。有些任务无法通过简单的强化学习来解决，而从复杂环境的巨大空间中引导提升策略是一个关键因素。图 10.1 所示为模仿学习过程涉及的核心组件的高层视图。

　　如果智能代理（专家）已经存在于环境中，那么可以利用它们给新智能体（学习者）提供有关完成任务和在环境中导航所需行为的大量信息。在这种情况下，新的智能体可以学得更快，而无须从头开始学习。专家还可以作为教师，指导新智能体并反馈其行为成效。请注意这里的区别。专家既可以作为指导者，也可以作为纠正学生的错误的督导者。

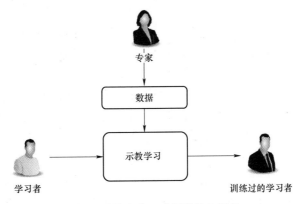

图 10.1　模仿学习过程的核心组件

对于有指导者或督导者的模型，模仿学习算法可以利用它们。现在读者应该理解为什么模仿学习如此重要，且为什么不能将其排除在本书之外。

10.2.1　驾驶助手示例

为了更好地掌握这些关键概念，可以借用年轻人学习驾驶为例。假设他们从未坐过车，这是他们第一次看到一辆车，而且他们不知道它是如何工作的。有三种学习方法：

（1）把车钥匙给他们，他们必须自己学习，没有任何督导。

（2）在拿到车钥匙之前，他们在乘客座上坐 100 个小时，观察老司机（专家）在不同天气条件和不同路况下的驾驶情况。

（3）他们观察专家驾驶，但最重要的是，他们要有交流，驾驶时专家提供反馈。例如，专家可以实时指导如何泊车，并直接建议如何保持在车道上。

不出所料，第一种情况是强化学习方法，智能体只获得很少的奖励，如不撞车、行人不朝他们嚷嚷等。

第二种情况是一种被动的模仿学习方法，其能力是从专家行为的纯粹复制中获得的。总的来说，它非常接近有监督的学习方法。

第三种也是最后一种情况是一种积极的模仿学习方法，它是一种真正的模仿学习方法。这种情况要求在训练阶段专家指导学习者的每一个动作。

10.2.2　模仿学习与强化学习对比

可以通过突出与强化学习的差异，更深入地了解模仿学习方法。这种对比非常重要。模仿学习中的学习者没有意识到任何回报。这一限制会产生很大的影响。

回到前面的例子，学习者只能尽量复制专家的动作，无论是被动还是主动。从环境得不到客观的回报，他们只能接受专家的主观监督。因此，即使他们想，他们也无法改进和理解教师的推理。

因此，模仿学习应该被视为一种模仿专家动作但不知其主要目的的方式。在前面的示例中，年轻司机似乎很好地理解了教师的行车路线，但他们仍然不知道教师选择路线的动机。对回报一无所知，模仿学习所训练的智能体也就无从像强化学习那样使回报最大化。

这就是模仿学习和强化学习之间的主要区别。前者缺乏对主要目标的了解，因此无法超越教师。相反，后者缺乏直接的监督信号，在大多数情况下，只能获得很少的奖励。图 10.2 清楚地描述了这种情况。

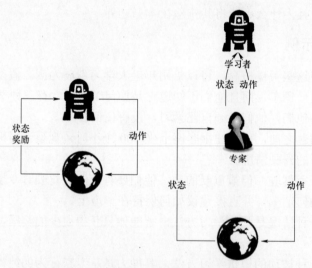

图 10.2　强化学习与模仿学习的对比示意图

在图 10.2 中，左图表示通常的强化学习循环，右图则表示模仿学习循环。这里，学习者不会得到任何奖励，只有专家给出的状态和动作。

10.2.3　模仿学习中的专家作用

探究模仿学习算法时，术语 "expert（专家）""teacher（教师）" 和 "supervisor（督导者）" 指的是同一个概念。它们表示一个新智能体（学习者）可以向其学习的人物。

从根本上说，专家可以是任何形式，从真正的人类专家到专家系统。第一种情况更为明显并容易被接受。需要做的就是教一个算法去完成人类已经能够完成的任务。其优点显而易见，可用于大量任务。

第二种情况可能不那么常见。选择一个经过模仿学习训练的新算法，其背后的一个合理动机可以归因于一个缓慢的专家系统，由于技术限制，该系统无法改进。例如，教师可能是一个精确但效率低的树搜索算法，在推理时无法以适当的速度执行。可以用一个深度神经网络代替它。在树搜索算法的监督下，神经网络训练可能需要花费一些时间，但一旦训练好，它在运行时的执行速度会快得多。

至此，应该清楚的是，来自学习者的策略的质量在很大程度上取决于专家提供的信息的质量。教师的表现是学习者最终表现的上限。一个差劲的教师总是会给学习者提供糟糕的数据。因此，专家是决定最终智能体质量的关键因素。教师弱，就无法期待获得好的策略。

10.2.4　模仿学习的结构

1. 模仿学习介绍

了解了模仿学习的所有组成要素后，就可以详细介绍用于设计完整模仿学习算法的相关算法和方法。

解决模仿问题最直接的方法如图 10.3 所示。

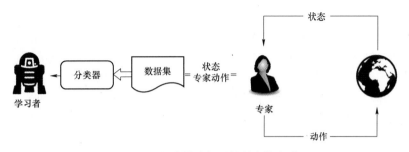

图 10.3　解决模仿问题的最直接方法

图 10.3 所示的方法可概括为两个主要步骤：

- 专家从环境中收集数据。
- 通过对数据集的监督学习来学习策略。

遗憾的是，尽管监督学习是追求卓越的模仿算法，但在大多数情况下，它不起作用。

为了理解为什么监督学习方法不是一个好的选择，需要回顾一下监督学习的基础知识。最令人感兴趣的两个基本原理是：训练集和测试集应该属于相同分布，数据应该是独立同分布的。但是，策略应能允许有不同的轨迹，而且对最终的数据分布变化具有稳健性。

如果只使用有监督的学习方法训练一个智能体驾驶一辆汽车，只要它偏离专家轨迹一点点，它就处于前所未有的新状态，而这会造成数据分布的不匹配。在这种新状态下，智能体将无法确定下一步要采取的行动。对于通常的监督学习问题，这并不那么重要。如果错过一个预测，并不会对下一个预测产生影响。但是，在一个模仿学习问题中，算法学习的是策略，独立同分布属性不再有效，因为后续动作彼此严格相关。因此，它们将对其他所有动作产生影响和叠加效应。

在自动驾驶汽车示例中，一旦分布与专家的数据分布不同，就很难恢复正确的路径，因为不正确的行为会累积并导致严重的后果。轨迹越长，模仿学习的效果越差。更明确地，具有独立同分布的数据的有监督学习问题可视为具有长度为 1 的轨迹。它对后续动作没有影响。这就是之前所说的被动学习。

为了克服可能对被动学习所得策略产生灾难性影响的分布偏移，可以采用不同的技术。一些技术纯属独门绝技，而另一些技术则是更具算法性的变体。以下是其中两种行之有效的策略：

- 学习一个能在无过拟合数据上可泛化的模型。
- 除了被动模仿，还采用主动模仿。

因为第一个挑战性更大，所以这里只聚焦于第二种策略。

2. 比较主动模仿与被动模仿

前面年轻人学习开车的例子中引入了术语"主动模仿"。具体所指的情况是，学习者驾驶时得到专家的指导反馈。一般而言，主动模仿是指利用与专家指派动作相关的在线策略数据进行学习。

被动学习的输入 s（状态或观察）和输出 a（动作）都来自专家。而在主动学习中，s 是从学习者中抽取的样本，a 是专家在 s 状态下应该采取的行动。新智能体的目标是学习映射 $\pi(a|s)$。

利用在线策略数据的主动学习允许学习者修正与专家轨迹的微小偏差，而学习者仅靠被动模仿不知道如何纠正这些偏差。

10.3　Flappy Bird 游戏

10.3.1　Flappy Bird 介绍

本章的后面部分将在一个新的环境开发和测试一个名为 DAgger 的模仿学习算法。名为 Flappy Bird 的环境类似于有名的 Flappy Bird 游戏。这里将介绍利用该环境实现代码所需的工具，首先从相关界面开始说起。

Flappy Bird 属于 **PyGame 学习环境（PyGame Learning Environment，PLE）**，这是一组模拟 ALE 界面的环境。该环境界面与 **Gym** 界面类似，稍后会介绍其不同之处，尽管它使用起来很简单。

Flappy Bird 游戏的目标是让鸟在垂直管道中飞行但不能撞到管道。它只由一个扇动其翅膀的动作控制。如果它不飞的话，它将沿着由重力决定的递减轨迹前进。图 10.4 所示为 Flappy Bird 环境的屏幕截图。

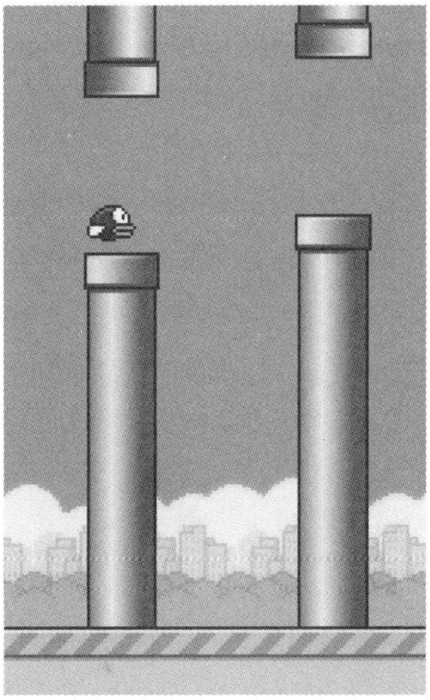

图 10.4　Flappy Bird 环境的屏幕截图

10.3.2　如何利用环境

以下步骤将说明如何使用环境。

（1）为了在 Python 脚本中使用 Flappy Bird，首先需要导入 PLE 和 Flappy Bird：

```
from ple.games.flappybird import FlappyBird
from ple import PLE
```

（2）实例化一个 FlappyBird 对象，并将其传递给具有若干参数的 PLE：

```
game = FlappyBird()
p = PLE(game,fps=30,display_screen=False)
```

通过 display_screen，可以选择是否显示屏幕。

（3）通过调用 init()方法初始化环境：

```
p.init()
```

与环境交互并获取环境状态，主要使用四个函数：

- p.act（act）在游戏中执行 act 动作。act（act）返回从执行的动作中获得的奖励。
- p.game_over()检查游戏是否达到最终状态。
- p.reset_game()将游戏重置为初始条件。
- p.getGameState()获取环境的当前状态。如果要想获得环境的 RGB 观察值（即全屏），也可以使用 p.getScreenRGB()。

（4）集中上述各种函数，可以设计一个简单的脚本，完成 Flappy Bird 游戏五次，如以下代码片段所示。注意，为了能够运行这段代码，还必须定义返回给定状态动作的 get_action（state）函数。

```python
from ple.games.flappybird import FlappyBird
from ple import PLE

game = FlappyBird()
p = PLE(game, fps=30, display_screen=False)
p.init()

reward = 0

for _ in range(5):
    reward += p.act(get_action(p.getGameState()))

    if p.game_over():
        p.reset_game()
```

这里需要指出以下几点：

- getGameState()返回一个包含玩家的位置、速度和距离，以及下一个和下下一个管道的位置的字典。在将状态提供给这里用 get_action 函数表示的决策者之前，字典被转换为 NumPy 数组并进行归一化处理。
- 如果没有动作需要执行，act（action）以 None 作为输入。如果鸟必须拍打翅膀飞得更高，则输入 119。

10.4 理解数据集聚合算法

示教学习最成功的算法之一是**数据集聚合**（dataset aggregation，DAgger）。这是一个迭代策略元算法，在诱导的状态分布下表现良好。DAgger 最显著的特征是，它通过提出一种主动方法来解决分布不匹配问题。在这种方法中，专家教学习者如何从错误中恢复过来。

经典的模仿学习算法学习预测专家行为的分类器。这意味着该模型适用于由专家观察到的训练示例组成的数据集。输入是观察值，动作是期望的输出值。但是，根据前面的推理，学习者的预测会影响所访问的未来状态或观察结果，这违反了独立同分布假设。

DAgger 处理分布变化的方法是，迭代地聚合多次采样自学习者的新数据，并用聚合的数据集进行训练。DAgger 算法的简单示意图如图 10.5 所示。

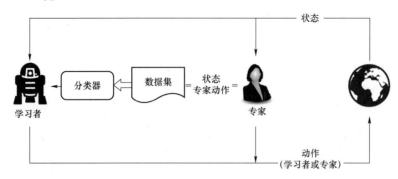

图 10.5　DAgger 算法的简单示意图

专家扩展分类器使用的数据集，但根据迭代的不同，环境中执行的动作可能来自专家，也可能来自学习者。

10.4.1　DAgger 算法

具体而言，Dagger 迭代地执行以下流程。第一次迭代根据专家策略创建轨迹数据集 D，该数据集用于训练第一个策略 π_1，而该策略很好地拟合这些轨迹而不会过拟合它们。然后，第 i 次迭代采用学习到的策略 π_i 收集新的轨迹，并将其添加到数据集 D。之后，拥有新旧轨迹的聚合数据集 D 被用来训练新策略 π_{i+1}。

根据关于 Dagger 的论文（https://arxiv.org/pdf/1011.0686.pdf）的报告，有一种主动的在线策略学习算法，其性能优于很多其他的模仿学习算法，它还能够借助深度神经网络学习非常复杂的策略。

此外，第 i 次迭代可以修改策略，以便专家控制很多动作。这种技术可以更好地利用专家，让学习者逐渐掌握对环境的控制权。

该算法的伪代码可以进一步说明这一点：

初始化 $D = \phi$

初始化 $\pi_0 = \pi^*$（π^* 为专家策略）

for i 0...n:

　　> 用 $(s, \pi^*(s))$ 扩充数据集 D_i。状态由 π_i 给出（有时专家可以控制），动作由专家 π^* 给出

　　> 在聚合数据集 $D = D \cup D_i$ 上训练分类器 π_{i+1}

10.4.2　Dagger 算法实现

代码分为三个主要部分：

● 载入专家推理函数以预测给定状态下的动作。

● 为学习者创建一个计算图。

● 创建 DAgger 迭代以构建数据集并训练新策略。

这里将解释最有趣的部分，其他部分留给读者。读者可以在本书的 GitHub 库中确认其余的代码以及完整版本。

1. 载入专家推理模型

专家应该是一个以状态作为输入并返回最佳动作的策略。尽管如此，它的形式不限。具体实验时，使用一个经过 PPO 训练的智能体作为专家。原理上，这没有任何意义，但出于学术目的采用了这个解决方案，以方便与模仿学习算法的集成。

经过 PPO 训练的专家模型已保存在文件中，以便可以使用训练过的权重简单地恢复它。恢复并应用计算图需要三个步骤：

（1）导入元图。可用 tf.train.import_meta_graph 恢复计算图。

（2）恢复权重。现在，必须将预训练得到的权重加载到刚导入的计算图上。权重已存入最新检查点中，权重恢复可以使用 tf.train.latest_ checkpoint（session，checkpoint）。

（3）获取输出张量。通过 graph.get_tensor_by_name（tensor_name）可以获取恢复后的计算图的张量，其中 tensor_name 是张量的名称。

下列代码行概括了整个过程：

```
def expert():
    graph = tf.get_default_graph()
    sess_expert = tf.Session(graph=graph)

    saver = tf.train.import_meta_graph('expert/model.ckpt.meta')
    saver.restore(sess_expert,tf.train.latest_checkpoint('expert/'))
```

```
    p_argmax = graph.get_tensor_by_name('actor_nn/max_act:0')
    obs_ph = graph.get_tensor_by_name('obs:0')
```

然后，因为令人感兴趣的只有返回给定状态的专家动作的简单函数，所以可以设计 expert 函数使其返回该函数。因此，在 expert()内部，定义了一个名为 expert_policy（state）的内部函数，并将其作为 expert()的输出：

```
def expert_policy(state):
    act = sess_expert.run(p_argmax,feed_dict={obs_ph:[state]})
    return np.squeeze(act)
return expert_policy
```

2. 创建学习者的计算图

以下所有代码都位于一个名为 DAgger 的函数中，该函数将整个代码中可见的一些超参数当作参元。

学习者的计算图很简单，因为它的唯一目标是构建分类器。在 Flappy Bird 的例子中，只有两个动作可以预测，一个是什么都不做，另一个是让鸟拍打翅膀。可以实例化两个占位符，一个用于输入状态，另一个用于专家的实际动作。动作是与所执行动作相对应的一个整数。对于两种可能的动作，它们只是 0（不做任何事情）或 1（飞行）。

构建这个计算图的步骤如下：

（1）创建一个深度神经网络，特别是一个完全连接的多层感知器，隐藏层用 ReLu 激活函数，最后一层用线性函数。

（2）对于每个输入状态，执行具有最大值的动作。这由带有 axis=1 的 tf.math.argmax（tensor，axis）函数完成。

（3）将动作的占位符转换成独热张量。这是必要的，因为损失函数使用的 logit 和标签应该有数组［batch_size，num_classes］。但是，名为 act_ph 的标签有维度［batch_size］。因此，需要用独热编码将它们转换为所需的维度。tf.one_hot 就是完成上述处理的 TensorFlow 函数。

（4）创建损失函数。这里采用 softmax 交叉熵损失函数。这是一个用于具有互斥类的离散分类的标准损失函数。损失函数使用 logit 和标签之间的 softmax_cross_entropy_with_logits_v2（labels，logits）进行计算。

（5）计算整个批次的 softmax 交叉熵平均值，并使用 Adam 最小化。

这五个步骤用以下代码实现：

```
obs_ph = tf.placeholder(shape=(None,obs_dim),dtype=tf.float32,name='obs')
act_ph = tf.placeholder(shape=(None,),dtype=tf.int32,name='act')
p_logits = mlp(obs_ph,hidden_sizes,act_dim,tf.nn.relu,last_activation=None)
act_max = tf.math.argmax(p_logits,axis=1)
act_onehot = tf.one_hot(act_ph,depth=act_dim)
p_loss=
tf.reduce_mean(tf.nn.softmax_cross_entropy_with_logits_v2(labels=act_onehot,logits = p_logits))
        p_opt = tf.train.AdamOptimizer(p_lr).minimize(p_loss)
```

接着，初始化会话、全局变量，并定义函数 learner_policy（state）。给定一个状态，该函数返回学习者选择的更高概率的动作（这与为专家所做的相同）：

```
sess = tf.Session()
sess.run(tf.global_variables_initializer())


def learner_policy(state):
  action = sess.run(act_max,feed_dict={obs_ph:[state]})
  return np.squeeze(action)
```

3. 创建 Dagger 循环

现在可以建立 DAgger 算法的核心部分了。总体内容已经在 DAgger 算法一节的伪代码中进行了定义，这里更深入地研究它的工作机理。

（1）初始化由放置经历状态和专家目标动作的两个列表 x 和 y 组成的数据集。同时初始化环境：

```
X=[]
y=[]


env = FlappyBird()
env = PLE(env,fps=30,display_screen=False)
env.init()
```

（2）完成所有 DAgger 迭代。在每个 DAgger 迭代开始时，必须重新初始化学习者计算图（因为在新数据集的每次迭代中要重新训练学习者），重置环境，并运行一些随机动作。在每个游戏开始时，运行一些随机动作，并将随机组件添加到确定的环境中。其结果将是更稳健的策略。

```
for it in range(dagger_iterations):
    sess.run(tf.global_variables_initializer())
    env.reset_game()
    no_op(env)


    game_rew = 0
    rewards = []
```

（3）通过与环境交互来收集新数据。如前所述，第一次迭代包含必须通过调用 expert_policy 来选择动作的专家，但在接下来的迭代中，学习者逐渐掌握控制权。学到的策略由 learner_policy 函数执行。通过将游戏的当前状态添加到 x（输入变量），并将专家在该状态下可能采取的动作添加到 y（输出变量），实现数据集的收集。游戏结束后，游戏将被重置，game_rew 被设置为 0。代码如下：

```
for _ in range(step_iterations):
    state = flappy_game_state(env)

    if np.random.rand() < (1 - it/5):
        action = expert_policy(state)
    else:
        action = learner_policy(state)

    action = 119 if action == 1 else None

    rew = env.act(action)
    rew += env.act(action)

    X.append(state)
    y.append(expert_policy(state))
    game_rew += rew
```

```
    if env.game_over():
        env.reset_game()
        np_op(env)

        rewards.append(game_rew)
        game_rew = 0
```

请注意，这些动作将执行两次。这样做是为了将每秒的动作数从 30 个减少到环境要求的 15 个。

（4）在聚合数据集上训练新策略。流程是标准的。数据集被打乱并分成长度为 batch_size 的小批量。然后，通过在每个小批量上重复运行 p_opt（相当于 train_epochs）轮次的优化。代码如下：

```
n_batches = int(np.floor(len(X)/batch_size))
shuffle = np.arange(len(X))
np.random.shuffle(shuffle)
shuffled_X = np.array(X)[shuffle]
shuffled_y = np.array(y)[shuffle]
    ep_loss = []
    for _ in range(train_epochs):

        for b in range(n_batches):
            p_start = b*batch_size
            tr_loss, _ = sess.run([p_loss, p_opt], feed_dict=
                    obs_ph:shuffled_X[p_start:p_start+batch_size],
                    act_ph:shuffled_y[p_start:p_start+batch_size]})

            ep_loss.append(tr_loss)
    print('Ep:', it, np.mean(ep_loss), 'Test:',
np.mean(test_agent(learner_policy)))
```

test_agent 在一些游戏中测试 learner_policy，以了解学习者的表现。

10.4.3　Flappy Bird 游戏结果分析

在展示模仿学习方法的结果之前，这里提供一些数字，以帮助读者将其与强化学习算法的结果进行比较。这不是一个公平的比较（这两种算法在非常不同的条件下工作），但是它们说明了为什么当有专家时，模仿学习是有益的。

专家已经用 PPO 训练了约 200 万步，约 40 万步之后，达到了约 138 分的最高分数。

这里利用表 10.1 中给出的超参数，在 Flappy Bird 上测试 DAgger。

表 10.1　　　　　　　　　　测试 DAgger 的超参数及其取值

超参数	变量名	取值
学习者的隐藏层	hidden_sizes	16，16
DAgger 迭代次数	dagger_iterations	8
学习率	p_lr	$1e^{-4}$
每次 DAgger 迭代的步数	step_iterations	100
小批量规模	batch_size	50
训练轮次	train_epochs	2000

图 10.6 所示曲线图展示了 DAgger 对应于执行步骤的性能趋势。

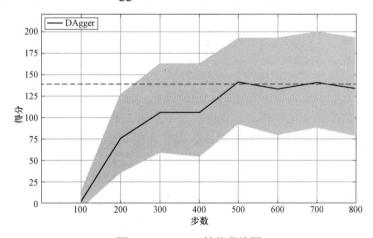

图 10.6　DAgger 性能曲线图

水平线表示专家达到的平均性能。从结果可见，达到专家性能只需数百步即可。但是，与 PPO 训练专家所需的经验相比，这意味着采样效率提高了约 100 倍。

重申一遍，这不是一个公平的比较，因为这些方法的条件不一样。但它强调，只要有专家，就应该采用模仿学习方法（至少是为了学习一个起步策略）。

10.5　反向强化学习

模仿学习的最大局限之一在于它无法学习其他轨迹以达到目标，除了从专家那里学习的轨迹。模仿专家，结果学习者被限制在教师的行为范围内。他们不知道专家试图达到的最终目标。因此，这些方法只有在无意超越教师时才有用。

反向强化学习（inverse reinforcement learning，IRL）是一种利用专家进行学习的强化学习算法。区别在于反向强化学习利用专家学习其奖励函数。因此，反向强化学习不像模仿学习那样复制教示，而是明确专家的目标。一旦学到了奖励函数，智能体就会用它来学习策略。

教示仅仅用于理解专家的目标，所以智能体并不受限于教师的行为，最终可以学习更好的策略。例如，一辆通过反向强化学习进行学习的自动驾驶车辆会明白，其目标是在最短的时间内从 A 点移动到 B 点，同时减少对物和人的损害。然后，汽车自行学习一个策略（如采用强化学习算法），以最大化奖励函数。

但是，反向强化学习也有一些限制其应用的挑战。专家的教示可能不是最佳的，因此学习者可能无法充分发挥其潜力，并可能仍然停留在错误的奖励函数之中。反向强化学习面临的另一个挑战在于对所学奖励函数的评估。

10.6　本章小结

本章暂时中断了强化学习算法的介绍，转而探索一类新的学习方法，称为模仿学习。这种新范式的新颖之处在于学习的发生方式，也就是说，生成的策略模仿专家的行为。这种范式不同于没有奖励信号的强化学习，它能够利用专家带来的难以置信的信息源。

学习者学习的数据集可以通过增加的状态-动作对得以扩展，以增加学习者在新情况下的信心。这个过程称为数据聚合。此外，新数据可能来自新学到的策略，本章示例讨论了在线策略数据（因为它来自相同的学习到的策略）。在线策略状态与专家反馈相结合是一种非常有价值的方法，可以提高学习者的质量。

然后，本章探索并开发了一种最成功的模仿学习算法，称为 DAgger，并将其用于学习 Flappy Bird 游戏。

但是，由于模仿学习算法只复制专家的行为，这些系统无法比专家做得更好。因此，本章引入了反向强化学习，它通过从专家那里推断奖励函数来克服这个问题。这样，策略的学习就可以独立于教师。

下一章将研究另一组用于解决顺序任务的算法，即进化算法。读者将学习这些黑盒优化算法的机制和优势，以便能够在具有挑战性的环境中采用它们。此外，下一章将深入研究一种称为进化策略的进化算法，并实现它。

10.7　思考题

1. 模仿学习被认为是一种强化学习吗？
2. 会用模仿学习在围棋中建立一个合适的智能体吗？
3. DAgger 的全称是什么？
4. DAgger 的主要强项是什么？
5. 在哪里应用反向强化学习而不是模仿学习？

10.8　延伸阅读

● 介绍 DAgger 的原始论文，请阅读 *A Reduction of Imitation Learning and Structured Prediction to No-Regret Online Learning*：https://arxiv.org/pdf/1011.0686.pdf。

● 要想了解有关模仿学习算法的更多信息，请查看论文 *Global Overview of Imitation Learning*：https://arxiv.org/pdf/1801.06503.pdf。

● 要想了解有关反向强化学习的更多信息，请阅读综述文章 *A Survey of Inverse Reinforcement Learning：Challenges，Methods and Progress*：https://arxiv.org/pdf/1806.06877.pdf。

第 11 章 黑盒优化算法

前面各章介绍了强化学习算法,从基于值的方法到基于策略的方法,从无模型方法到基于模型的方法。本章将提供另一种解决顺序任务的方案,即利用一类黑盒算法——**进化算法**(evolutionary algorithms,EA)。进化算法由进化机制驱动,有时比强化学习更受欢迎,因为它们不需要反向传播。它们还为强化学习提供了其他补充性好处。本章开头将简要回顾强化学习算法,以便更好地理解进化算法如何适应这些问题集。接着,本章将介绍进化算法的基本组成以及这些算法是如何工作的。在此基础上,本章将更深入地研究一个最有名的进化算法——**进化策略**(evolution strategies,ES)。

OpenAI 开发的一个新算法大大促进了进化算法在解决顺序任务方面的应用。这些任务展示了进化算法如何在多个 CPU 上实现大规模并行化和线性扩展,从而达到高性能。在解释了进化策略之后,本章将更深入地研究这个算法,并在 TensorFlow 中实现它,以便能够将它应用于所关注的任务。

本章将介绍以下主题:
- 超越强化学习。
- 进化算法的核心。
- 可扩展进化策略。
- 应用于 LunarLander 的可扩展进化策略。

11.1 超越强化学习

对于顺序决策问题,强化学习算法是常规选择。通常除了强化学习,很难找到其他方法来解决这些任务。尽管存在数百种不同的优化方法,但到目前为止,只有强化学习能够很好地解决顺序决策问题。但这并不意味着这是唯一的选择。

本章首先将回顾强化学习算法的内部工作原理,并探究其组件在解决顺序任务方面的有用性。这个简要总结将有助于引入一种新算法,它具有许多优点(也有一些缺点),可以用来替代强化学习。

11.1.1 强化学习简要回顾

起初,策略被随机地初始化,并用于在给定的步数或整个轨迹内与环境交互以收集数据。

每次交互，都将记录访问的状态、采取的行动和获得的奖励。这些信息提供了在该环境中智能体影响的完整描述。然后，为了改进策略，反向传播算法（基于损失函数，以便将预测移动到更好的估计值）计算网络每个权重的梯度。这些梯度用于随机梯度下降优化器。重复该过程（从环境中收集数据并利用**随机梯度下降法**优化神经网络），直到满足收敛条件。

在下面的讨论中，有两件重要的事情需要注意：

● **时间信用分配**（temporal credit assignment）：因为强化学习算法每一步都优化策略，所以需要分配每个动作和状态的质量。这是通过给每个状态动作对分配一个值来完成的。此外，还使用一个折扣因子来最小化较远动作的影响，并给最近的动作赋予更多的权重。这有助于解决为动作分配信用的问题，但也会给系统带来不准确性。

● **探索**（exploration）：为了在行动中保持一定程度的探索，强化学习算法的策略被添加了额外的噪声。添加噪声的方式取决于算法，但通常情况下，动作采样自随机分布。因此，如果智能体两次处于相同的情况，它可能会采取不同的操作，从而导致两条不同的路径。该策略还鼓励在确定性环境中进行探索。通过每次改变路径，智能体可能会发现不同的（可能是更好的）解决方案。当添加的噪声趋近于 0 时，智能体就能够收敛到更好的、最终的确定性策略。

但反向传播、时间信用分配和随机动作真的就是学习和构建复杂策略的先决条件吗？

11.1.2　替代方法

1. 替代方法简介

这个问题的答案是否定的。

正如"第 10 章　模仿学习与 DAgger 算法"中所介绍的，通过使用反向传播和随机梯度下降将策略学习简化为模仿问题，便可以从专家那里了解判别模型，以便预测下一步要采取的行动。不过，这涉及反向传播，需要一位可能并不总是可用的专家。

其实，还有另一个通用的全局优化算法子集。它们被称为进化算法，它们不基于反向传播，也不需要其他两个原理中的任何一个，即时间信用分配和有噪声动作。此外，正如本章导言中所说的，这些进化算法通用性强，可以用于各种各样的问题，包括顺序决策任务。

2. 进化算法

不出所料，进化算法在许多方面与强化学习算法不同，其主要受生物进化的启发。进化算法包括很多类似的方法，如遗传算法、进化策略和遗传编程，它们的实现细节和表达形式各不相同。但是，它们都主要基于四种基本机制，即复制、变异、交叉和选择，在猜测和检查（guess-and-check）过程中循环。随着本章的深入，可了解其含义。

进化算法被定义为黑盒算法。这些算法优化关于 w 的函数 $f(w)$，而无须对 f 做任何假设。因此，f 可以是任何东西，人们只关心 f 的输出。这有很多优点，也有一些缺点。主要的优点是，不必关心 f 的结构，可以随意使用最适合手头问题的方法。主要的缺点是，无法解释这些优化方法，即无法解释其机理。对于可解释性非常重要的问题，这些方法没有吸引力。

强化学习往往优先用于解决顺序任务，尤其是中高难度的任务。但是，OpenAI 最近的一篇论文则强调进化策略——一种进化算法，可以作为强化学习的替代方案。这种说法的主依据是该算法渐近达到的性能，及其扩展至数千个 CPU 的难以置信的能力。

在研究这个算法如何能够扩展，针对高难度任务学习好的策略之前，首先更深入地了解一下进化算法。

11.2 进化算法的核心

进化算法受到生物进化的启发，实现了模拟生物进化的技术和机制。这意味着进化算法要经过很多尝试来创建新的候选解决方案。这些解决方案也被称为个体（在强化学习问题中，候选解决方案是一种策略），它们比上一代更好，这与自然界适者生存并有可能繁衍生育的过程类似。

进化算法的优点之一是，它们是无导数的方法，这意味着它们并不依靠导数来寻找解决方案。这使得进化算法能够很好地处理各种可微和不可微函数，包括深度神经网络。这样的组合如图 11.1 所示。请注意，每个个体都是一个独立的深度神经网络，因此在任何时刻都拥有与个体数量相同的神经网络。图 11.1 所示的种群包括五个个体。

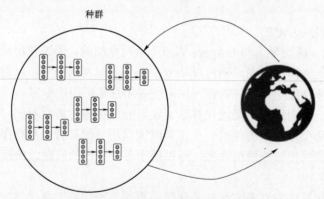

图 11.1 利用进化算法优化神经网络

每种进化算法的特点各有不同，但所有进化算法的基本流程是共同的，其工作原理如下：

（1）创建一个个体种群（也称候选解 candidate solutions 或 phenotypes），每个个体都具有一组不同的属性（称为染色体或基因型）。初始种群被随机初始化。

（2）每个候选解独立地由确定其质量的适应度函数评估。适应度函数通常与目标函数相关，借用本书到目前为止使用的术语，适应度函数可以是智能体（即候选解）在其整个生命周期中累积的总奖励。

（3）选择种群中更适合的个体，并修改其基因组以产生新一代种群。在某些情况下，不太合适的候选解可以用作生成下一代的反例。根据算法的不同，这一步差别很大。有些算法，如遗传算法，通过两个称为交叉和变异的过程培育新个体，从而产生新个体（称为后代）。而另一些算法，如进化策略，只通过变异培育新个体。本章后文将更深入地解释交叉和变异，但一般而言，交叉是结合双亲遗传信息的过程，而变异只改变后代的一些基因值。

（4）重复上述整个过程，执行步骤（1）～步骤（3），直到满足终止条件。每次迭代创建的种群也称一代。

如图 11.2 所示，该迭代过程在达到给定的适应度水平或产生最大代数时终止。正如所见，种群是通过交叉和变异产生的，但正如前面已经解释过的，这些过程可能会有所不同，具体取决于具体的算法。

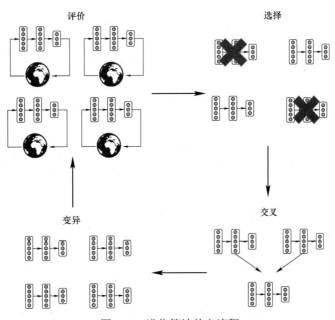

图 11.2　进化算法的主流程

通用进化算法的主体非常简单，只需几行代码即可，如下所示。为了总结这段代码，每次迭代，直到生成合适的一代，都会生成并评价新的候选解。候选解由上一代最合适的个体组成。

```
solver = EvolutionaryAlgortihm()

while best_fitness < required_fitness:
    candidates = solver.generate_candidates() # for example from crossover
and mutation

    fitness_values = []
    for candidate in candidates:
        fitness_values.append(evaluate(candidate))

    solver.set_fitness_values(fitness_values)

    best_fitness = solver.evaluate_best_candidate()
```

 注意，求解器的实现细节依赖于所采用的算法。

进化算法实际上已广泛应用于很多领域和问题，从经济学到生物学，从计算机程序优化到蚁群优化。

由于最令人感兴趣的是用进化算法解决顺序决策任务，所以这里重点解释用于解决这类任务的两种最常见的进化算法。它们是**遗传算法**（genetic algorithms，GA）和**进化策略**（evolution strategies，ES）。本章后面将通过开发一个高度可扩展的进化策略算法来深入介绍。

11.2.1　遗传算法

遗传算法的思想非常简单：评估当前种群，只选用表现最好的个体生成下一个候选解，并丢弃其他个体。图 11.2 展示了这个过程。存留个体通过交叉和变异产生下一个种群。这两个过程如图 11.3 所示。交叉是通过从存留个体中选择两个解并将它们的参数组合起来而实现的。另外，变异涉及改变后代基因型的一些随机参数。

交叉和变异可以通过很多不同的方式进行。在较简单的版本中，交叉是通过随机选择双亲中的某些部分来完成的，而变异则是对通过添加具有固定标准偏差的高斯噪声所获得的解进行改变而完成的。通过只保留最好的个体并将其基因注入新生个体，解将随着时间的推移而改进，直到满足条件为止。但是，对于复杂问题，这种简单的解容易陷入局部最优（这意味着该解仅在一小部分候选解中）。这时，推荐更先进的遗传算法，如**增强拓扑的神经进化**

（NeroEvolution of augmenting topologies，NEAT）。NEAT 不仅改变网络的权重，还改变网络的结构。

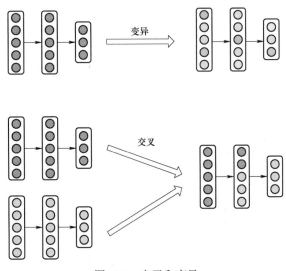

图 11.3　交叉和变异

11.2.2　进化策略

进化策略甚至比遗传算法还容易，因为它们主要基于变异来生成新的种群。

变异是将从正态分布中采样的值添加到基因型而实现的。进化策略的一个非常简单的版本是只从整个种群选择表现最好的个体，并从具有固定标准偏差和最优个体均值的正态分布采样下一代。

在简单问题之外，不建议采用进化策略算法。这是因为只跟随一个领导者并采用固定的标准偏差可能会阻止探索更加多样化的搜索空间而获得潜在解。因此，该方法的解可能会止步于一个狭窄的局部极小值。一个直接且更好的策略是，通过组合表现最好的 N 个候选解，并根据其适应度等级对其进行加权来产生后代。根据个体的适应度值对个体进行排序，称为适应度排序。该策略优先使用实际适应值，因为它对目标函数的变换是不变的，并且可以防止新一代过于接近可能的异常值。

1. 协方差矩阵自适应进化策略

协方差矩阵自适应进化策略（covariance matrix adaptation evolution strategy，CMA-ES）是一种进化策略算法。与进化策略的简单版本不同，它根据多元正态分布对新的候选解进行采样。CMA 的名称来源于这样一个事实：变量之间的依赖关系保存在协方差矩阵中，而该矩阵已被调整以增大或减小下一代的搜索空间。

简单地说，当 CMA-ES 信任其周围的空间时，它通过在给定方向上递增地减小协方差矩阵来缩小搜索空间。相反，CMA-ES 增大协方差矩阵，从而在信心不足时扩大可能的搜索空间。

2. 进化策略与强化学习对比

进化策略是强化学习的一个有意思的替代。尽管如此，必须评估利弊，以便能够选择正确的方法。下面简要介绍一下进化策略的主要优势：

● **无导数方法**（derivative-free methods）：不需要反向传播。仅执行前向传播以估计适应度函数(或等效的累积奖励)。这为所有不可微函数打开了大门,如强注意力机制(hard attention mechanisms)。此外，通过避免反向传播，提高了代码效率和速度。

● **非常通用**（very general）：进化策略的通用性主要源于它是一种黑盒优化方法。因为不关心智能体以及它执行的动作或访问的状态，所以可以抽象这些内容，而只关注它的评价。此外，进化策略允许在没有明确目标而且反馈非常稀疏的情况下学习。进化策略更通用的含义是，它们可以优化更大的函数集。

● **高度并行化和健壮性**（highly parallelizable and robust）：后文很快就会介绍，进化策略比强化学习更容易并行化，并且计算可以分散到数千个 CPU。进化策略的鲁棒性是由于算法工作所需的超参数很少。例如，与强化学习相比，进化策略不需要指定轨迹的长度、lambda值、折扣因子、跳过的帧数等。而且，进化策略对于长期任务非常有吸引力。

相反地，强化学习在以下关键方面具有优势：

● **采样效率**（sample efficiency）：强化学习算法充分利用从环境中获取的信息，因此它们需要更少的数据和更少的步骤就能完成学习任务。

● **卓越性能**（excellent performance）：总体而言，强化学习算法性能优于进化策略。

11.3 可扩展的进化策略

在介绍了黑盒进化算法，特别是进化策略之后，下面准备将其应用到实践中。OpenAI 的论文《作为强化学习的可扩展替代方案的进化策略》（*Evolution Strategies as a Scalable Alternative to Reinforcement Learning*）为将进化策略当作强化学习算法的替代方案做出了重大贡献。

该论文的主要贡献在于采用了一种新方法，该方法可以很好地用多个 CPU 扩展进化策略。特别是，新方法采用了一种新的跨 CPU 的通信策略，该策略只涉及标量，因此它能够扩展到跨数千个 CPU。

一般来说，进化策略需要更多的经验，因此效率低于强化学习。但是，通过将计算扩展到如此多的 CPU（由于采用了这种新策略），可以在更短的时间内完成任务。该论文提供了一个例子，作者用 1440 个 CPU 在 10 分钟内就解决了 3D 人形行走模式，速度随 CPU 核数线性提高。因为通常的强化学习算法无法达到这种可扩展性，所以它们需要数小时来解决相同的任务。

下面来看它们是如何能够如此好地扩展的。

11.3.1　核心思想

前面提到的论文采用的是一种使平均目标值最大化的进化策略算法版本：

$$E_{\theta \sim p_u} F(\theta)$$

它通过搜索种群 p_u 来实现这一点，p_u 由 μ 参数化，并使用随机梯度上升。F 是目标函数（或适应度函数），而 θ 是行动者的参数。这里，$F(\theta)$ 只是带有 θ 的智能体在环境中获得的随机回报。

种群分布 p_u 是一个多变量高斯分布，平均值为 μ，固定标准偏差为 σ，如公式（11.1）所示：

$$E_{\theta \sim p_u} F(\theta) = E_{\epsilon \sim N(0,I)} F(\theta + \sigma \epsilon) \tag{11.1}$$

可以用随机梯度估计来定义步长更新，如公式（11.2）所示：

$$\theta \leftarrow \theta + \alpha \frac{1}{n\sigma} \sum_{i=1}^{n} F(\theta + \sigma \epsilon_i) \epsilon_i \tag{11.2}$$

通过此更新，可以利用来自种群的情节结果估计随机梯度（不执行反向传播）。可以用一种众所周知的更新方法，如 Adam 或 RMSProp，更新这个参数。

1. 进化策略并行化

显而易见，进化策略可以跨多个 CPU 来扩展：每个工作器（worker）被分配给种群的一个单独的候选解。评价可以完全自主地进行，如论文所述，优化可以在每个工作器上并行完成，每个 CPU 单元之间只共享几个标量。

具体而言，工作器之间共享的唯一信息是一个事件（情节）的标量回报 $F(\theta + \sigma \epsilon_i)$ 和用于采样 ϵ_i 的随机种子。通过只发送回报，可以进一步缩减数据量，但在这种情况下，每个工作器的随机种子必须与所有其他工作器同步。本章决定采用第一种技术，而论文采用了第二种技术。在本文的简单实现中，两者的差异可以忽略，并且这两种技术都需要极低的带宽。

2. 其他方法

还有两项技术可以用来提高算法的性能：

- **适应度修正—目标排序**（fitness shaping – objective ranking）：本书前面讨论过这项技

术。其实很简单，就是不用原始回报而用秩变换来计算更新。秩对于目标函数的变换是不变的，因此在具有扩散回报的情况下表现得更好。此外，它还消除异常值的噪声。

● **镜像噪声**（mirror noise）：这一技巧减小了方差，并涉及同时用噪声 ϵ 和噪声 $-\epsilon$ 对网络进行评价。也就是说，对于每个个体，将有两个变异：$\theta_+ = \mu + \sigma\epsilon$ 和 $\theta_- = \mu - \sigma\epsilon$。

3. 伪代码

结合所有上述特性的并行化进化策略归结为如下伪代码：

Parallelized Evolution Strategy（并行化进化策略）

初始化每个工作器上的参数 θ_0
初始化每个工作器上的随机种子

for iteration=1…M **do:**

    for worker=1…N **do:**

        采样 $\epsilon \sim N(0, I)$
        评价个体 $F(\theta_t + \sigma\epsilon)$ 和 $F(\theta_t - \sigma\epsilon)$

将回报分摊给其他工作器

for worker=1…N **do:**

    根据返回值计算标准化秩 K
    从其他工作器的随机种子重建 ϵ_i

$$\theta_{t+1} \leftarrow \theta_t + \alpha \frac{1}{n\sigma} \sum_{i=1}^{n} K_i \epsilon_i \text{（可能使用 Adam）}$$

现在，剩下的就是实现这个算法。

11.3.2   可扩展进化策略的实现

为了简化实现并使进化策略的并行化版本能够在有限数量的工作器（和 CPU）上正常工作，下面将开发一个类似于图 11.4 所示的结构。主进程为每个 CPU 核创建一个工作器，并执行主循环。每次迭代都会等待工作器评估完给定数量的新候选解。与论文提供的实现不同，这里每个工作器在每次迭代中都要评估多个智能体。因此，如果有 4 个 CPU，将创建 4 个工作器。然后，如果希望一个总的批量的规模大于主流程每次迭代的工作器的数量（比如说，

40），那么每个工作器每次将创建并评估 10 个个体。回报值和种子被返回到主应用程序，主应用程序一直等待来自所有 40 个个体的结果，然后继续执行后续的代码行。

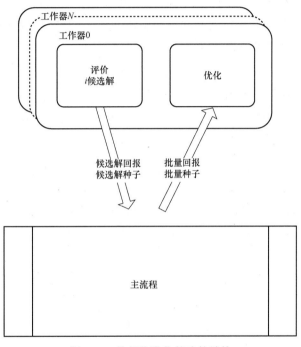

图 11.4　并行化进化策略的结构

然后，将这些结果传播给所有工作器，它们根据公式（11.2）中提供的更新分别优化神经网络。

按照刚才描述的内容，代码分为三个主要部分：

● 创建和管理队列和工作器的主流程。

● 定义工作器任务的函数。

● 一些可以执行简单任务的函数，如对回报进行排序和对智能体进行评价等。

首先解释一下主流程的代码，以便在详细介绍工作器之前，可以对算法有一个大致的了解。

1. 主函数

这是一个名为 ES 的函数，该函数具有以下参数：Gym 环境名称、神经网络隐藏层的大小、总代数、工作器数量、Adam 学习率、批量大小和标准偏差噪声。

```
def ES(env_name,hidden_sizes=[8,8],number_iter=1000,num_workers=4,
lr=0.01,batch_size=50,std_noise=0.01):
```

然后，设置一个初始种子，该种子共享给工作器，以便用相同的权重初始化参数。此外，要计算工作器在每次迭代中必须生成和评估的个体的数量，并创建两个 multiprocessing.Queue 队列。这些队列是传入和传出工作器的变量的入口点和出口点。

```
initial_seed = np.random.randint(1e7)
indiv_per_worker = int(batch_size/num_workers)
output_queue = mp.Queue(maxsize=num_workers*indiv_per_worker)
params_queue = mp.Queue(maxsize=num_workers)
```

接下来将多处理过程 multiprocessing.Process 实例化。它们将运行 worker 函数，该函数以异步方式作为 Process 构造器的第一个参数。传递给 worker 函数的所有其他变量都分配给 args，并且与进化策略采用的参数几乎相同，只是添加了两个队列。调用 start() 方法时，流程开始运行。

```
processes = []

for widx in range(num_workers):

     p = mp.Process(target=worker, args=(env_name, initial_seed,
hidden_sizes, lr, std_noise, indiv_per_worker, str(widx), params_queue,
output_queue))
     p.start()
     processes.append(p)
```

一旦并行的工作器启动，就可以跨代迭代，并等到每个工作器分别生成和评价完所有的个体为止。请记住，每代所创建的个体总数是工作器数量 num_workers 乘以每个工作器生成的个体数量 indiv_per_worker。这种架构是本实现而言是特有的，因为现在只有四个可用的 CPU 核，而论文中的实现则得益于数千个 CPU。一般而言，每代所创建的种群通常在 20～1000。

```
for n_iter in range(number_iter):
    batch_seed = []
    batch_return = []
```

```
for _ in range(num_workers*indiv_per_worker):
    p_rews, p_seed = output_queue.get()
    batch_seed.append(p_seed)
    batch_return.extend(p_rews)
```

上述代码段中，output_queue.get()从由工作器生成的队列 output_queue 中获取一个元素。这里，output_queue.get()返回两个元素。第一个元素 p_rews 是用 p_seed 生成的智能体的适应值（回报值）；p_seed 是第二个元素。

当 for 循环终止时，对回报值进行排序，并将批处理回报和种子放入 params_queue 队列，该队列被所有工作器读取以优化智能体。代码如下：

```
batch_return = normalized_rank(batch_return)

for _ in range(num_workers):
    params_queue.put([batch_return, batch_seed])
```

最后，当所有训练迭代都已执行时，便可以终止工作器。

```
for p in processes:
    p.terminate()
```

主函数到此结束。现在，需要做的就是实现工作器。

2. 工作器

工作器的功能由 worker 函数定义，该函数以前作为参数传递给 mp.Process。虽然这里不能提供所有的代码，因为它需要太多的时间和空间，但这里解释一些核心组件。一如既往，完整的实现可以在本书的 GitHub 库中找到。因此，如果读者有兴趣更深入地了解它，可以检查 GitHub 库中的代码。

worker 的前几行代码创建计算图来运行策略并对其进行优化。具体而言，该策略是一个多层感知器，其激活函数为 tanh 非线性。在本例中，Adam 用于处理按照公式（11.2）的第二项计算的预期梯度。

接着，定义 agent_op（o）和 evaluation_on_noise（noise）。前者运行策略（或候选解）以获得给定状态或观测的动作，后者则评价将扰动噪声（与策略分布相同）添加到当前策略参数所获得的新候选解。

直接跳到最有趣的部分，这里通过指定它最多可以依赖 4 个 CPU 并初始化全局变量来创

建一个新会话。如果没有 4 个 CPU 可用，也不必担心。可以将 allow_soft_placement 设置为
True，从而告诉 TensorFlow 只使用受支持的设备。

```
        sess = tf.Session(config=tf.ConfigProto(device_count={'CPU':4},
    allow_soft_placement=True))
        sess.run(tf.global_variables_initializer())
```

尽管用上了所有的 4 个 CPU，但只为每个工作器分配一个。在定义计算图时，设定了执
行计算的设备。例如，为了指定工作器只使用 CPU 0，可以将计算图放入定义要使用的设备
的 with 语句中。

```
with tf.device("/cpu:0"):
    # graph to compute on the CPUs 0
```

回到算法实现的话题。循环可以一直进行，或者至少直到工作器有事要做。稍后将在 while
循环内检查此条件。

需要注意的一点是，由于这里对神经网络的权重进行了大量计算，因此处理平坦权重要
容易得多。例如，不是处理［8，32，32，4］形式的列表，而是在长度为 $8 \times 32 \times 32 \times 4$ 的一
维数组上执行计算。实现从前者到后者的转换或相反的转换的函数是在 TensorFlow 中定义的
（如果想了解具体的实现过程，请查看 GitHub 库中的完整实现）。

此外，在启动 while 循环之前，要检索智能体的平坦分布。

```
        agent_flatten_shape = sess.run(agent_variables_flatten).shape
```

```
        while True:
```

while 循环的第一部分生成并评价候选解。通过给权重添加一个正态分布扰动即 $\theta + \sigma\epsilon$ 来
创建候选解。每次选择一个新的随机种子，它将从正态分布唯一地采样扰动（或噪声）σ。
这是算法的关键部分，因为稍后，其他工作器必须从同一种子重新生成相同的扰动。然后，
评价两个新的子代（因为使用镜像采样，所以有两个），将结果排入队列 output_queue 中。

```
        for _ in range(indiv_per_worker):
        seed = np.random.randint(1e7)

        with temp_seed(seed):
            sampled_noise = np.random.normal(size=agent_flatten_shape)
```

```
    pos_rew = evaluation_on_noise(sampled_noise)
    neg_rew = evaluation_on_noise(-sampled_noise)


    output_queue.put([[pos_rew, neg_rew], seed])
```

注意，以下代码段（以前用过）只是本地设置 NumPy 随机种子 seed 的一种方法。

```
with temp_seed(seed):
    ..
```

在 with 语句之外，用于生成随机值的种子将不再是 seed。

while 循环的第二部分涉及获取所有回报和种子，从这些种子重建扰动，根据公式（11.2）计算随机梯度估计，以及优化策略。params_queue 队列由前面介绍的主流程产生。这是通过发送在第一阶段由工作器生成的种群的标准秩和种子来实现的。代码如下：

```
batch_return, batch_seed = params_queue.get()
batch_noise = []


# reconstruction of the perturbations used to generate the individuals
for seed in batch_seed:
    with temp_seed(seed):
        sampled_noise = np.random.normal(size=agent_flatten_shape)

    batch_noise.append(sampled_noise)
    batch_noise.append(-sampled_noise)


# Computation of the gradient estimate following the formula (11.2)
vars_grads = np.zeros(agent_flatten_shape)
for n, r in zip(batch_noise, batch_return):
    vars_grads += n * r


vars_grads /= len(batch_noise) * std_noise


sess.run(apply_g, feed_dict={new_weights_ph:-vars_grads})
```

前面代码中的最后几行用来计算梯度估计，也就是说，它们计算公式（11.2）的第二项：

$$\frac{1}{n\sigma}\sum_{i=1}^{n}F_i\epsilon_i \tag{11.3}$$

式中：F_i 为 i 的标准化秩；ϵ_i 为候选解的扰动。

apply_g 是利用 Adam 应用 vars_grads 梯度［公式（11.3）］的操作。请注意，这里传递的是-vars_grads，因为想要执行梯度上升而不是梯度下降。

这就是实现的全部内容。现在，必须将其应用到环境中并进行测试，以了解其性能。

11.4 应用于 LunarLander 的可扩展进化策略

下面来看可扩展进化策略在 LunarLander 环境中的性能如何。

"第 6 章 随机策略梯度优化"中用 LunarLander 验证了 A2C 和 REINFORCE。这项任务包括通过连续的动作使着陆器着陆月球。由于该环境难度适中，因此这里使用这个环境，并将进化策略结果与 A2C 获得的结果进行比较。

在该环境中表现最佳的超参数见表 11.1。

表 11.1   LunarLander 环境的超参数及其取值

超参数	变量名	取值
神经网络大小	hidden_sizes	[32，32]
训练迭代次数（代数）	number_iter	200
工作器数量	num_workers	4
Adam 学习率	lr	0.02
每个工作器负责的个体数	indiv_per_worker	12
标准偏差	std_noise	0.05

结果如图 11.5 所示。引人注目的是，曲线非常稳定和平滑。此外，请注意，在 250 万～300 万步之后，它的平均分数达到了 200 分。将结果与使用 A2C 获得的结果（见图 6.7）进行比较，可以看到进化策略所需的步骤几乎是 A2C 和 REINFORCE 的 2～3 倍。

正如前述论文所说，通过采用大规模并行化（使用至少数百个 CPU），应该能够在几分钟内就获得非常好的策略。遗憾的是，本例并没有这样的计算能力。但是，条件允许的话，读者可以自己尝试一下。

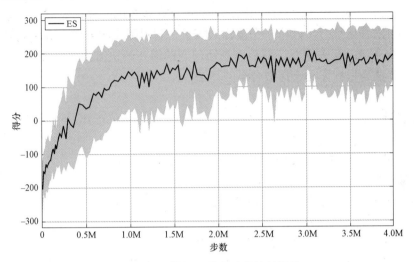

图 11.5　可扩展进化策略算法的性能

总之，结果非常不错，而且表明进化策略是解决回报很少但历时很长的问题和任务的可靠解决方案。

11.5　本章小结

本章介绍了进化算法，这是一类受生物进化启发的新黑盒算法，可应用于强化学习任务。进化算法以不同于强化学习的角度解决问题。在设计强化学习算法时，必须处理的许多特征在进化方法中是无效的。区别就在于内在优化方法和基本假设。例如，因为进化算法是黑盒算法，所以可以优化想要的任何函数，而不必像强化学习那样只能使用可微函数。正如本章所介绍的，进化算法还有很多其他优点，但也有很多缺点。

随后，本章研究了两种进化算法：遗传算法和进化策略。遗传算法更为复杂，因为它们通过交叉和变异从双亲中产生后代。进化策略从仅由上一代突变产生的种群中选择表现最好的个体。进化策略的简单性是使该算法具有能够跨越数千个并行工作器的巨大可扩展性的关键因素之一。这种可扩展性已在 OpenAI 的论文中得到展示，表明进化策略在复杂环境中具备强化学习算法级别的执行能力。

为了更深入地研究进化算法，本章实现了所引用的论文中介绍的可扩展进化策略，并在 LunarLander 上进行了测试，发现进化策略在解决该环境问题时能够获得高性能。虽然效果很好，但进化策略在学习任务时所需的步骤是 AC 和 REINFORCE 的 2～3 倍。这是进化策略的主要缺点：它们需要很多经验。尽管如此，由于它们能够线性地扩展工作器的数量，并且具有足够的计算能力，与强化学习算法相比，可能能够在很短的时间内完成此任务。

下一章将回归强化学习，讨论一个被称为探索—利用困境的问题，介绍它是什么，以及为什么它在在线环境中至关重要；然后将利用问题的潜在解决方案来开发一个名为 ESBAS 的元算法，该算法为每种情况选择最合适的算法。

11.6　思考题

1. 解决顺序决策问题的强化学习的两种替代算法是什么？
2. 进化算法中产生新个体的过程是什么？
3. 遗传算法等进化算法的灵感来源是什么？
4. CMA-ES 如何进化策略？
5. 进化策略的一个优点和一个缺点是什么？
6. 论文 *Evolution Strategies as a Scalable Alternative to Reinforcement Learning* 采用了哪些技巧来减少方差？

11.7　延伸阅读

● 要阅读提出了可扩展进化策略的 OpenAI 的原始论文，即 *Evolution Strategies as a Scalable Alternative to Reinforcement Learning*，请访问 https://arxiv.org/pdf/1703.03864.pdf。

● 要阅读介绍 NEAT 的论文，即 *Evolving Neural Networks through Augmenting Topologies*，请访问 http://nn.cs.utexas.edu/downloads/papers/stanley.ec02.pdf。

第 12 章　开发 ESBAS 算法

至此，本书已经介绍了如何以系统和简洁的方式处理强化学习问题，以及如何为手头上的问题专门设计和开发强化学习算法，并从环境中获得最大收益。此外，前两章介绍了超越强化学习的算法，这些算法也可用于解决相同的任务集。

本章一开始将介绍一个在前面的许多章节中已经遇到的困境，即探索—利用困境。本书已经介绍了这个困境的潜在解决方案（如 ϵ 贪婪策略），但还是希望读者对这个问题有一个更全面的认识，以及对解决这个问题的算法有一个更简洁的了解。其中很多算法，如**置信上界**（upper confidence bound，UCB）算法，比本书到目前为止使用的简单启发式算法（如 ϵ 贪婪策略）要更复杂、更好。本章将在一个称为多臂老虎机的经典问题上说明这些策略。尽管这是一个简单的表格游戏，但本章将以此为出发点来说明如何在非表格和更复杂的任务中应用这些策略。

本章对探索—利用困境的介绍概述了近来很多强化学习算法用于解决非常困难的探索环境问题的主要方法。在解决其他类型的问题时，本章还将提供一个更广泛的视角来说明这种困境的适用性。为了证明这一点，本章将开发一种称为**轮次随机赌博算法选择**（epochal stochastic bandit algorithm selection，ESBAS）的元算法，用于解决强化学习环境下的在线算法选择问题。ESBAS 采用源于多臂老虎机问题的想法和策略，选择使每个情节预期回报最大化的最佳强化学习算法。

本章将介绍以下主题：

- 探索与利用。
- 探索方法。
- ESBAS。

12.1　探索与利用

12.1.1　探索与利用介绍

探索—利用权衡困境或探索—利用问题影响着很多重要领域。其实，它并不仅限于强化学习范畴，还适用于日常生活。这一困境背后的想法是要确定，采用目前已知的最佳解决方案是否更好，或者是否值得尝试新的解决方案。假设想买一本新书。买家可以从最喜欢的作者那里选择一个书名，也可以买一本亚马逊推荐的同类书。第一种情况，买家对正在购买的东西充满信心；但第二种情况，则不知道期待什么。但是，在后一种情况下，可能会有意外惊喜，最终读到一本非常好的书，而这本书的确比最喜欢的作者写的书要好。

利用已经学到的知识并发挥其优势，或者冒险探索新的选择并承担一些风险，这两者之间的冲突在强化学习领域是司空见惯的。智能体可能不得不牺牲短期奖励，去探索新的空间，以便在未来获得更高的长期奖励。

所有这些可能并不新奇。事实上，本书在开发第一个强化学习算法时，就已经开始处理这个问题了。到目前为止，本书主要采用简单的启发式方法，如 ϵ 贪婪策略，或者遵循随机策略来决定是探索还是利用。从经验上看，这些策略非常有效，但还有一些其他技术可以实现理论上的最佳性能。

本章将从头开始解释探索—利用困境，并介绍一些在表格问题上实现接近最优性能的探索算法。本章还将展示如何调整这些策略，以应用于非表格和更复杂的任务。

对强化学习算法而言，最具挑战性的雅达利游戏之一是蒙特祖玛的复仇，屏幕截图如图 12.1 所示。游戏的目标是通过收集珠宝和杀死敌人来得分。主人公必须找到所有的钥匙才能进入迷宫中的房间，获得移动所需的工具，同时避开障碍物。稀疏奖励、长期时界以及与最终目标无关的部分奖励，使得游戏对于每个强化学习算法都非常具有挑战性。其实，这四个特征使蒙特祖玛的复仇成了测试探索算法的最佳环境之一。

下面从头开始，全面了解这一领域。

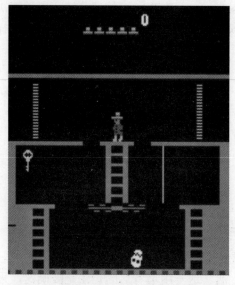

图 12.1　蒙特祖玛的复仇游戏的屏幕截图

12.1.2　多臂老虎机

多臂老虎机问题是经典的强化学习问题，用于说明探索-利用权衡困境。在这种困境中，智能体必须在一组固定的资源中进行选择，以实现预期奖励的最大化。多臂老虎机这个名字来自一个玩多台老虎机的赌徒，每台老虎机都有不同概率分布的随机奖励。赌徒必须学会最佳策略，才能获得最高的长期奖励。

图 12.2 展示了这种情况。在此例中，赌徒（鬼）必须从五台老虎机中选择一台（所有老虎机都有不同且未知的奖励概率），以赢得最高金额的奖励。

图 12.2　多臂老虎机问题示例

关于多臂老虎机问题与更有趣的任务（如蒙特祖玛的复仇）之间有怎样的关系，答案是，它们都涉及决策，即在尝试新行为（拉新的操纵臂），或者继续做迄今为止做得最好的事情（拉最好的操纵臂）时，是否会产生长远的最高奖励。但是，多臂老虎机和蒙特祖玛的复仇的主要区别在于，后者的智能体的状态每次都会发生变化。而在多臂老虎机问题中，智能体只有一个状态，没有顺序结构，这意味着过去的动作不会影响未来。

那么，在多臂老虎机问题上如何找到探索和利用之间的正确平衡呢？

12.2 探索的方法

简言之，多臂老虎机问题，以及一般的每个探索问题，都可以通过随机策略或更智能的技术来解决。属于第一类的最有名的算法，称为 ϵ 贪婪算法。而乐观探索（如 UCB）和后验探索（如 Thompson 采样）则属于第二类。本节特别关注 ϵ 贪婪策略和 UCB 策略。

这一切都是为了平衡风险和奖励。但是，如何衡量探索算法的质量呢？借助后悔度（regret）。后悔度是指在一个步骤中失去的机会。也就是说，在时刻 t，后悔度 L 表示如下：

$$L_t = V^* - Q(a_t)$$

式中：V^* 为最优值；$Q(a_t)$ 为 a_t 的动作值。

因此，目标是通过最小化所有动作的总后悔度 L，在探索和利用之间找到权衡：

$$L = \sum_i (V^* - Q(a_i))$$

请注意，总后悔度的最小化相当于累积奖励的最大化。本章将用这个后悔度的概念来说明探索算法的性能。

12.2.1 ϵ 贪婪策略

前面已经介绍过 ϵ 贪婪策略背后的思想，并在 Q-learning 和 DQN 等算法中进行实现以帮助探索。这是一种非常简单的方法，但它在重要的工作中也实现了非常高的性能。这是它广泛应用于很多深度学习算法的主要原因。

提醒一下，ϵ 贪婪策略在大多数情况下会采取最好的行动，但有时会选择随机行动。选择随机行动的概率由 ϵ 值决定，其范围为 $0\sim1$。也就是说，算法以 ϵ 概率利用最佳行动，以 $1-\epsilon$ 概率通过随机选择探索候选方案。

在多臂老虎机问题中，基于过去的经验，通过求取已完成动作所得到奖励的平均值，估计动作值。

$$Q_t(a) = \frac{1}{N_t(a)} \sum_t r_t \mathbb{1}[a_t = a]$$

式中：$N_t(a)$ 为选择动作 a 的次数；1 为一个布尔值，表示在时刻 t 是否选择了动作 a。

然后，老虎机将根据 ϵ 贪婪算法进行操作，或者通过选择一个随机动作进行探索，或者通过选择 Q 值较高的动作 a 加以利用。

ϵ 贪婪策略的一个缺点是，它有一个预期的线性后悔度。但是，根据大数定律，最佳预期总后悔度应该是时间步数的对数。这意味着 ϵ 贪婪策略并非最优。

达到最佳状态的一个简单方法是采用一个随着时间推移而衰减的 ϵ 值。如此,探索的总权重将消失,直到只有贪婪的行动被选择。其实,在深度强化学习算法中,ϵ 贪婪策略几乎总是与线性或指数衰减的 ϵ 相结合。

也就是说,ϵ 和它的衰减率很难选择,还有其他策略可以更好地解决多臂老虎机问题。

12.2.2　UCB 算法

1. UCB 原理

UCB 算法与一个被称为“面对不确定性时的乐观主义”的原理有关,这是一个基于大数定律的统计原理。UCB 根据奖励的样本平均值和奖励的置信上界估计,构建乐观的猜测。这个乐观的猜测决定了每个动作的预期回报,同时也考虑了动作的不确定性。因此,UCB 总是能够通过平衡风险和奖励来选择具有更高潜在奖励的动作。然后,一旦当前动作的乐观估计低于其他动作,该算法就切换到另一个动作。

具体而言,UCB 通过 $Q_t(a)$ 跟踪每个动作的平均奖励,以及每个动作的 U,即 UCB(因此得名)。然后,算法选择使公式(12.1)最大化的操纵臂。

$$a_t = \text{argmax}_{a \in A} Q_t(a) + U_t(a) \tag{12.1}$$

在公式(12.1)中,U 的作用是为平均奖励提供一个额外的参数,以解释动作的不确定性。

2. UCB1

UCB1 属于 UCB 家族,其贡献在于选择 U。

在 UCB1 中,置信上界 $U_t(a)$ 是通过跟踪一个动作 a 被选择的次数 $N_t(a)$ 以及被选择动作的总数 T 来计算的,如公式(12.2)所示:

$$U_t(a) = c\sqrt{\frac{\ln T}{N_t(a)}} \tag{12.2}$$

因此,一个动作的不确定性与它被选择的次数有关。这是有意义的,因为根据大数定律,经过无限次试验,一定能确定预期值。相反,如果一个动作只尝试几次,就无法确定预期的奖励。只有有了更多的经验,才能说这是一个好动作还是一个坏动作。因此,鼓励探索只被选择过几次,因此具有高度不确定性的动作。主要的结论是:如果 $N_t(a)$ 小,意味着该动作只是偶尔发生,那么 $U_t(a)$ 将很大,具有总体很高不确定性的估计;但是,如果 $N_t(a)$ 较大,则 $U_t(a)$ 较小,而且估计的结果准确。只有当 a 的平均奖励高时,才会执行它。

与 ϵ 贪婪策略相比,UCB 的主要优势实际上是对动作的计数。其实,用这种方法可以很容易地解决多臂老虎机问题,只是要为所采取的每个动作及其平均奖励保留一个计数器。这两条信息可以集成到公式(12.1)和公式(12.2)中,以便得到在时刻 t 采取的最佳动作,即:

$$a_t = \text{argmax}_{a \in A} Q_t(a) + c\sqrt{\frac{\ln T}{N_t(a)}} \qquad (12.3)$$

UCB 是一种非常有效的探索方法，它在多臂老虎机问题上得到了对数期望总后悔度，从而达到了最优趋势。值得注意的是，ϵ 贪婪策略的探索也可能获得对数后悔度，但它需要仔细设计，还要考虑微调的指数衰减，因此更难平衡。

 UCB 还有其他变型，如 UCB2、UCB-Tuned 和 KL-UCB。

12.2.3　探索的复杂性

前面介绍了 UCB，尤其是 UCB1，是如何通过一个相对简单的算法来减小总后悔度，并在多臂老虎机问题上实现最优收敛的。但是，这是一个简单的无状态任务。

那么，UCB 将如何解决更复杂的任务呢？为了回答这个问题，可以将问题细化，将所有问题分为三类：

● 无状态问题（stateless problem）：多臂老虎机就是这些问题的一个例子。这种情况下的探索可以用更复杂的算法如 UCB1 来处理。

● 中小型表格问题（small-to-medium tabular problem）：基本上，这类问题仍然可以用更先进的机制进行探索，但在有些情况下，总体效益很小，不值得增加复杂性。

● 大型非表格问题（large non-tabular problem）：人们处在更复杂的环境中。这种情况下，前景并不明确，研究人员仍在积极寻找最佳的探索策略。原因是，随着复杂性的增加，诸如 UCB 之类的优化方法是难以解决的。例如，UCB 无法处理连续状态问题。但是，不能就此放弃，可以用在多臂老虎机背景下研究的探索算法作为灵感。也就是说，有很多方法近似于最佳探索方法，并且在连续环境中也能很好地工作。例如，基于计数的方法（如 UCB），通过为相似的状态提供相似的计数，已适用于无限状态问题。其中的一种算法也能够在非常困难的环境（如蒙特祖玛的复仇）中实现显著的改进。尽管如此，在大多数强化学习算法中，这些更复杂的方法所涉及的额外复杂性其实是不值得的，而简单的随机策略（如 ϵ 贪婪策略）则恰如其分。

 同样值得注意的是，尽管本节仅介绍了 UCB1 这样的基于计数的探索方法，但还有两种实现最佳后悔度的复杂方法。第一种称为后验抽样（其中的一个例子是 Thompson 采样），基于后验分布；第二种称为信息增益，依赖于基于熵估计的不确定性的内部测量。

12.3　ESBAS

强化学习中探索策略的主要用途是帮助智能体探索环境。DQN 用到的是 ϵ 贪婪策略，其他算法则在策略中添加了额外的噪声。但是，探索策略还有其他用途。因此，为了使读者更好地掌握到目前为止已经提出的探索概念，并介绍这些算法的替代用例，本节将提出并开发一种称为 ESBAS 的算法。该算法在论文《强化学习算法的选择》（*Reinforcement Learning Algorithm Selection*）中做了介绍。

ESBAS 是一种用于强化学习在线**算法选择**（algorithm selection，AS）的元算法。它使用探索方法来选择在轨迹中使用的最佳算法，从而最大化期望回报。

为了更好地解释 ESBA，本节将首先说明什么是算法选择，以及如何将其用于机器学习和强化学习；其次将聚焦于 ESBAS，详细描述其内部工作原理，同时提供其伪代码；最后将实现 ESBAS 并在名为 Acrobot 的环境中对其进行测试。

12.3.1　拆箱算法选择

为了更好地理解 ESBAS 的功能，首先应关注算法选择是什么。在正常设置下，针对给定任务开发和训练一个特定的算法。问题是，如果数据集随时间变化、数据集过拟合，或者其他算法在某些限定情况下工作得更好，则无办法应势而变。所选算法将一直保持不变。算法选择的任务将克服这个问题。

算法选择是机器学习中的一个开放性问题。它要求设计一种称为元算法的算法，该算法总是从称为算法包（portfolio）的不同选项池中选择基于当前需求的最佳算法。图 12.3 展示了算法选择的流程。算法选择的假设是，算法包里的不同算法在问题空间的不同部分将优于其他算法。因此，重要的是算法能力的互补。

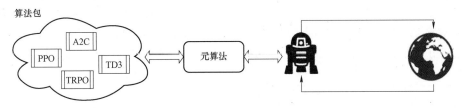

图 12.3　算法选择的流程

例如，在图 12.3 中，元算法从算法包可用的算法（如 PPO 和 TD3）中选择在给定时刻作用于环境的算法（或智能体）。这些算法并不互补，但每种算法都提供了元算法可以选择的不同优势，以便在特定情况下更好用。

例如，如果任务涉及设计一辆在各种地形上行驶的自动驾驶汽车，那么训练一种能够在道路、沙漠和冰上拥有惊人性能的算法可能会很有用。然后，算法选择可以明智地选择在每种情况下使用这三种版本中的哪一种。例如，算法选择可能会发现，在雨天、在冰雪环境中训练得到的策略比其他策略效果更好。

在强化学习中，策略频繁更改，数据集随时间不断增加。这意味着，在智能体处于胚胎状态的起始点和智能体处于成熟状态的时点，最佳神经网络大小和学习速率可能会有很大差异。例如，智能体开始学习时学习率较高，随着经验的积累，学习率逐渐降低。这凸显了强化学习是一个非常有趣的算法选择平台。因此，这就是测试算法选择的地方。

12.3.2　ESBAS 介绍

提出 ESBAS 的论文在批量和在线设置上进行了算法测试。但是，本章余下部分将主要关注前者。这两种算法非常相似，如果读者对纯在线版本感兴趣，可以在该论文中找到进一步的解释。实际在线设置中的算法选择被重命名为**滑动随机赌徒算法选择**（sliding stochastic bandit AS，SSBAS），因为它从最新选择的滑动窗口中学习。但这里还是先从基础开始。

关于 ESBAS，首先要说明的是，它基于 UCB1 策略，而且它用这种赌徒式的选择算法从特定算法包中选择离线策略算法。特别是，ESBAS 可分为以下三个主要的工作部分：

（1）它经历指数级的大量轮次。在每个轮次里，它做的第一件事就是更新算法包中可用的所有离线策略算法。更新操作利用在该时间点之前收集的数据（第一个轮次，数据集将为空）。它做的另一件事是重置元算法。

（2）在每个轮次中，元算法根据公式（12.3）计算乐观的猜测，以便选择控制下一条轨迹的离线策略算法（算法包里的算法），从而使总后悔度最小化。然后用该算法运行轨迹，同时收集轨迹的所有转移并将其添加到稍后由离线策略算法用于训练策略的数据集中。

（3）当一条轨迹结束时，元算法用从环境中获得的强化学习回报更新该特定离线策略算法的平均奖励，并增加发生次数。根据公式（12.2），UCB1 将利用平均奖励和发生次数来计算 UCB。这些值用于选择将推出下一条轨迹的下一个离线策略算法。

为了更好地了解该算法，这里在代码块中提供了 ESBAS 的伪代码，如下所示：

```
-------------------------------------------------
ESBAS
-------------------------------------------------

为算法包 P 中的每个算法 a，初始化策略 πᵃ
初始化空数据集 D
```

for $\beta = 1 \cdots M$ **do**

for a in P **do**

用算法 a 学习 D 上的策略 π^a

初始化 AS 变量：$n \leftarrow 0$，对每个 $a \epsilon P$：$n^a \leftarrow 0$，$x^a \leftarrow 0$

for $t = 2^{\beta} \cdots 2^{\beta+1} - 1$ **do**

＞根据 UCB1 选择最佳算法

$$a^{\max} = \text{argmax}_{a \in P}\left(x^a + \sqrt{\frac{\xi \ln(n)}{n^a}}\right)$$

使用策略 $\pi^{\max}$ 生成轨迹 τ 并将转移添加给 D

＞更新 $a^{\max}$ 的平均回报和计数器

$$x^{\max} \leftarrow \frac{n^{\max} x^{\max} + R(\tau)}{n^{\max} + 1}$$ 　　　　　　（12.4）

$$n^{\max} \leftarrow n^{\max} + 1$$
$$n \leftarrow n + 1$$

这里，ξ 是一个超参数，$R(\tau)$ 是在轨迹 τ 期间获得的强化学习回报，n^a 是算法 a 的计数器，x^a 是其平均回报。

正如论文所述，在线算法选择解决了从强化学习算法继承下来的四个实际问题：

（1）采样效率。策略的多样化提供了额外的信息来源，使 ESBAS 的采样效率更高。此外，它结合了课程学习和集成学习的特点。

（2）稳健性。算法包的多样化提供了对不良算法的稳健性。

（3）收敛性。ESBAS 保证将后悔度最小化。

（4）课程学习（curriculum learning）。算法选择能够提供一种课程策略。例如，开始时选择更简单、浅层次的模型，结束时选择深层模型。

12.3.3　算法实现

ESBAS 的实现很容易，因为它只需要添加几个组件。最重要的部分是算法包的离线策略算法的定义和优化。关于这些，ESBAS 并不限制算法的选择。前面提到的论文使用了 Q-learning 和 DQN。这里决定使用 DQN，以便提供一种能够处理更复杂任务的算法，该任务可用于具有 RGB 状态空间的环境。"第 5 章　深度 Q 神经网络"详细介绍了 DQN，对于 ESBAS，这里将使用相同的实现。

在讨论实现之前，需要说明的最后一件事是算法包的组成。针对神经网络架构，这里创建了一个多样化的算法包，但也可以尝试其他组合方式。例如，算法包可以包括不同学习率的 DQN 算法。

实现分为以下几部分：

- DQN_optimization 类构建计算图，并使用 DQN 优化策略。
- UCB1 类定义 UCB1 算法。
- ESBAS 函数实现 ESBAS 的主流程。

这里将提供最后两个要点的实现，但读者可以在本书的 GitHub 库中找到完整的实现：
https://github.com/PacktPublishing/Reinforcement-Learning-Algorithms-with-Python。

先从 ESBAS（…）开始。除了 DQN 的超参数外，只有一个额外的表示超参数 ξ 的 xi 参数。ESBAS 函数的主要结构与前面给出的伪代码相同，因此读者可以快速浏览它。

定义完所有参数的函数后，可以重置 TensorFlow 的默认图，并创建两个 Gym 环境（一个用于训练，另一个用于测试）。然后，可以通过为每个神经网络实例化一个 DQN_optimization 对象并将其添加到列表来创建算法包。

```
def ESBAS(env_name, hidden_sizes=[32], lr=1e-2, num_epochs=2000,
buffer_size=100000, discount=0.99, render_cycle=100,
update_target_net=1000, batch_size=64, update_freq=4, min_buffer_size=5000,
test_frequency=20,  start_explor=1,  end_explor=0.1,  explor_steps=100000,
xi=16000):
    tf.reset_default_graph()


    env = gym.make(env_name)
    env_test = gym.wrappers.Monitor(gym.make(env_name),
"VIDEOS/TEST_VIDEOS"+env_name+str(current_milli_time()),force=True,
video_callable=lambda x: x%20==0)
    dqns = []
    for l in hidden_sizes:
        dqns.append(DQN_optimization(env.observation_space.shape,
env.action_space.n, l, lr, discount))
```

现在，定义一个内部函数 DQNs_update，它以 DQN 方式训练算法包中的策略。考虑到算法包中的所有算法都是基于 DQN 的，唯一的区别在于它们的神经网络大小。可以通过 DQN_optimization 类的 optimize 和 update_target_network 方法完成优化。

```
def DQNs_update(step_counter):
    if len(buffer) > min_buffer_size and (step_counter % update_freq == 0):
        mb_obs, mb_rew, mb_act, mb_obs2, mb_done =
buffer.sample_minibatch(batch_size)
        for dqn in dqns:
            dqn.optimize(mb_obs, mb_rew, mb_act, mb_obs2, mb_done)
    if len(buffer) > min_buffer_size and (step_counter %
update_target_net == 0):
        for dqn in dqns:
            dqn.update_target_network()
```

一如既往，需要初始化一些（自解释的）变量：重置环境、实例化 ExperienceBuffer 的对象（使用在其他章节中用过的相同类），以及设置探索衰减。

```
step_count = 0
batch_rew = []
episode = 0
beta = 1
buffer = ExperienceBuffer(buffer_size)
obs = env.reset()
eps = start_explor
eps_decay =(start_explor-end_explor)/explor_steps
```

最终可以开始一个在各个轮次间迭代的循环。对于前面的伪代码，在每个轮次中，都会发生以下事情：

（1）策略在经验缓冲区上进行训练。

（2）轨迹由 UCB1 选择的策略运行。

第一步是调用早前为整个轮次长度（具有指数长度）定义的 DQNs_update：

```
for ep in range(num_epochs):
    # policies training
    for i in range(2**(beta-1),2**beta):
        DQNs_update(i)
```

关于第二步，在运行轨迹之前，将实例化并初始化 UCB1 类的一个新对象。然后，一个

while 循环在指数级情节上迭代，其中 UCB1 对象选择哪个算法将运行下一条轨迹。在轨迹运行期间，动作由 dqns［best_dqn］选择：

```python
ucb1 = UCB1(dqns, xi)
list_bests = []
beta += 1
ep_rew = []

while step_count < 2**beta:
    best_dqn = ucb1.choose_algorithm()
    list_bests.append(best_dqn)

    g_rew = 0
    done = False

    while not done:
        # Epsilon decay
        if eps > end_explor:
            eps -= eps_decay

        act = eps_greedy(np.squeeze(dqns[best_dqn].act(obs)),
eps=eps)
    obs2, rew, done, _ = env.step(act)
    buffer.add(obs, rew, act, obs2, done)

    obs = obs2
    g_rew += rew
    step_count += 1
```

每次循环后，用在上一个轨迹中获得的强化学习回报值更新 ucb1。此外，重置环境，并将当前轨迹的奖励添加到列表中，以便跟踪所有奖励。

```python
ucb1.update(best_dqn,g_rew)
```

```
obs=env.reset()
ep_rew.append(g_rew)
g_rew=0
episode+=1
```

这就是 ESBAS 函数的全部内容。

UCB1 由一个初始化计算［公式（12.3）］所需属性的构造器、一个返回算法包中当前最好算法的 choose_algorithm()方法和一个用最后获得的奖励更新 idx_algo 算法平均奖励［公式（12.4）］的 update（idx_algo，traj_return）组成。代码如下：

```
class UCB1:
    def __init__(self, algos, epsilon):
        self.n = 0
        self.epsilon = epsilon
        self.algos = algos
        self.nk = np.zeros(len(algos))
        self.xk = np.zeros(len(algos))

    def choose_algorithm(self):
        return np.argmax([self.xk[i] + np.sqrt(self.epsilon *
np.log(self.n) / self.nk[i]) for i in range(len(self.algos))])

    def update(self, idx_algo, traj_return):
        self.xk[idx_algo] = (self.nk[idx_algo] * self.xk[idx_algo] + traj_return)
/ (self.nk[idx_algo] + 1)
        self.nk[idx_algo] += 1
        self.n += 1
```

有了上述代码，就可以在环境中测试它，并查看它的性能。

12.3.4　解决 Acrobot 问题

1. 环境介绍

本节将在另一个 Gym 环境——Acrobot-v1 上测试 ESBAS。正如 OpenAI Gym 文档所述，

Acrobot 系统包括两个关节和两个连杆，其中两个连杆之间的关节被驱动。最初，连杆向下悬挂，目标是将下部连杆的末端向上摆动到给定高度。图 12.4 展示了 Acrobot 在从开始位置到结束位置的一系列时间步中的移动。

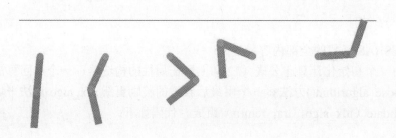

图 12.4　Acrobot 的移动序列

算法包由三个不同大小的深度神经网络组成。一个是只有一个大小为 64 的隐藏层的小型神经网络，一个是有两个大小为 16 的隐藏层的中型神经网络，还有一个是有两个大小为 64 的隐藏层的大型神经网络。此外，这里设定超参数 $\xi=0.25$（与论文中使用的值相同）。

2. 实现结果

图 12.5 展示了 ESBAS 的学习曲线。其中，实线阴影表示拥有完整算法包（包括前面列

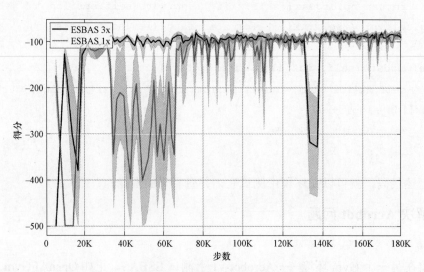

图 12.5　ESBAS 的学习曲线

出的三个神经网络）的 ESBAS 学习曲线，虚线阴影表示只有一个性能最好的神经网络（一个有两个大小为 64 的隐藏层的深度神经网络）的 ESBAS 学习曲线。算法包中只有一个算法的 ESBAS 是无法真正发挥元算法的潜力的，但这里引入元算法只是为了设定一个比较结果的基线。图 12.5 清楚地表明，实线一直在虚线之上，从而证明 ESBAS 实际上选择了最好的选项。这种不寻常的形状是因为正在离线训练 DQN 算法。

本章提到的所有彩色资料可从彩色图像库得到：http://www.packtpub.com/sites/default/files/downloads/9781789131116_ColorImages.pdf。

此外，在训练开始时，以及在 2 万步、6.5 万步和 13.1 万步附近看到的尖峰，是策略训练和元算法重置的点。

现在可以自问：与其他算法相比，ESBAS 在哪个时间点更喜欢某一种算法。答案如图 12.6 所示。在图 12.6 中，小型神经网络的特征值为 0，中型神经网络的特征值为 1，大型神经网络的特征值为 2。点表示在每条轨迹上选择的算法。可见，刚一开始，首选更大的神经网络，但很快转向中型神经网络，然后又转向小型神经网络。经过大约 6.4 万步后，元算法切换回较大的神经网络。

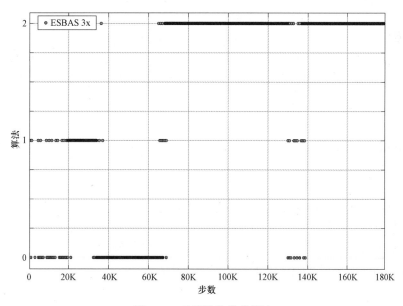

图 12.6　元算法的推荐算法

从图 12.6 还可以看到，两个 ESBAS 版本都收敛到相同的值，但速度非常不同。其实，发挥算法选择真正潜力的 ESBAS 版本（即算法包有三种算法的版本）收敛速度更快。两者都收敛到相同的值，因为从长远来看，最好的神经网络是仅有一个选项的 ESBAS 版本所使用的那个神经网络（具有两个大小为 64 的隐藏层的深度神经网络）。

12.4　本章小结

本章讨论了探索—利用困境。前面的章节已经解决了这个问题，但只是通过采用简单的策略，进行了简单介绍。本章从有名的多臂老虎机问题入手，对这一困境进行了更深入的研究。本章介绍了更复杂的基于计数器的算法（如 UCB），其实际上可以达到最佳性能，并且具有预期的对数后悔度。

然后，本章将探索算法用于算法选择。算法选择是探索算法的一个有趣应用，因为元算法必须选择最能完成手头任务的算法。算法选择在强化学习方面也有应用。例如，算法选择可用于从算法包中选择使用不同算法训练出的最佳策略，以便运行下一条轨迹。这也是ESBAS 要做的。它采用 UCB1 解决了离线策略强化学习算法的在线选择问题。本章深入研究并实现了 ESBAS。

至此，本书已经介绍了设计和开发能够在探索和利用之间取得平衡的高性能强化学习算法所需的一切。此外，前面的章节也介绍了在很多不同的场景中采用哪种算法的必要技能。但是，到目前为止，本书还忽略了一些更高级的强化学习主题和问题。下一章也是最后一章，将填补这些空白，并讨论无监督学习、内在动机、强化学习挑战以及如何提高算法的鲁棒性。下一章还将介绍如何使用迁移学习从模拟切换到现实。此外，下一章还将提供一些技巧和最佳实践，用于训练和调试深度强化学习算法。

12.5　思考题

1. 什么是探索-利用困境？
2. 以前的强化学习算法已经使用了哪两种探索策略？
3. 什么是 UCB？
4. 哪个问题更难解决：蒙特祖玛的复仇问题还是多臂老虎机问题？
5. ESBAS 如何解决在线强化学习算法选择问题？

12.6　延伸阅读

- 有关多臂老虎机问题的更全面的综述，请阅读 *A Survey of Online Experiment Design with Stochastic Multi-Armed Bandit*：https://arxiv.org/pdf/1510.00757.pdf。
- 要想阅读利用内在动机玩蒙特祖玛的复仇游戏的论文，请参阅 *Unifying Count-Based Exploration and Intrinsic Motivation*：https://arxiv.org/pdf/1606.01868.pdf。
- 关于 ESBAS 的原始论文，请点击以下链接：https://arxiv.org/pdf/1701.08810.pdf。

第 13 章 应对强化学习挑战的实践

本章将总结在前几章中解释过的**深度强化学习算法背后的一些概念**，以便总体把握算法的应用，建立一个为给定问题选择最合适算法的一般规则。此外，本章将提出一些指导原则，以便开始开发自己的深度强化学习算法。指导原则明确了从开发之初就需要采取的步骤，这样就可以轻松地进行实验，而不会浪费太多的调试时间。同时，本章还列出了需要调优的最重要的超参数和需要关注的其他规范化过程。

然后，本章将通过讨论稳定性、效率和泛化等问题，阐明强化学习领域的主要挑战。这里将使用三个主要问题作为向更高级强化学习技术（如无监督强化学习和迁移学习）过渡的关键点。无监督强化学习和迁移学习对于部署和解决高要求的强化学习任务至关重要。这是因为它们是能够解决前面提到的三个挑战的技术。

本章还将探讨如何将强化学习应用于现实世界的问题，以及如何使用强化学习算法来弥合模拟与现实世界之间的差距。

最后，作为本章和本书的总结，将从技术和社会角度讨论强化学习的未来。

本章将包括以下主题：

- 深度强化学习的最佳实践。
- 深度强化学习的挑战。
- 先进技术。
- 现实世界中的强化学习。
- 强化学习的未来及其社会影响。

13.1 深度强化学习的最佳实践

本书介绍了大量的强化学习算法，其中有一些只是升级（如 TD3、A2C 等），而另一些算法则与其他算法（如 TRPO 和 DPG）有着根本的不同，并提出了实现相同目标的替代方法。此外，本书还研究了非强化学习优化算法，如模仿学习和进化策略，以解决顺序决策任务。所有这些替代算法都可能会造成混乱，读者可能不知道哪种算法最适合某个特定问题。如果是这样的话，不用担心，因为接下来将讨论一些规则，可用于决定给定的任务使用哪种算法最好。

此外，如果读者实现了本书介绍的一些算法，可能会发现很难将所有的部分放在一起以使算法正常工作。众所周知，深度强化学习算法很难调试和训练，而且训练时间很长。因此，整个训练过程非常缓慢和艰巨。好在，在开发深度强化学习算法时，可以采用一些策略来避免一些令人头痛的问题。但是在研究这些策略之前，首先介绍如何选择合适的算法。

13.1.1　选择合适的算法

区分各种强化学习算法的主要因素是采样效率和训练时间。

 采样效率是指智能体为了学习任务而必须与环境交互的次数。下面将提供的数字是算法效率的标识，可以针对典型环境，相对于其他算法对其进行测度。

显然，还有其他参数会影响这一选择，但在通常情况下，这些参数的影响较小，重要性较低。只是提醒一下，需要评价的其他参数包括 CPU 和 GPU 的可用性、奖励函数的类型、可伸缩性、算法的复杂性以及环境的复杂性。

为了进行比较，这里将考虑无梯度黑盒算法（如进化策略）、基于模型的强化学习（如 DAgger）和无模型强化学习。对于后者，这里将区分策略梯度算法（如 DDPG 和 TRPO）和基于值的算法（如 DQN）。

图 13.1 给出了这四类算法的数据效率（请注意，最左边方法的采样效率低于最右边方法的采样效率）。特别是，当转到图 13.1 的右侧时，算法的效率会提高。由此可知，首先是无梯度方法，它们需要从环境中获取更多数据点；其次是策略梯度方法、基于值的方法；最后是基于模型的强化学习，它们的采样效率最高。

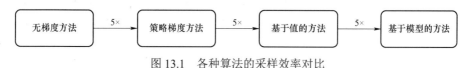

图 13.1　各种算法的采样效率对比

相反，这些算法的训练时间与其采样效率成反比。图 13.2 总结了这种关系（请注意，最左边的方法比最右边的方法训练速度慢）。可见，基于模型的算法比基于值的算法的训练速度要慢很多，几乎是基于值的算法的五倍，而后者又几乎是策略梯度算法的五倍，进而策略梯度算法的训练速度大约是无梯度方法的五倍。

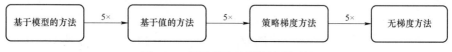

图 13.2　各种算法的训练速度对比

请注意，这些数字只是为了突出显示平均情况，训练时间仅与算法训练的速度有关，而与从环境中获取新转换所需的时间无关。

可见，算法的采样效率与其训练时间是互补的，这意味着数据效率高的算法训练速度慢，反之亦然。因此，由于智能体的总体学习时间考虑了环境的训练时间和速度，必须在采样效率和满足需求的训练时间之间进行权衡。事实上，基于模型的以及更高效的无模型算法的主要目的是减少环境的步数，以便这些算法更容易在真实世界得到部署和训练，因为真实世界的交互速度比模拟器中的更慢。

13.1.2 从 0 到 1

一旦确定了最适合需求的算法，无论是著名的算法还是新的算法，都必须开发它。正如在本书所看到的，强化学习算法与监督学习算法没有太多共同之处。因此，为了便于调试、试验和调整算法，值得指出以下不同之处。

● **由简入繁**（start with easy problem）：一开始，人们可能希望能尽快地试验代码的可行版本。但是，逐步处理日益复杂的环境才是明智的选择。这将大大减少总体的训练和调试时间。这里给出一个例子来说明。如果需要离散或连续环境，可以分别从 CartPole-v1 或 RoboschoolInvertedPendulum-v1 开始。然后，可以转至中等复杂度的环境，如 RoboschoolHopper-v1、LunarLander-v2 或具有 RGB 图像的相关环境。此时，应该有一个无错误的、可以为了最终任务进行训练和调整的代码。此外，应该尽可能熟悉较简单的任务，以便知道如果出现什么问题，应该寻找什么。

● **训练效率**（training is slow）：训练深度强化学习算法相当费时，且学习曲线可以呈现各种形态。正如在前几章所看到的，学习曲线（即轨迹相对于步数的累积回报）可以类似于图 13.3 所示的对数函数和双曲正切函数或更复杂的函数。可能的曲线形状取决于奖励函数、其稀疏性和环境的复杂性。如果面对的是一个新的环境，而且不知道会发生什么，那么这里的建议是耐心一点，让它继续运行，直到确定进程已经停止。另外，在训练时不要太在意结果。

● **制定基线**（develop some baselines）：对于新任务，建议至少制定两个基线，以便可以将实际采用的算法与它们进行比较。一个基线可以只是一个简单的随机智能体，而另一个基线则是 REINFORCE 或 A2C 这样的算法。这些基线可以用作性能和效率的下限。

● **可视结果**（plots and histograms）：为了监控算法的进度并在调试阶段提供帮助，一个重要因素是绘制和显示关键参数的直方图，这些关键参数有损失函数、累积奖励、动作（如果可能）、轨迹长度、KL 惩罚、熵和值函数。除了绘制平均值，还可以添加最小值和最大值以及标准偏差。本书主要使用 TensorBoard 来显示这些信息，但也可以使用其他工具。

● **种子数量**（use multiple seeds）：深度强化学习将随机性嵌入神经网络和环境中，这通常会导致不同运行的结果不一致。因此，为了确保一致性和稳定性，最好使用多个随机种子。

● **标准规范**（normalization）：根据环境的设计，将奖励、优势和观察结果规范化可能是有用的。优势值（如 TRPO 和 PPO 中的）可以按批量进行标准化，平均值为 0，标准偏差为 1。此外，可以使用一组初始随机步骤对观测值进行标准化。相反，奖励可以用折扣或未折扣奖励的平均值和标准差的估计来标准化。

● **超参数调整**（hyperparameter tuning）：超参数根据算法的类别和类型变化很大。例如，与策略梯度相比，基于值的方法具有多个不同的超参数，但 TRPO 和 PPO 等的实例也具有许多独特的超参数。也就是说，对于本书介绍的每一种算法，都指定了所用的超参数和要调整的最重要的参数。其中，至少有两个所有强化学习算法都用到的超参数：学习率和折扣因子。前者的重要性略低于监督学习，但它仍然是首先需要调整的超参数之一，以便使算法可用。折扣因子是强化学习算法独有的。引入折扣因子可能会引入偏差，因为它会修改目标函数。但是，实际上，它会产生更好的策略。因此，在某种程度上，时间越短越好，因为它减少了不稳定性。

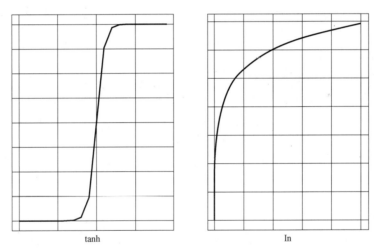

图 13.3　对数函数和双曲正切函数

ℹ️ 本章提到的所有彩色资料，请参阅彩色图像库：http://www.packtpub.com/sites/default/files/downloads/9781789131116_ColorImages.pdf。

采用这些技术，就能够更轻松地训练、开发和部署算法，还将得到更稳定、更健壮的算法。

当实际推动强化学习算法发展成更好、更先进的算法时，对深度强化学习的缺点持有一个批判性的观点和理解很重要。下一节将以更简洁的视角介绍深度强化学习的主要挑战。

13.2 深度强化学习的挑战

近年来，人们在强化学习算法的研究上付出了巨大的努力。特别是自从引入深度神经网络作为函数逼近以来，进展和结果都非常突出。但是，一些重大问题仍未解决。这些限制了强化学习算法对更广泛和更有趣的任务的适用性。本节将讨论稳定性、可重现性、效率和泛化等问题，虽然可扩展性和探索问题也可以添加到此列表中。

13.2.1 稳定性与可重现性

稳定性和可重现性在某种程度上是相互关联的，因为目标是设计一种能够在多次运行中保持一致性，并且对小的调整能够及时反应的算法。例如，算法不应该对超参数值的变化太敏感。

使深度强化学习算法难以复制的主要因素是深度神经网络固有的本质。这主要是由于深度神经网络的随机初始化和优化的随机性。此外，考虑到环境是随机的，这种情况在强化学习中更严重。这些因素叠加在一起也影响结果的可解释性。

正如在 Q-learning 和 REINFORCE 中看到的，由于强化学习算法高度不稳定，所以也要测试其稳定性。例如，在基于值的算法中，没有任何收敛性保证，而且算法存在高偏差和不稳定性。DQN 采用很多技巧来稳定学习过程，如目标网络更新中的经验回放和延迟。尽管这些策略可以缓解不稳定问题，但没有彻底解决。

为了克服算法在稳定性和可重现性方面固有的任何约束，需要在算法之外进行干预。为此，可以使用很多不同的基准和一些经验法则来确保结果的良好可重现性和一致性。这些措施具体包括：

● 尽可能在多个类似的环境中测试算法。例如，在一套 Roboschool 或 Atari Gym 环境中测试算法，在这些环境中，任务在动作和状态空间方面可以相互比较，但目标不同。

● 对不同的随机种子进行多次试验。改变种子，结果可能会发生显著变化。作为一个例子，图 13.4 展示了使用相同超参数但不同种子的完全相同的算法的两次运行结果。显然，它们之间的差别很大。因此，根据目标，使用多个（通常为 3~5 个）随机种子可能会有所帮助。例如，在前面提到的学术论文中，对五次运行的所有结果取平均值，并将标准偏差也考虑在内，这是一种好办法。

● 如果结果不稳定，可以考虑采用更稳定的算法或采取进一步的策略。此外，请记住，超参数变化的影响可能因算法和环境而异。

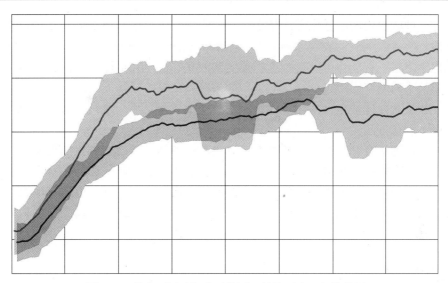

图 13.4　具有不同随机种子的同一算法两次运行的结果

13.2.2　效率

由上一节可知，算法之间的采样效率是高度可变的。此外，从前面的章节也可看到，更有效的方法，如基于值的学习，仍然需要大量与环境的交互才能学习。也许只有基于模型的强化学习才能避免数据匮乏。遗憾的是，基于模型的方法有其他缺点，如性能较低。

因此，基于模型和无模型的混合方法被建立。但是，这些都很难设计，在实际问题中不实用。总之，与效率相关的问题很难解决，但同时也很重要，为此可以在现实世界中部署强化学习方法。

有两种可供选择的方法来处理非常缓慢的环境，如物理世界。一种是首先使用保真度较低的模拟器，然后在最终环境中微调智能体；另一种是在最终环境中直接训练智能体，但要传递一些先验的相关知识，以避免从头开始学习任务。这就好比是在已经训练了感觉系统的情况下学习驾驶一样。在这两种情况下，因为要将知识从一个环境转移到另一个环境，所以需要讨论一种称为迁移学习的方法论。在"先进技术"一节将详细介绍这种方法论。

13.2.3　泛化

泛化是指两个不同但又有某种联系的方面。一般来说，强化学习中的泛化是指算法在相关环境中获得良好性能的能力。例如，如果一个智能体经过走在肮脏道路上的训练，那么可以期望该智能体在铺设好的道路上能表现良好。泛化能力越强，智能体在不同环境中的性能就越好。另一种较少使用的泛化方法是指在只能收集有限数据的环境中，算法能够获得良好性能的特性。

在强化学习中，智能体可以自行选择要访问的状态，而且可以访问任意长的时间，这样它也可以在某个问题空间中过拟合。但是，如果需要良好的泛化能力的话，则必须找到一个折中方案。如果智能体被允许为环境收集潜在的无限数据，那么这只是部分正确，因为它将作为一种自正则化方法。

尽管如此，为了有助于在其他环境中的泛化，智能体必须能够进行抽象推理，以区别于单纯的状态−动作映射，并用多种因素解释任务。抽象推理的例子可以在基于模型的强化学习、迁移学习和辅助任务使用中找到。本章稍后将讨论后一个主题，但简单地说，这是一种通过使用辅助任务（与主任务一起学习）来增强强化学习智能体从而提高泛化和采样效率的技术。

13.3　先进技术

前面列出的挑战没有简单的解决方案。但是，人们一直在努力克服这些问题，并提出新的策略来提高效率、泛化能力和稳定性。无监督强化学习和迁移学习是两种最广泛和最有前途的聚焦于效率和泛化能力的技术。在大多数情况下，这些策略与前几章中开发的深度强化学习算法协同工作。

13.3.1　无监督强化学习

1. 无监督强化学习介绍

无监督强化学习与通常的无监督学习有关，因为这两种方法都不使用任何监督来源。在无监督学习中，数据不会被标记；而在无监督强化学习中，则不给定奖励。也就是说，给定一个动作，环境只返回下一个状态。奖励和完成状态都被删除。

无监督强化学习在很多情况下都很有用。例如，当带有手工设计奖励的环境注释不可扩展时，或者当环境可以服务于多个任务时。在后一种情况下，可以采用无监督学习，以便能够了解环境的动态。能够从无监督来源学习的方法也可以在奖励非常稀少的环境中用作额外的信息来源。

能否设计一种算法，在没有任何监督的情况下学习环境？不能仅仅采用基于模型的学习吗？基于模型的强化学习仍然需要奖励信号来规划或推断下一步行动。因此，需要一种不同的解决方案。

2. 内在奖励

一个潜在的好的替代方案是开发一个智能体固有的奖励函数，这意味着它完全由智能体的信念控制。这种方法接近于新生儿用来学习的方法。事实上，他们采用了一种纯粹的、没有直接好处的探索范式来接触世界。尽管如此，所获得的知识在以后的生活中可能是有用的。

内在奖励是一种基于对状态新奇性的估计的探索奖励。对一个状态越不熟悉，内在奖励就越高。因此，有了它，智能体就有动力去探索新的环境空间。现在可能已经很清楚，内在奖励可以作为一种替代探索策略。事实上，很多算法将其与外部奖励（环境返回的普通奖励）结合使用，以促进在蒙特祖玛的复仇等非常稀疏的环境中的探索。但是，尽管估计内在奖励的方法与在"第 12 章　开发 ESBAS 算法"中研究的激励策略探索（这些探索策略仍然与外在奖励相关）的方法非常相似，但这里只关注纯粹的无监督探索方法。

好奇心驱动的两种主要策略是基于计数和基于动态的策略，它们为陌生状态提供奖励并有效探索环境。

- 基于计数的策略（也称探视计数策略）旨在统计或估计每个状态的**探视计数**（visitation counts），并鼓励探索探视计数较低的状态，为其分配较高的内在奖励。
- 基于动态的策略训练环境的动态模型以及智能体的策略，并计算预测误差、预测不确定性或预测改进的内在奖励。其基本思想是，通过在访问过的状态上拟合模型，新的和不熟悉的状态将得到更高的不确定性或估计误差。然后，这些值用于计算内在奖励，并激励对未知状态的探索。

如果只将好奇心驱动的方法应用于通常的环境，会发生什么？论文《好奇心驱动学习的大规模研究》（*Large-scale study of curiosity-driven learning*）探讨了这个问题，并发现，在雅达利游戏中，纯粹由好奇心驱动的智能体可以学习和掌握任务，而无须任何外部奖励。此外，论文的作者指出，在 Roboschool 中，行走行为完全来自这些基于内在奖励的无监督算法。论文的作者还认为，这些发现源于环境的设计方式。其实，在人工环境（如游戏）中，外在奖励往往与追求新奇的目标一致。尽管如此，在非游戏化环境中，纯粹由好奇心驱动的无监督方法能够独自探索和学习环境，而无须任何监督。或者，强化学习算法也可以通过结合内在奖励和外在奖励，显著地提升探索能力和性能。

13.3.2　迁移学习

1. 迁移学习简介

在两个环境之间传递知识是一项艰巨的任务，特别是当这两个环境彼此相似时。迁移学习策略旨在弥合知识鸿沟，使从初始环境到新环境的转移尽可能容易和顺利。具体而言，迁移学习是将知识从源环境（或多个环境）有效地转移到目标环境的任务。因此，从一组源任务中获得并转移到新目标任务的经验越多，智能体学习的速度越快，在目标任务中执行的效果越好。

一般来说，当考虑一个还没有经过训练的智能体时，必须将其想象成一个没有任何信息的系统。相反，玩游戏时，会用到很多先验知识。例如，可以从形状、颜色以及动态米猜测敌人的意图。这意味着当敌人向某个人射击时，他能够识别敌人，就像图 13.5 所示的太空入侵者游戏一样（能由此推导出精灵的作用吗）。此外，可以很容易地猜测游戏的一般动态。相反，在训练开始时，强化学习智能体一无所知。这种对比很重要，因为它提供了关于在多个环境之间转移知识的重要性的宝贵见解。能够使用从源任务获得的经验的智能体可以在目标环境中以指数级的速度学习。例如，如果源环境是 Pong，目标环境是 Breakout，那么很多可视化组件都可以重用，从而节省大量的计算时间。为了准确理解其总体重要性，请想象在更复杂的环境中获得的效率。

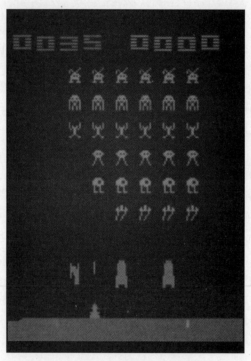

图 13.5　太空入侵者游戏的截幕屏图

在谈到迁移学习时，通常用零次学习（0-shot learning）、一次学习（1-shot learning）等代表在目标域所需的尝试次数。例如，零次学习意味着在源域上训练过的策略直接应用于目标域，无须进一步训练。这种情况下，智能体必须发展强大的泛化能力，以适应新任务。

2. 迁移学习类型

迁移学习的类型很多，其使用取决于具体情况和需求。其中一个区别与源环境的数量有关。显然，训练智能体的源环境越多，它的多样性就越大，在目标域中可用的经验也就越多。来自多个源域的迁移学习称为多任务学习（multi-task learning）。

（1）单任务学习。 单任务学习（1-task learning）或简单迁移学习是在一个域上训练策略并将其转移到新域的任务。对此，可以采用以下三种主要技术来实现。

● **微调**（fine-tuning）：这涉及对目标任务学习模型的细化。如果读者曾涉足过机器学习，特别是计算机视觉或自然语言处理领域，就可能已经使用过这种技术。遗憾的是，在强化学习中，微调并不像在上述领域那样容易，因为它需要更仔细的设计，而且通常效益较低。其原因在于，一般而言，两个强化学习任务之间的差距大于两个不同图像域之间的差距。例如，与 Pong 和 Breakout 之间的差异相比，猫和狗的分类差异较小。尽管如此，微调也可以用于强化学习，仅调整最后几层（或者在动作空间完全不同的情况下替换它们）可以提供更好的泛化特性。

● **域随机化**（domain randomization）：基本思想是，源域上动态的多样化增加了策略在新环境中的鲁棒性。域随机化通过处理源域（如改变模拟器的物理特性）来实现，以便使在多个随机修改的源域上训练的策略足够健壮，能够在目标域上很好地实施。对于训练需要用于现实世界的智能体，此策略更为有效。在这种情况下，策略更加健壮，模拟不必与物理世界完全相同，就可以提供所需的性能。

● **域适应**（domain Adaptation）：这是另一个用于将策略从基于模拟的源域映射到目标物理世界的过程。域适应包括更改源域的数据分布以匹配目标域的数据分布。它主要用于基于图像的任务中，模型通常利用**生成对抗网络**（generative adversarial networks，GAN）将合成图像转化为真实图像。

（2）多任务学习。 在多任务学习（multi-task learning）中，智能体所受训练的环境越多，智能体在目标环境中的多样性越大、性能越好。多源任务可以由一个或多个智能体学习。如果只训练了一个智能体，那么它很容易在目标任务上部署。否则，如果多个智能体学习了不同的任务，则生成的策略可以当作一个集合，并对目标任务的预测进行平均，或者使用称为蒸馏（distillation）的中间步骤将策略合并为一个。具体而言，蒸馏过程将模型集合的知识压缩为单个模型的知识，该单个模型更易于部署且推理速度更快。

13.4　现实世界中的强化学习

到目前为止，本章介绍了开发深度强化学习算法时的最佳实践以及强化学习背后的挑战，也介绍了无监督强化学习和元学习如何缓解效率低下和泛化能力差的问题。现在介绍将强化学习智能体用于现实世界时需要解决的问题，以及如何弥合与模拟环境的差距。

设计一个能够在现实世界中行动的智能体是一项艰巨的任务。但大多数强化学习应用需要部署到实际领域。因此，必须理解在处理复杂的物理世界时所面临的主要挑战，并考虑一些有用的技术。

13.4.1 现实挑战

除了采样效率和泛化这些重大问题，在应对现实世界时，还需要面对安全性和域约束等问题。事实上，由于安全和成本的限制，智能体常常不能随便与世界交互。一个解决方案可能要使用 TRPO 和 PPO 等约束算法，它们被嵌入系统机制，以限制训练时动作的变化。这样可以防止智能体的行为发生剧烈的变化。遗憾的是，在高度敏感的领域，这是不够的。例如，如今还不能马上开始在路上训练自动驾驶汽车。该策略可能需要数百或数千个循环才能理解从悬崖上摔下来会导致的糟糕结果，从而学会避免。在模拟环境中训练策略的候选方案首先是可行的。尽管如此，在城市部署自动驾驶汽车时，必须做出更多与安全相关的决策。

正如刚才提示的，模拟优先的解决方案是一种可行的方法，而且根据实际任务的复杂性，它可能得到良好的性能。但是，模拟器必须尽可能地模拟真实环境。例如，如果世界与同一图像的右侧相似的话，则不能使用图像左侧的模拟器，如图 13.6 所示。真实世界和模拟世界之间的这种差距称为现实差距。

图 13.6　人工模拟世界与真实物理世界的对比

另外，使用高度精确和真实的环境也可能不可行。现在的瓶颈是模拟器所需的计算能力。这一限制可以通过从速度更快、不太精确的模拟器开始，然后逐步增加保真度以减小现实差距，得到某种程度的克服。最终，虽然上述措施对速度并不有利，但这时智能体应该已经学习了大部分任务，并且可能只需要几次迭代就可以对自身进行微调。但是，要开发模拟物理世界的高精度模拟器是非常困难的。因此，在实践中，现实差距仍然存在，而提高泛化能力的技术将有责任处理这种情况。

13.4.2　弥合模拟与现实世界的差距

为了无缝地从模拟世界过渡到现实世界，从而超越现实差距，可以采用前面介绍过的一些泛化技术，如域适应和域随机化。例如，在论文 *Learning Dexterous In-Hand Manipulation* 中，作者采用域随机化训练了一个仿人机器人，使其能够以难以置信的灵巧度操作物理对象。该策略从很多不同的人工设计的并行模拟中学习，以便提供具有随机物理和视觉属性的各种体验。考虑到该系统在部署时展示了一套丰富的手感灵巧的操作策略，其中很多策略也被人类使用，因此这种突出泛化能力而非真实感的机制极其重要。

13.4.3　创建专有环境

出于教育目的，本书主要使用最适合读者需要的快速和小规模任务。但是，现已存在大量用于移动任务（如 Gazebo、Roboschool 和 Mujoco）、机械工程、交通、自动驾驶汽车、安全等的模拟器。这些已有的环境多种多样，但并没有一个环境是适用于所有可能的应用的。因此，有时会发现应该自己负责创建自己所需的环境。

奖励函数本身很难设计，但它是强化学习的关键部分。使用错误的奖励函数，环境可能无法解决，智能体可能会学到错误的行为。"第 1 章　强化学习概貌"给出了一个赛艇游戏的示例，在该游戏中，赛艇通过驶入一个圆圈捕获目标，而不是尽可能快地跑到轨迹的终点，实现奖励的最大化。这些是设计奖励函数时要避免的行为。

设计奖励函数（可应用于任何环境）的一般建议是，如果目标是尽快到达最终状态，那么应该采用正奖励来激励探索而抑制最终状态或负奖励。奖励函数的形状是很重要的。本书一再提醒不要稀疏奖励。好的奖励函数应该提供一个平滑且稠密的函数。

如果由于某种原因很难将奖励函数表示为公式，则可以通过另外两种方式提供监督信号：

- 利用模仿学习或反向强化学习给出任务示意。
- 利用人类偏好提供有关智能体行为的反馈。

后者还是一种新方法，如果读者对它感兴趣，可以阅读论文 *Deep Reinforcement Learning from Policy-Dependent Human Feedback*（ https://arxiv.org/abs/1902. 04257 ）。

13.5   强化学习的未来及其社会影响

人工智能基石是 50 多年前建立的，但直到最近几年，人工智能带来的创新才作为主流技术传遍全球。新一轮的创新浪潮主要基于监督学习系统中深度神经网络的进化。但是，人工智能的最新突破涉及强化学习，最显著的是深度强化学习。在 Go 和 Dota 游戏中取得的结果突出了强化学习算法令人印象深刻的质量，这些算法具有长期规划能力、团队合作能力，并能发现即使是人类也难以理解的新的游戏策略。

在模拟环境中取得的突出结果开启了强化学习在物理世界中应用的新浪潮。这浪潮才刚刚开始，但很多领域正在并将受到影响，并带来深刻的变革。融入人们日常生活中的强化学习智能体可以通过自动化烦琐的工作、应对世界级的挑战和发现新药物等来提高人们的生活质量。但是，这些将遍及我们的世界和生活的系统需要安全、可靠。目前尚未做到这一点，但人们已经走在了正确的轨道上。

人工智能的应用伦理已成为广泛关注的问题，如在使用自主武器方面。随着强化学习技术的快速进步，决策者和民众很难站在公开讨论这些问题的最前沿。很多有影响力和声誉的人也认为人工智能是对人类的潜在威胁。但是，未来是无法预测的，在开发出能够真正展示与人类能力匹配的智能体之前，这项技术还有很长的路要走。人类的创造力、情感和适应力，目前仍是强化学习无法模仿的。

认真留意的话，强化学习带来的短期利益可能会大大超过负面影响。但要在物理环境中嵌入复杂的强化学习智能体，还需要解决前面归纳的强化学习挑战。这些问题是可以解决的，一旦得到解决，强化学习就有可能减少社会的不平等，提高我们的生活质量和地球的质量。

13.6   本章小结

本书研究并实现了很多强化学习算法，但在面临选择时，五花八门的算法会让人困惑。因此，最后一章提出了一条经验法则，可用于选择最适合特定问题的强化学习算法。该法则主要考虑算法的计算时间和采样效率。此外，本章还提供了一些技巧和窍门，以便可以更好地训练和调试深度强化学习算法，使过程更简单。

本章还讨论了强化学习的潜在挑战：稳定性和可重现性、效率和泛化能力。这些都是将强化学习智能体应用到物理世界所必须克服的主要问题。事实上，本章详细介绍了无监督强化学习和迁移学习，这两种策略可以大大提高泛化能力和采样效率。

此外，本章还详细介绍了最关键的未解决问题以及强化学习可能对我们的生活产生的文化和技术影响。

作者希望这本书能让读者全面了解强化学习，激发出读者对这一迷人领域的兴趣。

13.7　思考题

1. 如何根据采样效率对 DQN、A2C 和 ES 进行排行？
2. 如果按照训练时间对它们进行评分，而且有 100 个 CPU 可用，它们的排行又会怎样？
3. 是否开始在倒立摆或蒙特祖玛的复仇上调试强化学习算法？
4. 为什么在比较多个深度强化学习算法时最好使用多个种子？
5. 内在奖励是否有助于探索环境？
6. 什么是迁移学习？

13.8　延伸阅读

● 关于在雅达利游戏中应用的纯粹由好奇心驱动的方法，请阅读论文 *Large-scale study of curiosity-driven learning*（https://arxiv.org/pdf/1808.04355.pdf）。

● 要了解领域随机化在手部操作灵巧性学习中的实际应用，请阅读论文 *Learning Dexterous In-Hand Manipulation*（https://arxiv.org/pdf/1808.00177.pdf）。

● 关于介绍如何将人的反馈作为奖励函数的替代方法的工作，请阅读论文 *Deep Reinforcement Learning from Policy-Dependent Human Feedback*（https://arxiv.org/pdf/1902.04257.pdf）。

附录 思考题参考答案

第 3 章

- 什么是随机策略？

这是一个用概率分布定义的策略。

- 如何根据下一时间步的回报来定义一个回报函数？

$$G_t = r_t + \lambda G_{t+1}$$

- 为什么贝尔曼方程如此重要？

因为它提供了一个利用当前奖励和后续状态值来计算状态值的通用公式。

- 动态规划算法的限制因素是什么？

一个是由于状态数量导致的复杂性爆炸，所以它们必须加以限制。另一个限制是，必须完全了解系统动态。

- 什么是策略评价？

这是一种使用贝尔曼方程计算给定策略的值函数的迭代方法。

- 策略迭代和值迭代有何不同？

策略迭代在策略评估和策略改进之间交替进行，而值迭代用 max 函数将两者组合到一次更新中。

第 4 章

- 强化学习所用的蒙特卡罗方法的主要特性是什么？

将值函数估计为一个状态的平均回报。

- 为什么蒙特卡罗方法是离线方法？

因为它们仅在完整轨迹可用时才更新状态值。因此，它们必须等到情节结束。

- 时间差分学习的两个主要想法是什么？

它们结合了采样和自举的思想。

- 蒙特卡罗和时间差分之间有什么区别？

蒙特卡罗从完整的轨迹中学习，而时间差分每一步的学习，也从不完整的轨迹中获取知识。

- 为什么探索在时间差分学习中很重要？

因为时间差分更新只在访问过的动作状态上进行，所以如果其中一些动作状态没有被发现，在没有探索策略的情况下，它们将永远不会被访问。因此，一些好的策略可能不会被发现。

- 为什么 Q-learning 是离线策略方法？

因为 Q-learning 更新是独立于行为策略进行的。它使用 max 函数的贪婪策略。

第 5 章

- 导致致命三因素问题的原因是什么？

离线策略学习与函数逼近和自举相结合。

- DQN 如何克服不稳定性？

使用回放缓冲区和单独的在线目标网络。

- 什么是移动目标问题？

当目标值不固定且随着网络优化而改变时，就会出现这个问题。

- DQN 如何缓解移动目标问题？

引入一个更新频率低于在线网络的目标网络。

- DQN 使用的优化程序是什么？

通过随机梯度下降法优化 MSE 损失函数，这是一种对批次执行梯度下降的迭代方法。

- 状态 – 动作优势值函数的定义是什么？

$$A(s,a) = Q(s,a) - V(s)$$

第 6 章

- 策略梯度算法如何最大化目标函数？

它们通过在目标函数导数的相反方向上迈出一步来实现。步长与回报成比例。

- 策略梯度算法背后的主要思想是什么？

鼓励好的动作，劝阻智能体不要采取不好的动作。

- REINFORCE 引入基线时为何能保持无偏性？

因为期望 $E[\nabla_\theta \log \pi_\theta(\tau)b] = 0$

- REINFORCE 属于哪一类更广泛的算法？

REINFORCE 是一种蒙特卡罗方法，因为它像蒙特卡罗方法那样依赖于完整的轨迹。

- AC 方法中的评判者与 REINFORCE 方法中用作基线的值函数有何不同？

除了学到的函数相同外，评判者用近似的值函数来引导动作状态值，而在 REINFORCE 中（但在 AC 中也是如此），值函数被用作基线以减小方差。

- 如果要为一个必须学习移动的智能体开发一个算法，应该选择 REINFORCE 还是 AC？

应该首先尝试 AC 算法，因为智能体必须学习一个连续的任务。

- 能将 n 步 AC 算法当作 REINFORCE 算法吗？

是的，只要 n 大于环境中的最大可能步数就可以。

第 7 章

- 策略神经网络如何控制连续智能体？

一种方法是预测描述高斯分布的平均值和标准偏差。标准偏差可以根据状态（神经网络的输入）进行调节，也可以是一个独立的参数。

- 什么是 KL 散度？

KL 散度是两个概率分布的接近度的度量。

- TRPO 背后的主要思想是什么？

在旧概率分布附近的区域优化新目标函数。

- 在 TRPO 中 KL 散度是如何使用的？

它被用作限制新旧策略之间偏离的硬约束。

- PPO 的主要优点是什么？

它只使用一阶优化，增加了算法的简单性，并具有更好的采样效率和性能。

- PPO 是如何实现良好的采样效率的？

它多次运行小批量更新，以更好地利用数据。

第 8 章

- Q-learning 算法的主要局限是什么？

为了计算全局最大值，动作空间必须是离散的小空间。

- 为什么随机梯度算法采样效率低？

因为是在线策略，并且每次策略更改时都需要新数据。

- DPG 如何克服最大化问题？

DPG 将策略建模为仅预测确定性行为的确定性函数，确定性策略梯度定理提供了一种计算用于更新策略的梯度的方法。

- DPG 如何保证足够的探索？

通过向确定性策略中添加噪声或学习不同的行为策略。

- DDPG 代表什么？它的主要贡献是什么？

DDPG 代表深度确定性策略梯度，是一种将确定性策略梯度与深度神经网络相结合的算法。它们使用新的策略来稳定和加速学习。

- TD3 提出要尽量减少哪些问题？

Q-learning 常见的高估偏差和高方差估计。

- TD3 采用了哪些新机制？

为了减少高估偏差，它们使用了裁剪双 Q-learning，同时使用延迟策略更新和平滑正则化技术解决方差问题。

第 9 章

- 如果只有 10 个游戏可以训练智能体玩跳棋，应该选择基于模型的算法还是无模型的算法？

应该会使用基于模型的算法。棋手的模型是已知的，计划是一项可行的任务。

- 基于模型的算法有哪些缺点？

总的来说，与无模型算法相比，它们需要更多的计算能力，并且获得更低的渐近性能。

- 如果环境模型未知，如何学习？

一旦通过与真实环境的交互收集了数据集，就可以以通常的有监督方式学习动态模型。

- 为什么使用数据聚合方法？

因为通常情况下，与环境的第一次交互都是通过一个不会对整个环境进行探索的简单策略来完成的。需要与更明确的策略进行进一步交互，以仿射环境的模型。

- ME-TRPO 如何稳定训练？

ME-TRPO 采用了两个主要功能：模型集成和早停技术。

- 使用集成模型如何改进策略学习？

因为由模型集合进行的预测考虑了单个模型的所有不确定性。

第 10 章

- 模仿学习被认为是一种强化学习吗？

不，因为底层框架是不同的。模仿学习的目标不像强化学习那样最大化奖励。

- 会用模仿学习在围棋中建立一个合适的智能体吗？

可能不会，因为它需要向专家学习。如果智能体必须是世界上最好的玩家的话，那就意味着没有一个有价值的专家。

- DAgger 的全称是什么？

Dataset aggregations（数据集聚合）。

- DAgger 的主要强项是什么？

它通过安排专家主动教导学习者从错误中恢复，克服了分布不匹配的问题。

- 在哪里应用反向强化学习而不是模仿学习？

在奖励函数更容易学习的问题中，以及有必要学习比专家更好的策略的问题中。

第 11 章

- 解决顺序决策问题的强化学习的两种替代算法是什么？

进化策略与遗传算法。

- 进化算法中产生新个体的过程是什么？

变异双亲基因的突变和结合双亲遗传信息的交叉。

- 遗传算法等进化算法的灵感来源是什么？

进化算法主要受到生物进化的启发。

- CMA-ES 如何进化策略？

CMA-ES 从具有随种群调整的协方差矩阵的多元正态分布抽取新的候选样本。

- 进化策略的一个优点和一个缺点是什么？

优点是它们是无导数方法，而缺点是采样效率低。

- 论文 *Evolution Strategies as a Scalable Alternative to Reinforcement Learning* 采用了哪些技巧来减少方差？

建议使用镜像噪声，并通过符号相反的扰动产生额外的突变。

第 12 章

- 什么是探索-利用困境？

这是一个关于为了在未来做出更好的决策而更好地探索还是利用当前的最佳选择哪个更好的决策问题。

- 以前的强化学习算法已经使用了哪两种探索策略？

ϵ 贪婪和一种在策略中引入一些额外噪音的探索策略。

● 什么是 UCB？

UCB 是一种乐观探索算法，它估计每个值的置信上界，并选择最大化公式（12.3）的动作。

● 哪个问题更难解决：蒙特祖玛的复仇问题还是多臂老虎机问题？

蒙特祖玛的复仇问题要比多臂老虎机问题困难得多，因为后者是无状态的，而前者可能有天文数字的状态。蒙特祖玛的复仇在游戏中也有更复杂的内在因素。

● ESBAS 如何解决在线强化学习算法选择问题？

使用学习给定算法包中哪个算法在给定环境下性能更好的元算法。

第 13 章

● 如何根据采样效率对 DQN、A2C 和 ES 进行排行？

DQN 的采样效率最高，其次是 A2C 和 ES。

● 如果按照训练时间对它们进行评分，而且有 100 个 CPU 可用，它们的排行又会怎样？

ES 的训练速度可能更快，其次是 A2C 和 DQN。

● 是否开始在倒立摆或蒙特祖玛的复仇上调试强化学习算法？

倒立摆。应该用一个简单的任务开始算法的调试。

● 为什么在比较多个深度强化学习算法时最好使用多个种子？

由于神经网络和环境的随机性，单个试验的结果可能非常不稳定。通过对多个随机种子进行平均，结果将接近平均情况。

● 内在奖励是否有助于探索环境？

是的，这是因为内在奖励是一种探索奖励，它会增加智能体访问新状态的好奇心。

● 什么是迁移学习？

在两个环境之间有效传递知识的任务。

作者与审阅者

作者简介

Andrea Lonza 是一名深度学习工程师，对人工智能怀有极大的热情，渴望创造出具有智能行为的机器。他通过理论性的和工业应用性的机器学习项目获得了强化学习、自然语言处理和计算机视觉方面的专业知识。他还参加过几次 Kaggle 比赛，并取得了很好的成绩。他总是在寻找引人入胜的挑战，并喜欢证明自己。

审阅者简介

Greg Walters 自 1972 年起便一直从事计算机和计算机编程工作。他精通 Visual Basic、Visual Basic.NET、Python 和 SQL，会使用 MySQL、SQLite、微软 SQL Server、Oracle、C++、Delphi、Muldia-2、Pascal、C、80x86 汇编语言、COBOL 和 Fortran 语言。他是一名编程培训师，在许多计算机软件方面培训过很多人，包括 MySQL、Open Database Connectivity、Quattro Pro、Corel Draw!、Paradox、Microsoft Word、Excel、DOS、Windows 3.11、Windows for Workgroups、Windows 95、Windows NT、Windows 2000、Windows XP 和 Linux。他已经退休。在业余时间他是一名音乐家，并且喜欢做饭，但他也愿意作为自由职业者参加各种项目。

Packet 正在寻找和你一样的作者

如果您有兴趣成为 Packet 的作者，请访问 authors.packtpub.com 立刻申请。我们已经与上千位和您一样的开发人员、专业技术人员友好合作，帮助他们与全球科技界分享自己的真知灼见。您可以提出一般申请，申请某个我们正在寻找作者的热门话题，或者向我们提交您自己的想法。